全球菁英都在讀
MBA
行銷經典
必讀50部1冊濃縮精華

永井孝尚 著／張翡臻 譯

suncolor
三采文化

前言

行銷即為「機動戰士」

永井孝尚

眼下這個時代，行銷能力的有無，將造就巨大的差異。

即便如此，許多商業人士依然故我，其謬狀就有如徒手拿著竹槍，跟戰車上的敵人交手。

進入30歲中段前，我心目中的贏家是「能在短時間內完成海量作業的人」。因此，在執行產品企劃與銷售的同時，我總與第一線保持密切聯繫。無奈的是，無論我付出多少努力，始終得不到理想的成果。

之後，我成為老東家IBM的首批專業行銷人員，開始參加公司於全球各地舉辦的行銷培訓課程。

受訓過程令我飽受衝擊，因為我總算明白了致勝的方法。

過去的我，絲毫沒有行銷策略的觀念。我自認是個高效率工作者，但卻經常被排山倒海而來的工作追著跑，繞了很多遠路，做了很多白工。若我具備行銷知識，就能俯瞰市場，鎖定致勝關鍵，制定策略，妥善運用利器，輕鬆將勝利收入囊中。我希望大家能明白：專心處理真正必要的事情，避開沒意義的事情，這個原則有多麼重要。

學會應用行銷策略輔助戰鬥後，我當上計畫、執行事業策略的負責人，交出漂亮的成績單，成功帶領公司成長。自立門戶後，我成為一名講師，傳授行銷知識給各界人士，而這些學會致勝方法的人，也紛紛締造佳績。

擅長運用行銷策略的歐美、中國企業，能夠自由自在地操控機動戰士（行銷策略）。GAFA（Google、Apple、Facebook、Amazon）、特斯拉、Netflix等極度優秀的企業，也都懂得運用本書介紹的各種最新行銷理論。

日本國內仍有多數不重視行銷的企業，至今仍奉行「苦幹實幹」至上主義，彷彿拎著竹槍上陣，卻沒察覺和對手之間的武力差距有多大。事實上，日本商業人士的前線經驗跟直覺，絕不劣於海外商業人士。苦幹實幹的人，若能學會行銷的技巧，更有機會在商戰中佔上風。

行銷能力是受到高度矚目的工作力。根據媒體報導，前陣子全家便利商店的CMO（最高行銷主管）的就職排場，堪比社長等級。日本環球影城（USJ）之所以能浴火重生，也應歸功於森岡毅的行銷策略。如此看來，行銷能力的有無，將是企業遴選經營主管時的必要條件。若能將新學到的行銷策略與日常業務結合，久而久之，人人都可以變身為「行銷機動戰士」。若不善加利用，豈不是太過可惜。

行銷的演進主要源自美國的商學院（經營研究所、MBA）。100年前，有美國人認為「只要培養出具備理論知識的主管，就能取得經營成功」，因而開辦了MBA教育課程。我當年在IBM參加行銷培訓時，學的也是MBA行銷。

掌握行銷能力的捷徑，便是學習MBA行銷。

這個道理，就像你若想快速提升圍棋棋藝，首先須牢記取勝的「定石」。同樣道理，行銷新手只要先學會MBA行銷的基本定石，就是邁開了一大步。

當然，行銷的世界瞬息萬變，10年前的定石不一定適用於現代，我們依然得吸收最新的行銷理論才行。即便如此，有些行銷經典介紹的，是能貫穿古今的不變定律。**本書的存在，正是幫助讀者將這些行銷必讀經典一網打盡的「集大成之書」**。

本書囊括了ＭＢＡ行銷指標作品的精華內容，經典作和最新作都名列其中。

我從全球佳評如潮的百餘本行銷佳作中，嚴選出50本經典之作及最新理論作品。**掌握這50本書的內容，即能應對現代常見的行銷模式**。換句話說，**若想探討行銷，至少要先理解這50本書的精華內容**。

由於這50本書幾乎都厚重又艱深，再加上商業人士最在意的問題不外乎「這些書能為工作帶來何種成效？」因此我在撰寫本書時，主要著墨於3大重點：**「該如何應用於工作」**、**「易懂程度」**及**「有趣程度」**。具體來說，我提煉出這50本書的本質，幫助讀者們在5分鐘內吸收該作品的精華，並附上平易近人的實例，指出能應對日常業務的方向。

我也會特別標示這50本書之間的關聯之處，盼增進讀者對行銷的理解程度。

行銷的成功關鍵在於頂層思考。本書依主題分成6個章節，帶領讀者們全方位俯瞰行銷世界。

第1章是「策略論」，第2章是「品牌論與價格論」，第3章是近年來持續進化的「服務行銷」，第4章是「行銷溝通」，第5章是「通路行銷與銷售策略」，第6章是「理解市場與顧客的方法論」。

也許會有讀者質疑：「有幾本大作非常經典，你怎麼沒提到？」

本書是2021年出版的《全球MBA必讀50經典》（三采）的姊妹作，因此我刻意避開了重複的作品。本書末會列出曾於《全球MBA必讀50經典》介紹的著作，希望讀者能一併參考閱讀。

建議大家先從有興趣的作品開始讀起。若遇到不懂的地方，暫且跳過也無妨，如此仍能吸取大量有益工作的資訊。若發現感興趣的作品，也請務必嘗試閱讀原書。

請持續將學到的理論應用在每天的工作中。有朝一日，你必定能發光發熱。

第1章
「策略」

第2章 「品牌」與「價格」

第 3 章

「服務行銷」

第4章

「行銷溝通」

第 **5** 章

「通路」與「銷售」

第6章

「市場」與「顧客」

第1章

「策略」

行銷策略的出發點始終如一，
一直是顧客。
思考能獲得顧客青睞的對策，即為策略。
另一方面，市場策略的方法論則與時俱進。
市場策略是個「不變動與變動」共存的世界，
我們有必要看透兩者的本質。
第1章介紹的13本書，有屬於「不變動」特質的經典著作，
也有展現「變動」特質的最新著作。

Book 1

《希奧多・李維特行銷論》

（暫譯）*Ted Levitt on Marketing*（Harvard Business Press）

——60年如一日的行銷本質

希奧多・李維特

前哈佛商學院榮譽教授。1925年生於德國，納粹崛起後，舉家移居美國。1951年取得俄亥俄州立大學經濟學博士學位。於北達科他大學首度任教後，長年擔任教職，1959年起任教於哈佛商學院，兼任《哈佛商業評論》總編。1990年退休，2006年逝世。

「能參透行銷本質的書，你最推薦哪本？」

我最推薦的是發表於1960年、全篇共33頁的論文《**行銷短視**》。

作者李維特是一位行銷大師。這篇論文震撼了整個行銷界，為現代行銷思想帶來重要的貢獻，李維特因此聲名大噪。

本書網羅了李維特刊載於《哈佛商業評論》的所有論文，其中首篇就是《行銷短視》。接著我將以這份論文為中心，講解李維特的思想。

任何一件商品「都逃不了退燒的命運」

附近的乾洗店決定關門大吉。老闆感嘆道：

「我已經撐不下去了。現在買個柔軟劑就能自己在家洗衣服，也愈來愈少人穿襯衫，客源大量流失，整個乾洗業界已經走下坡了。」

事實上，乾洗店曾經是高速成長的產業之一。在羊毛衣最流行的時候，送乾洗曾是唯一不傷衣料又簡便的清潔方式。不光是乾洗店，任何產業也都有過成長期，無一例外。當今景氣低迷的百貨公司、服飾店、家電店，誕生初期都曾是成長產業。

若安於現狀，商品必定會**退燒**。**原因並非市場萎縮，而是經營失敗**。

「市場正在縮小，我們處境艱難。」

這句話，我已經從各界商業人士口中聽過無數次。

這單純是「**沒用心做好行銷**」所致，這些人只是想把責任推給市場。

其實乾洗店根本不怕走投無路，現在有愈來愈多人「想把穿過的衣服恢復到最舒適的狀態」。每當衣服的鈕扣脫落時，我都會請附近的BIG MAMA幫忙縫回去。BIG MAMA等衣物修改業者的生意蒸蒸日上，日本投幣式洗衣店的門市數量，也在近15年間呈倍數成長。

乾洗業者只要捨棄將自己定位為「乾洗業」的**產品中心**思維，改採**顧客中心**思維，將自己重新定位為「衣物再生業」，自然能找到出路。例如進一步提供衣物保管服務的乾洗店，就是很好的例子。

BIG MAMA就徹底貫徹了顧客中心的思維。

上班族陽子小姐有個煩惱，長女即將就讀的幼稚園規定「一定要使用親手縫製的書包」。而毫無縫紉經驗的她，在BIG MAMA看到一份傳單：

「為您製作通園小物。通園書包7200日圓起」

旁邊還附上用衣物碎布縫成的書包照片，左看右看都跟媽媽親手做的沒兩樣。

（嗯……這些錢都能買一個Marimekko的托特包了。算了，總要付出一些代價。）

於是陽子小姐當場決定購買。只要能掌握到顧客的煩惱，肯定能找到營收成長的契機。

「處於飽和狀態」的便利商店竟然成長4倍

便利商店已經成了現代人生活中不可缺少的一部分。不曉得大家知不知道，其實早從30年前起，業界就已一直有「便利商店的市場已經飽和」的說法。

日本便利商店之所以能擺脫「便利商店飽和論」，在1990～2019年的這29年間，獲得國內營收及門市數量皆4倍成長的成果，是因為便利商店不甘於當個單純的零售業者。

從1990年代起，日本便利商店改頭換面，開始代收公共費用、宅配包裹，設置銀行ATM、販售冬季限定的關東煮、研發SEVEN PREMIUM這類高品質的平價自有品牌商品、提供SEVEN CAFÉ等研磨咖啡，逐漸進化成「對顧客來說更便利的存在」。便利商店的進化模式，無疑是業界進化的理想範本。

即便到了現代，「便利商店飽和論」依然引人議論。確實，近年來各店過度競爭導致的失衡問題浮現，業者也正在重新調整便利商店的定位，但只要能找出消費者的需求，致力於「成為更便利的存在」，便利商店今後仍會持續成長，而業者一旦放棄努力，該業界將瞬間飽和。道理就是這麼簡單。至於消費者的需求，肯定潛藏在某處。

市場調查能看出「喜好」，
卻看不到對尚未問世的商品的「需求」

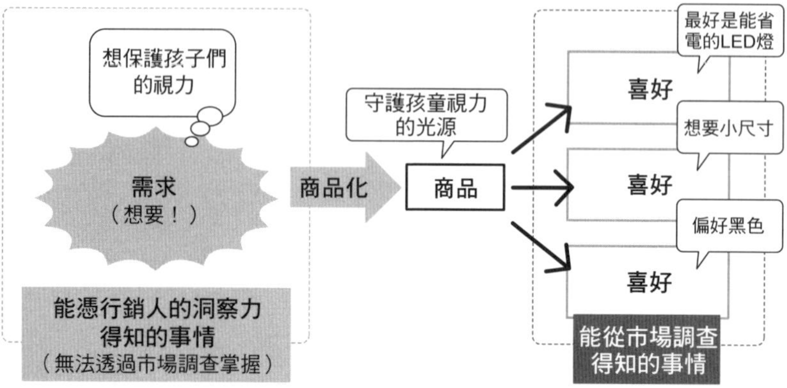

出處：作者參考《希奧多．李維特行銷論》製圖

業者只能靠自己的雙眼找出消費者的需求，靠自己的雙手開啟成功的契機。

那麼，該怎麼做才好呢？許多企業會「先進行市場調查」，但事情可沒這麼簡單。

照明器具業者保志先生看了市場調查資料後，正在煩惱新商品的企劃。

「市場負成長，白熾燈快要被LED燈取代了，今後要把重心放在LED燈上才行。看來免不了打一場價格戰了，真棘手啊……」

這完全就是「市場正在縮小，我們處境艱難」的標準狀態。

2018年，BALMUDA推出售價3萬7千日圓的檯燈「BALMUDA The Light」，在市場上大獲好評。此產品誕生的契機，是

BALMUDA的寺尾玄社長發現孩子們只要一提筆畫畫或寫字，就容易把臉貼近桌面，他擔心「孩子們的視力會因而受損」。

這個世界上最需要清晰視野的地方是哪裡呢？左思右想後，他想到了手術燈。一般檯燈的光源會在手邊形成陰影，「BALMUDA The Light」利用手術燈的技術，能避免產生陰影。不僅如此，一般LED燈的光源含有藍光，會對眼睛造成強烈的刺激，此檯燈採用太陽光照明技術，能減輕眼睛疲勞。

光靠市場調查是設計不出這樣的產品的。市場調查雖能看出顧客的喜好，但看不到顧客對尚未問世的產品之**需求**。熱銷商品是從顧客「渴望擁有」的需求中誕生，而**需求必須憑行銷人的洞察力來掌握**。

「銷售」跟「行銷」完全相反

企業不能沒有「**行銷**」。

有個類似的詞是「**銷售**」，但銷售跟行銷其實完全相反。銷售的出發點是「想將商品換成現金」，即為**賣家的需求**，行銷的出發點則是**買家的需求**。

「銷售」跟「行銷」完全相反

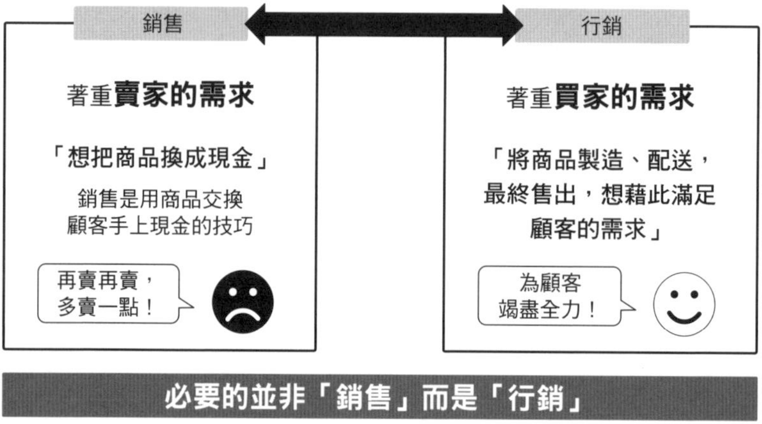
銷售
行銷
著重賣家的需求
「想把商品換成現金」
銷售是用商品交換
顧客手上現金的技巧
再賣再賣，
多賣一點！
著重買家的需求
「將商品製造、配送，
最終售出，想藉此滿足
顧客的需求」
為顧客
竭盡全力！
必要的並非「銷售」而是「行銷」

出處：作者參考《希奧多．李維特行銷論》製圖

「再賣再賣，多賣一點！」重視銷售的公司常把這句話掛在嘴邊，但這句話絲毫沒有顧慮到買家的需求。反之，行銷的宗旨則是「為了客人竭盡全力！」

也許有人會反駁：「銷售也有顧慮到買家的需求。」真是如此嗎？

Book35《富甲天下》的作者——全球最大零售商沃爾瑪（Walmart）的創始人山姆．沃爾頓剛創業時，下屬提議將定價1．98美元、進貨價0.5美元的商品以「1．25美元」的價格販賣。據說山姆這麼回他：

「賣進貨價加3成的0．65美元就好了，把利潤回饋給消費者。」

沃爾瑪認真尋求為顧客**提供最低廉價格**

的價值，不惜犧牲短期利益，全心全意站在顧客的角度思考，成就自身成長。

企業的使命是顧客創造與顧客滿足，商品製造只不過是一種手段，但卻有太多企業拘泥於產品中心思維。遺憾的是，就算在時隔本論文發表60年後的今日，此現象依然沒什麼改變。

雖然本書是60年前發表的論文集，但內容盡是仍舊通用於各個時代的真知灼見。我時不時也會重新翻閱，藉此警惕自己。盼讀者們能透過本書學習到行銷的本質。

POINT

最重要的不是商品，而是創造出顧客，滿足其需求

Book

2

《科特勒、阿姆斯壯、恩藏的行銷原理》

（暫譯）コトラー、アームストロング、恩藏のマーケティング原理（丸善出版）

——思考策略的步驟是「STP」→「4P」

菲利普・科特勒等人

美國知名行銷學學者。西北大學凱洛格管理學院終身教授。《富比士》雜誌評選為全球最具影響力的商業思想家Top 10。於芝加哥大學取得經濟學碩士學位，於麻省理工學院取得經濟學博士學位，獲頒全球各大學的無數獎項及名譽學位。曾出版數十本名著，為一流學術雜誌撰寫過百餘篇論文。本書與蓋瑞・阿姆斯壯及恩藏直人合著。

被譽為「行銷學之父」的科特勒，曾出版多本行銷學名著。本書廣泛網羅、闡述行銷學的思想。早稻田大學的恩藏直人教授花了兩年時間，將原書中的美國案例替換成日本案例，刪去三成日本人較生疏的內容，編寫出這本能輕鬆理解的作品。

行銷的第一階段是**規劃策略計畫**。此階段的步驟依序為**❶定義企業願景**、**❷設定企業目的及目標**、**❸設計事業組合**、**❹決定行銷策略**。但是，光看字面敘述，大家也許還是會感到一頭霧水。

因此請參考近年大受矚目的星野度假村的例子，動腦思考一下。

「星野度假村」規劃策略計畫的步驟

這是我入住星野度假村旗下的「虹夕諾雅輕井澤」時的親身經歷。

在櫃檯辦完住房手續後，幫我辦手續的女性笑盈盈地帶我到房間。到了當天的晚餐時間，她出現在餐廳接待我。隔天外出時，依然是她開車接送我。中午回到房間後，幫我鋪床的人竟然還是她。

照理來說，一般旅館的櫃檯人員應該專門負責櫃檯業務，房務人員專門負責客房業務，虹夕諾雅的員工卻能一人勝任好幾種角色。其實這種制度正是出自星野度假村的策略。

星野集團的董事長星野佳路先生，於1991年就任該集團的第4任經營者。當時他許下一個長期願景，期許能「**成為經營度假村的達人**」。

就像西武集團親手經營旗下的王子大飯店一樣，日本旅館的所有權持有者，通常等於經營者。然而，旅館持有屬於不動產業，旅館經營則屬於服務業，兩個業種應具備的知識技術完全不同，所以有些企業會把「旗下的旅館交給其他人經營」。

星野先生則決定將公司轉型。在他放棄公司對渡假村的所有權後，星野集團的資金周轉更加靈活，成功打造出一座座全新的度假村。

策略大師麥可・波特曾說過：「**策略的本質是選擇不做哪些事。**」而星野集團選擇放棄的，竟然是「自家旅館的所有權」。

「成為經營度假村的達人」，也就是成為優秀的經營公司。為此，必須同時顧及能滿足經營者的「利潤」，以及預期利潤的先行指標「顧客滿意度」。然而，在創造利潤的同時，必定得強化效率。同時追求利潤跟顧客滿意度，難免會產生矛盾。

正因如此，星野集團建立了一人分飾多角的多工制度。一般飯店常見的分工制度，通常效率不佳，一人身兼數職更能提升效率。

不過，服務品質若因此大打折扣，消費者也不會買單。為了避免如此，星野集團徹底掌握顧客滿意度，並與員工共享資訊。設定目標值，將知識技術轉換為數據資料，加以控管。如此一來，知識技術肯定會愈發精湛，帶動顧客滿意度提升，預期利潤也會隨之增加。此外，星野度假村不接受飯店個別訂房，而是統一由預約網站處理訂房事宜。多虧如此，訂單處理速度加快，各飯店的負擔也大幅減輕。

星野集團也為旗下各設施規劃詳細的行銷策略。

旗下4個品牌的策略分別是：

【虹夕諾雅】星野度假村的旗艦品牌。主打日式溫泉旅館，在海外市場也將是成功的度假村經營公司

【界】徹底強調地區文化，目標是日式溫泉旅館的連鎖化展開

【RISONARE】鎖定家中有12歲以下孩童的家庭客群

【OMO】主打都市觀光，提供車站周邊的深度文化觀光導覽服務

次頁附圖是星野集團的「策略規劃制定流程」的統整圖表。像這樣**徹頭徹尾站在顧客角度出發，是一件非常重要的事情**。

不過，這只是大方向的策略規劃而已，還必須為各設施分別規劃合適的行銷策略，分頭執行。

策略規劃制定流程

從頭到尾都站在顧客角度出發

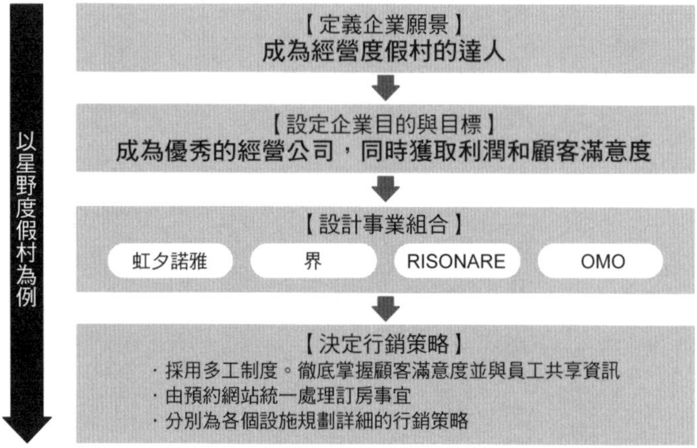
以星野度假村為例
【定義企業願景】
成為經營度假村的達人
【設定企業目的與目標】
成為優秀的經營公司，同時獲取利潤和顧客滿意度
【設計事業組合】
虹夕諾雅
界
RISONARE
OMO
【決定行銷策略】
・採用多工制度。徹底掌握顧客滿意度並與員工共享資訊
・由預約網站統一處理訂房事宜
・分別為各個設施規劃詳細的行銷策略

出處：作者參考《科特勒、阿姆斯壯、恩藏的行銷原理》製圖

「OMO」的行銷策略

以OMO為例思考其行銷策略吧。

OMO的誕生純屬偶然。

星野集團在長野縣松本市有一家名為「界 松本」的溫泉旅館。雖然住房率還算理想，但整個溫泉觀光區的住宿客日益減少。不知何故，前來溫泉觀光區的觀光客幾乎都住在松本市內的商務旅館。於是，星野集團針對全國的商務旅館展開調查，結果發現有6成的商務旅館住客並非商務客，而是觀光客。這些觀光客雖對商務旅館的設備和價格並無不滿，但商務旅館特有的單調感會讓他們覺得「有點掃興」。

星野集團認為此現象「或許是個新商

用「STP」和「4P」思考行銷策略

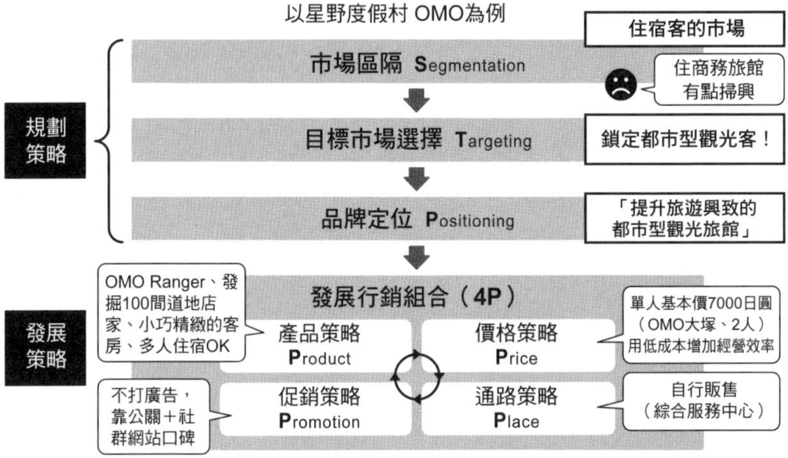
以星野度假村 OMO為例
住宿客的市場
市場區隔 Segmentation
住商務旅館有點掃興
規劃策略
目標市場選擇 Targeting
鎖定都市型觀光客！
品牌定位 Positioning
「提升旅遊興致的都市型觀光旅館」
發展策略
發展行銷組合（4P）
OMO Ranger、發掘100間道地店家、小巧精緻的客房、多人住宿OK
產品策略 Product
價格策略 Price
單人基本價7000日圓（OMO大塚、2人）用低成本增加經營效率
不打廣告，靠公關＋社群網站口碑
促銷策略 Promotion
通路策略 Place
自行販售（綜合服務中心）

出處：作者參考《科特勒、阿姆斯壯、恩藏的行銷原理》製圖

機」，便針對「都市型旅館能有怎樣的新風貌」的議題展開內部討論，構思出「除了休息就寢以外，還能帶動旅遊興致的都市型觀光旅館」的新概念，孕育出新品牌OMO。

主打「深度享受大塚」的「OMO5東京大塚」隨之誕生。

東京的大塚地區，有很多在地人才知道的居酒屋、爐端燒肉店、錢湯等隱藏版店家。OMO5東京大塚組織了一個導覽團體「街訪專隊OMO Ranger」（「專隊」是日本動作特攝片中常見的「戰隊」之諧音。）帶領住宿客探訪這些在地店家，提供一場特別的觀光體驗。至於客房，則是麻雀雖小五臟俱全。

OMO的行銷策略如上圖所示。從

STP到4P，依序思考策略。

策略規劃流程的3步驟簡稱**STP**，依序為「市場區隔（Segmentaion）→目標市場選擇（Targeting）→品牌定位（Positioning）」。STP是這3個英文單字的首字母。完成策略規劃後，再依照行銷4要素（產品策略、價格策略、促銷策略、通路策略）分別制定策略。行銷4要素依英文首字母簡稱**4P**，或稱**行銷組合**（Marketing Mix）。

OMO先針對住宿客做出**市場區隔**，將重點置於「住商務旅館會掃興」的問題上，鎖定「都市型觀光客」為**目標**，決定將OMO這個品牌**定位**為「能帶動旅遊興致的都市型觀光旅館」。如此這般依照STP流程完成策略規劃後，再用4P制定策略。

在**產品策略**方面，組織OMO Ranger來挖掘地方特色、推出可供多名旅客同時入住的小巧精緻客房。在**價格策略**方面，以每人7千日圓的實惠價格強化經營效率。在**促銷策略**方面，不刻意打廣告，改靠公關及顧客評論增加話題性，增加來客率。在**通路策略**方面，運用綜合服務中心，以公司直接販售為主。

這段「從STP到4P」的過程，不僅保持前後一致，4P也相輔相成。由此能看出，**行銷策略最大的重點，在於維持前後一致**。各要素的細節環環相扣，為整體產生加乘效應，帶來巨大的成果。

星野集團的產品生命週期

星野集團也推出全新的品牌「BEB」。

2019年新開幕的「BEB5輕井澤」的概念是「無需在意時間，讓三五好友一起慵懶放鬆的旅館」。採均一住宿價，35歲以下住1晚的價格是1個房間1萬5千日圓，若3人同行等於1人5千日圓。顧客能以到居酒屋放鬆的心情，與朋友一同享受悠閒時光。

為什麼星野集團不滿足於「虹夕諾雅」、「界」、「RISONARE」，還陸續催生出「OMO」、「BEB」等新品牌呢？

從**產品生命週期**的角度來思考，就能得到答案。如同人的一生，產品也有導入期、成長期、成熟期和衰退期，每個時期都有其最合適的目標和策略。

星野集團旗下產品的生命週期

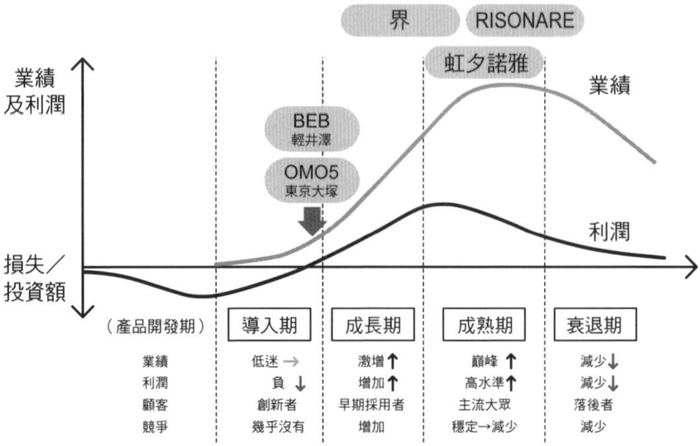

出處：作者參考《科特勒、阿姆斯壯、恩藏的行銷原理》製圖

導入期的業績不振，利潤為負，消費者類型以創新者為主。沒有競爭者。

成長期的業績、利潤開始增加，早期使用者開始消費。競爭者進入市場。

成熟期的業績上升到最高點，利潤也維持高水準，主流大眾開始消費。競爭狀態穩定，競爭者逐漸減少。

衰退期的業績、利潤跟競爭者都開始減少。

正值成熟期的「虹夕諾雅」、「界」、「RISONARE」，遲早會進入衰退期。為了維持永續發展，星野集團必須持續推出新品牌，因此著手投資「OMO」、「BEB」等新品牌。

POINT

從「STP」到「4P」的整個流程，必須保持前後一致

企業若想獲得顧客長期青睞，必須不斷挖出隱性顧客需求，持續推出新商品。負責編寫本書日文版的恩藏教授，在開頭引用了科特勒的名言：

「就算是自己的作品，我也不會在舊版書上簽名。這不是我小氣，而是因為舊書沒用處。」

實際上，科特勒的英文版作品每隔幾年就會重新改版，以維持資訊的新鮮度。其中，《Marketing Management（暫譯：行銷管理）》是被譽為科特勒聖經的顛峰之作，但此書最新的日文版是譯自2006年版本的第12版，內容不免有些過時（原文版在2016年出版了大幅更新的第15版）。

因此，我也借用科特勒的這句名言，選了內容最新鮮的本書（本書是根據2012年出版的《行銷學（Principles of Marketing）》第14版改編而成），於本章介紹行銷基礎中的基礎。

對於想打穩行銷基礎的人來說，本書絕對是最理想的選擇。

Book

3

《定位》（臉譜出版）

——確保在消費者心中「佔有一席之地」

定位（Positioning）是凸顯自家商品的關鍵。

1969年，本書的兩位作者發表了定位的概念。2001年上市的最新版，是歐美行銷人士必讀的書籍。

兩位作者將定位定義為「**使產品在消費者心中佔有一席之地**」。星巴克成功把自己定位成「獨立於家庭、辦公室以外的第三空間」，成功的關鍵是在顧客心中形成品牌認知。

艾爾・賴茲、傑克・屈特

兩人於本書提倡新概念「定位（Positioning）」，在行銷界颳起一陣旋風，雙雙躍升全球首屈一指的行銷策略專家。合著作品另有《行銷戰爭》、《不敗行銷》等。艾爾・賴茲是賴茲賴茲行銷公司（Ries & Ries）總裁，著有《焦點法則》，另與女兒合著《品牌22誡》、《啊哈！公關》等書。傑克・屈特是屈特合夥人公司（Trout & Partners）總裁。

定位必須「想辦法成為第一」

你能回想起多少則這幾天看到的廣告內容嗎？應該大多想不起來吧？我們每天都會接收到海量的廣告資訊，但這些資訊無法停留在腦海中。業者就算想「以量制勝」，釋出大量的情報，通常也只會遭到消費者無視。人只會接受自己感興趣、能理解的東西。為了守住產品在消費者心中的地位，業者必須精選出最觸人心弦的資訊。

該怎麼做才好呢？請思考一下這兩個簡單的問題：

問題1 史上首位及第二位成功完成單人不著陸飛行橫跨大西洋的人是誰？

問題2 日本最高跟第二高的山是什麼山？

問題1的答案，第一名是林白，而第二名是張伯倫。問題2的答案則依序是富士山跟北岳。應該有很多人只知道第一名，不知道第二名吧？

同理可證，**若能成為消費者心中的第一名，就能確保品牌定位**。穩坐市場龍頭後，品牌定位將在消費者心中紮根，使競爭對手無處可攻。

可樂的龍頭是可口可樂，宅配服務的龍頭是黑貓宅急便。

成為消費者心中的第1名，
品牌將深植消費者的腦中，確保定位

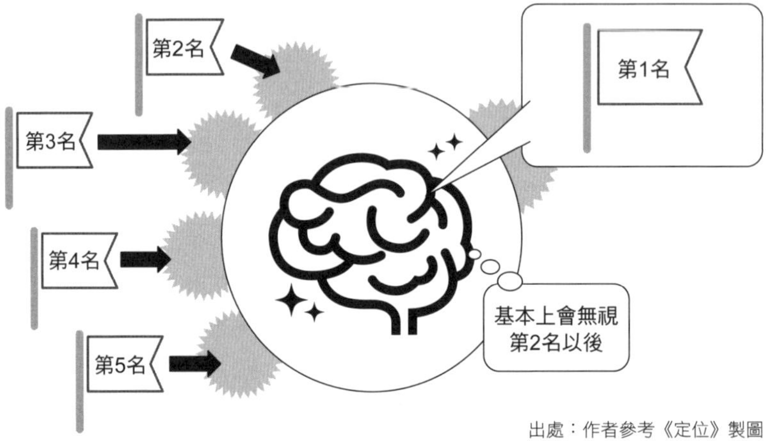

出處：作者參考《定位》製圖

這就像剛出生的雛鳥會將一睜眼見到的活動物體視為母親的**銘印現象**。

重點是成為第一個在消費者白紙般的心中留下印象的品牌，簡單來說就是「先搶先贏」。業者必須在市場剛起步、尚無龍頭的階段（也就是還沒人拔得頭籌的階段）全力一搏。搶先一步成為領導者後，就算不刻意挑明「我們是業界龍頭」，消費者也自然會如此認定，使競爭對手無處可攻。

反之，等市場定型後才後知後覺「這裡有利可圖」，傻傻地進入市場，簡直像跑到已經占得先機的強勁對手面前送死一樣。

像這樣建立起來的定位，絕對不會受到動搖。P&G會依照商品種類，在消費者心中植入不同的定位。哪怕技術或消費者的喜好改變，產品定位也絕對不會改變。P&G清楚明白，已經鞏固的定位難以撼動，與其硬碰硬，不如另外推出新商品。從長期的角度來看，這麼做的成本更低，效果也更好。

此外，**業者必須將新產品定位在能與既有產品一較高下的位置上**。汽車剛登場時，被稱為「不需要馬的馬車」。這句話幫助當時的人們迅速理解「汽車」的概念，明白汽車能取代當年的主要移動手段——馬車。人腦在處理大量資訊時，會對其進行簡化，尋找新資訊與舊資訊之間的聯繫，藉此理解新資訊。

排行老二的追隨者經常產生「只要推出品質比領導者更好的類似產品就行了」的錯誤想法，並因此吞下敗仗。

目前已有十多家公司推出類似Roomba的掃地機器人，但Roomba的市佔率依然超過50％。由於消費者的觀念中已經銘印了「掃地機器人＝Roomba」，其他公司毫無勝算。

追隨者應該要積極尋找尚無人發現的「缺口」，刻意反其道而行。

過去美國汽車的外型幾乎都是「車身長、車高低」。福斯汽車鎖定「尺寸」缺口，推出身形短小、外型圓潤的金龜車。

金龜車憑著福斯汽車史上最轟動的廣告，鞏固其定位：

「Think small（以小博大）」

這支廣告填補了消費者心中的缺口，顛覆美國人「大車才是王道」的舊有觀念，大獲成功。

失敗的企業不會從消費者心中尋找缺口，而是從公司內部尋找。大小型車都業績長紅的福特汽車，為了填補中型車的缺口，推出了Edsel。殊不知中型車市場競爭過於激烈，Edsel完全沒有生存空間，淪為汽車史上的一大敗筆。

擴大產品線通常會失敗

當品牌名稱成為常用名詞時，代表定位大獲成功。但此處有個陷阱：

「這個品牌已經打出知名度了，打著品牌名號趁勢推出新商品，絕對會成功。」

像這樣，沿用已經具知名度的商品名稱推出新商品的行為，稱為**產品線擴大**。

然而，絕大多數的產品線擴大都是錯誤的決定，會動搖到好不容易在消費者心中樹立的定位。換句話說，此時企業陷入了產品中心的思維。

在日本，當消費者到藥局買阿斯匹靈止痛藥時，常跟店員說：「我要買拜耳。」在消費者心中，拜耳等於阿斯匹靈止痛藥，其他廠牌的止痛藥都是山寨品。

其實拜耳是藥廠名稱，但消費者對「止痛藥＝阿斯匹靈＝拜耳」深信不疑。此時拜耳若推出「拜耳鼻炎感冒藥」、「拜耳無阿斯匹靈錠劑」，就像主動跑到消費者面前吐槽說：「太太！拜耳其實是公司名稱喔！」一樣。因此，生產多種不同藥物的拜耳公司，至今只有止痛藥使用「拜耳」這個名稱。

雖說擴大產品線大多是錯誤的決定，但反向思考仍有機會成功。「嬌生嬰兒沐浴乳」在維持原包裝及產品內容的狀態下，多加了一句「寶寶專用＝溫和不傷肌膚」的文宣，成功打入成人市場。簡單來說就是只調整產品的用途。若業者擴大產品線，推出新的「嬌生成人沐浴乳」，恐怕就無法成功了吧。

新產品成功的必要前提，是思考全新的定位。

福斯汽車樹立的品牌定位是「給聰明生活的人們的汽車」，此形象跟有錢人完全沾不上邊，但福斯汽車仍挑戰大型高級車市場，並在失敗後轉而挑戰中型高級車市場，推出全新的奧迪車款，大獲成功。

沒有取捨就無法建立品牌定位

用簡潔的文宣傳達單純的概念，是成功定位的關鍵。這就是所謂的**取捨**（trade-off）。若不做出取捨，將無法建立起獨一無二的品牌定位。很多行銷策略會主打市場擴大，但魚與熊掌不可能兼得。

小市場反倒是理想的定位場所。不跟競爭對手瓜分受歡迎的大市場，**鎖定目標市場，獨佔一方，更能維持強效的品牌定位**。

另一方面，最近也出現新觀點，類似Ｂｏｏｋ６《品牌如何成長：第二部》的作者拜倫・夏普所提倡的：「不建立強大的品牌定位，而是連接更多的品類進入點（CEP，Category Entry Point）」。詳細內容請參考Ｂｏｏｋ６。

做好品牌定位後，必須不斷延續下去，堅守到底。無奈的是，失敗的例子也不少。長年穩坐市場龍頭的「麒麟LAGER啤酒」，被「朝日SUPER DRY」生啤酒迎頭趕上。麒麟（KIRIN）公司在１９９６年也把LAGER改為生啤酒，導致LAGER的老粉絲紛紛出走。麒麟沒有站在顧客的角度出發，而是從「生處理還是熱處理」的產品觀點決定LAGER啤酒的定位，因此自龍頭寶座跌落。

POINT

為品牌定位時，必須徹底洞察顧客的內心

許多傳統大企業通曉行銷手段，卻不明白定位的基本道理。儘管本書已經問世多年，我們依然能從中汲取到大量的知識。

Book

4

《如何賣冰給愛斯基摩人》

——如何單靠行銷策略幫助超弱球隊的票房狂飆

（暫譯）*Ice to the Eskimos*（Harper Business）

強・史普爾斯特拉

1968年畢業於聖母大學。1978年就任NBA（美國籃球協會）波特蘭拓荒者隊副總裁。1989年就任丹佛金塊隊總裁暨總經理。1991年就任NBA上座率最低的紐澤西籃網隊總裁暨營運長，憑藉獨特的行銷理論，幫助籃網隊成為NBA 27個球隊中票房成長幅度最大的隊伍。離開紐澤西籃網隊後，成立SRO Partners公司，之後就任曼德勒體育娛樂公司總裁。

前幾本書中介紹了不少行銷策略的理論，但現實的商業行銷可沒有想像中容易。對於想學習如何在第一線佈署行銷策略的人來說，本書無疑是最棒的教科書。

紐澤西籃網隊（New Jersey Nets）在北美職業籃球聯盟（NBA）的27個隊伍中，連續5年門票收入墊底，成績也是倒數第2名，是支超級弱小的隊伍。

在這樣的困境下，本書作者就任球隊總裁，帶領球隊票房起死回生的完整過程，都記錄在本書中。

若你期待看到類似《新少棒闖天下》的那種球隊成長故事，恐怕會大失所望。因為本書是靠著行銷策略，創造出巨大的成果。

把「敵方陣營的明星選手」當成自家商品推銷

一般人在接手紐澤西籃網隊這種等級的隊伍後，應該都會這麼想：

「要先強化隊伍的實力，只要贏球，球迷就會來看比賽。」

「要強調對主場城市的熱愛，把球隊推銷給當地人。」

但籃網隊沒有採取這些方法。

強化隊伍需要投注人力、設備、金錢跟時間，而且沒人能保證隊伍的實力強化後，球迷就一定會捧場，歷史上就有多場門可羅雀的冠軍賽。這跟「做出優秀的產品，顧客必定會買單」的**生產導向**思維一樣，實在是大錯特錯。

再說，籃網隊的主場紐澤西，隔著一條哈德遜河與大城市紐約相望。紐澤西居民平常都看紐約的電視節目、聽紐約的廣播，對紐約更有感情。籃網隊即使強調對主場城市的熱愛，恐怕也得不到理想的效果。

當地居民不來主場捧場，球隊就沒有收入，那該怎麼辦才好呢？

拋開一切成見，站在消費者的角度思考「對紐澤西居民來說，什麼才是籃網隊的**商品力**」，將開啟截然不同的新世界。

籃網隊的商品力不僅限於隊上選手。紐澤西主場開賽時，也會有客隊來場，而客隊裡可能會有麥可・喬丹這種等級的明星球員。紐澤西居民也想親眼見識這些明星球員，於是，本書作者有了這樣的想法：

「**向當地居民推銷麥可・喬丹等敵方隊伍的明星球員**。」

不強迫推銷弱小的籃網隊，而是提供敵方明星球員所具備的商品力，滿足當地居民的期望。

這正是從**顧客導向**出發的構想。

實施此行銷策略4個賽季後，籃網隊的觀眾人數從27名（最後一名）上升至12名，地方贊助收入從4年27萬美元暴增到480萬美元，門票收入也從340萬美元暴增到一千萬美元以上，呈現飛躍的成長。

行銷策略成功的**首要關鍵是準確的自我評估**。

若你認為就算沒有實績「也要極力吹捧自己，才稱得上行銷」，那就大錯特錯了。

籃網隊認清自身的真實樣貌，制定迅速見效且現實的策略

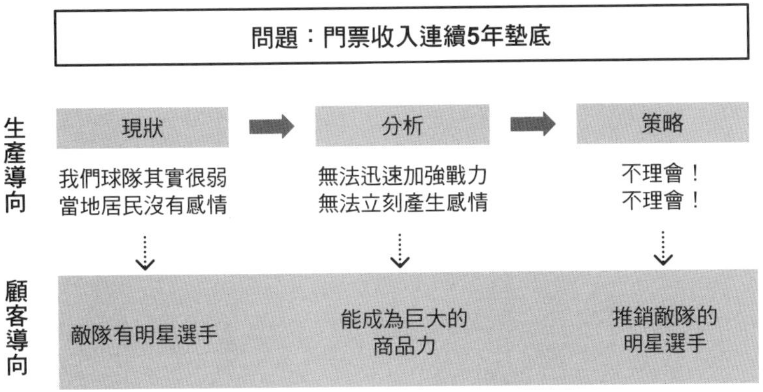

出處：作者參考《如何賣冰給愛斯基摩人》製圖

我們必須從顧客的角度出發，尋找真正的自我價值。

列出「對商品有興趣的人」的清單

只要掌握顧客的聯絡資訊，就能提升每位顧客的**平均購買率**，藉此增加收入。

籃網隊顧客資訊如下：

- 不續訂季票的球迷（每年有3成的球迷會因某些理由退訂）
- 數千名打電話來索取「賽程表」的球迷
- 消費者在購票網站Ticketmaster輸入的姓名和地址
- 孩子們寄給選手的粉絲信

以上這些人全都出於某些原因對籃網隊抱持著興趣。而這份列有7萬5千人的**顧客名單**，也在往後數年間持續發揮作用。實例之一：球團花一萬多美元製作了8頁的門票簡介，郵寄給顧客名單中的所有人後，增加了二十萬美元的收入。

你的公司裡是否也埋沒有散落各處的顧客資訊呢？這些人肯定都對你的公司感興趣，只要想辦法一網打盡，就等於得到強力宣傳的機會。

此外，球團也針對持有季票的800名球迷進行重點宣傳。

在籃網隊主場的41場賽事中，有5場「怪物級賽事」會碰上麥可．喬丹等級的超級明星選手。這些持有季票的球迷若能買到更多張票，肯定會呼朋引伴，約家人、同事或朋友一同觀賞這些怪物級比賽。

因此，球團針對這5場比賽，推出售價130美元的「怪物級賽事套票」，僅供季票持有者購買，結果沒兩下子就被搶購一空。直到前一年為止，籃網隊的門票還從來沒有完售的紀錄，有了這次的經驗後，籃網隊的門票愈來愈常銷售一空。

「門票完售」是職業賽事最好的行銷手段。「想買門票」的顧客發現座位還綽綽有餘時，不會當下馬上購買，但當顧客預見絕對一票難求時，就會提早好幾個月先確保門票。籃網隊正是迎來了這樣的良性循環。

此處的重點是要**將「已知對自家產品感興趣的人」列成名單**。

有些外部市調公司會來兜售顧客名單，但購買這類名單只是在浪費錢而已，因為名單裡的人，絕大多數都不會對硬性推銷的商品感興趣。

親臨現場，實際接觸「顧客」

為了觀察球迷們最真實的反應，每當籃網隊出賽時，本書作者都不會坐在球隊高層專用的包廂，而是會坐在便宜的位子觀賽。當客服接到打來謾罵的客訴電話時，他也會請客服把電話直接轉給自己。這些常人眼中的麻煩人物，其實是貴重的情報來源，會直截了當地提醒他哪些地方做錯了，告訴他該怎麼做才能取悅消費者。

他也曾在比賽開始前，到入口發放免費的場刊給球迷，親身體會到這本共12頁的免費場刊，有多麼受到球迷喜愛。

他還親自到售票窗口賣票、親手烹調熱狗販售。過程中接觸到的無數無名陌生顧客，幫助他描繪出極為鮮明的顧客整體形象。

其實有很多事情，是要親臨現場才能領悟，光是坐在辦公室裡看數字，絕對難以體會。籃網隊這類**服務事業**，會在提供服務給顧客的瞬間產生價值。因此，**理解現場的實際狀況，是一件非常重要的事情**。

本書共有17個章節，鉅細靡遺地介紹作者的行銷觀點。

這些看似特立獨行的觀點，其實穩穩抓住了從服務現場的角度出發、確實掌握及滿足顧客需求的行銷重點。本書介紹的技巧，絕對能在各種業界派上用場。

本書的書名出自作者的開場白：「只要善用此方法，甚至有機會賣冰給愛斯基摩人」。不過，書中並沒有進一步解釋「賣冰的方法」。

這大概是作者留給讀者們各自思索的回家功課吧！

POINT

認清自家公司的真實樣貌，洞察顧客需求的商品力

Book
5

《品牌如何成長？行銷人不知道的事》

（暫譯）*How Brands Grow: What Marketers Don't Know*（Oxford University Press）

——一直以來的行銷理論其實大錯特錯？

拜倫・夏普

南澳大學教授暨艾倫伯格巴斯研究院的行銷科學主任。該研究院為可口可樂、CRAFT、家樂氏、英國航空、寶僑（P&G）等世界各國的研究機構提供服務，接受贊助支援。曾發表數百篇學術論文，擔任5本期刊的編輯委員。2020年於日本出版《How Brands Grow：Part 2（暫譯：品牌如何成長：第二部）》。

本書把前面介紹的行銷理論「一竿子打翻」了。

由於本書是學習最新行銷理論的重要關鍵，我非常想介紹給大家。作者提出數據，仔細驗證消費者的行為模式，提供全新的策略制定法及品牌建立法。

作者拜倫・夏普教授是澳洲艾倫伯格巴斯研究院的行銷科學主任，他以安德魯・艾倫伯格教授與傑拉德・古德哈特教授從50年前展開的研究為基礎，完成本書。

為什麼賣不掉？要制定什麼對策？

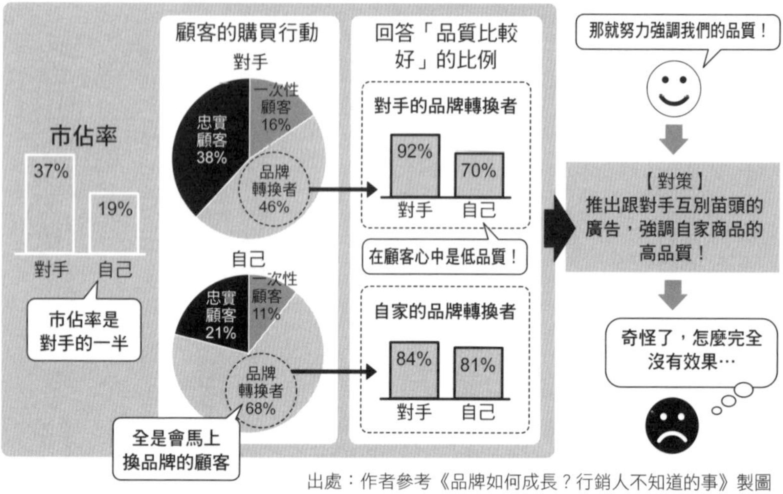

出處：作者參考《品牌如何成長？行銷人不知道的事》製圖

別管其他有的沒的，先增加顧客人數再說！

請參考上圖。自家產品的市佔率只有競爭對手的一半，**忠實顧客**（重複購買率高的顧客）也只有一半，而且營收的3分之2來自會隨時改用其他品牌的**品牌轉換者**（Brand Switcher）。雙方的品質明明旗鼓相當，顧客卻認定自家商品劣於競爭對手……多數人在看了此分析後，會推出與競爭對手互別苗頭的廣告，「強調高品質，以增加忠實顧客」。不過，這種做法其實誤解了顧客的行為模式，無法帶動買氣。

營收的算法是**顧客人數乘以購買頻率**。

哪怕自己的顧客人數只有競爭對手的一半，只要忠實顧客的購買頻率翻倍，就能追上競爭對手的營收——這是一般人常有的想法，但實際上並不容易達成。

來比較一下英國洗衣精品牌市佔率第1名的Persil（22%）跟第5名的Surf（8%）。

年間**市場滲透率**（總消費者的購入人數比例）為Persil 41%、Surf 17%，年間購買頻率為Persil 3.9次、Surf 3.4次。

Persil的市佔率較高，顧客人數（＝市場滲透率）多、購買頻率也高；Surf的市佔率較低，顧客人數少、重複購買率也低。

額外調查157個品牌後，也得到同樣的結果。無論在哪個市場，都有這種因顧客人數少而導致購買頻率降低的品牌，此現象稱為**雙重危機（Double Jeopardy）法則**。由此可知，品牌成功的關鍵不是別的，正是增加顧客人數。

「獲得新顧客」比維持老顧客更重要

筆者在前作《全球MBA必讀50經典》的Book11《顧客忠誠度效力》中，曾

市佔率愈高，顧客流失率愈低

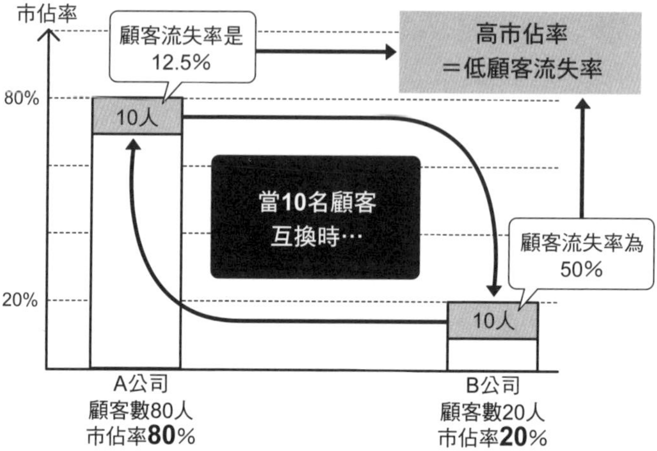

出處：《品牌如何成長？行銷人不知道的事》（經作者部分調整）

介紹作者瑞克赫爾德的觀點：「好好珍惜**老客戶**，開發新客戶花費的費用比維護老客戶多出5倍」。

此觀點遭到本書作者反駁，他認為「瑞克赫爾德的想法是錯誤的」。

上圖將市場單純化，假設市場裡只有A跟B兩間公司，共有100名顧客。

當A公司有80名顧客（市佔率80%）、B公司有20名顧客（20%）時，若有10名顧客流失，A公司的顧客流失率為12.5%、B公司為50%。市佔率愈高，**顧客流失率**愈低。

從實際數據來看美國汽車市場從1989年到1991年的顧客流失率。市佔率第1名（9%）的龐帝克為58%，市佔率第9名（4%）的本田為71%。在英國和法國也能看到同樣的結果。

改變銷售方式，將迎來巨大的轉機。

整體而言，美國的汽車消費者比例為**新、舊顧客各半**。市佔率2%的公司努力把顧客流失率降到0%，來自老顧客的營收翻倍，再加上來自新顧客的營收，總業績將成長1.5倍，市佔率也會上升1%，增加到3%。

不過，若放寬眼界綜觀整個市場，將看到完全不同的層面。有半數的消費者習慣更換品牌，公司有機會獲得最高50%的市佔率，成長機會比把顧客流失率降到0%還多出50倍（50%÷1%）。

比起降低顧客流失率，確保新顧客能得到更具壓倒性的業績成長機會。

而且從現實面來看，降低顧客流失率是一件極為困難的事情，目前美國還沒有任何一個品牌的顧客流失率低於25%。

成長的關鍵，在於獲得新顧客。

最重要的顧客是「輕度使用者」

接著進入本書的重點。雖然科特勒主張「**傳統的大眾行銷已經落伍**」，但若想研究消費者的消費行為，大眾行銷仍有其必要性。

你每年會喝幾次可樂（可口可樂）呢？也許你兩年也才喝那麼一次。

你說不定會想，「可口可樂砸大錢打那麼多廣告，真的有賺頭嗎？」其實可口可樂瞄準的典型客群，正是像你這樣的人。

次頁圖是可樂消費者的分析表。此圖表依照年間購買次數分類。如圖左側所示，過半數的消費者1年只喝0～2瓶。

購買次數不到1次的消費者佔了約50％。其實可口可樂的客群幾乎都是輕度使用者。

「兩年才喝一次可樂」的你，正是典型的可樂客群。

對可口可樂來說，1年喝3次（4個月喝1次）以上的人，已經屬於重度使用者。

儘管柏拉圖法則稱「前20％的消費者佔了總營收的80％」，但對可口可樂公司而言，事實上只佔了50％而已，另外50％的營收來自鮮少購買的輕度使用者。這些輕度

可口可樂的典型客群是「每年喝1次的人」

在英國的可樂消費者中，選購可口可樂者的比例及購買次數（2005年）

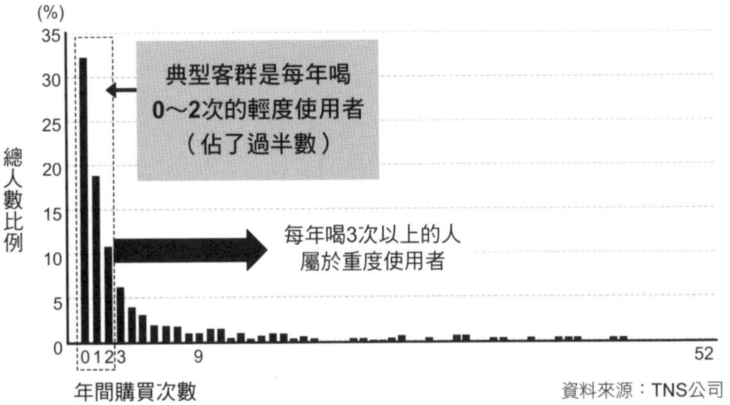

資料來源：TNS公司

出處：《品牌如何成長？行銷人不知道的事》（經作者部分調整）

使用者的購買頻率極低，還會選購其他品牌。此現象在服務業亦然。銀行有過半數客戶的主要往來銀行，都是其他銀行。

此外，長期追蹤消費者後發現，重度使用者很容易變成輕度使用者，輕度使用者也很容易變成重度使用者。無論是哪個品牌，都會產生回歸平均狀態的**消費行為適當化法則**。

上圖中的購買頻率屬於「**負二項分布**（Negative binomial distribution: NBD）」。任何商品的購買頻率都能用此**狄利克雷NBD模型**（NBD-Dirichlet Model）來表現。當市佔率增減時，整體將維持此分布狀態增減，消費者也只會在此分布中變動。因此，就算主攻特定的重度使用者，也無法增加營收，**廣泛網羅輕度使用者及非使用者，才能增加成功的機率**。

極力將同質性高的商品推銷給同樣的客群

「區分顧客，專攻某目標客群」的做法，其實是錯誤的。

雖然瘦身飲料專攻女性族群，但針對一般飲料跟瘦身飲料進行分析後，發現兩種商品的客群如出一轍，男女比例也幾乎完全相同。

擴大分類範圍進一步調查後，發現競爭品牌的消費者，也是同一批人。福特（大眾車）跟雪佛蘭（主打年輕族群）的車主，全來自同一個客群。

買香草冰淇淋跟巧克力冰淇淋的人，是同一批人，他們既買香草口味也買巧克力口味。「這不是廢話嗎？」如果你這麼想，或許該回頭看看，你的公司是否也不小心掉入了「刻意替兩種商品設定不同的客群」的陷阱呢？

可口可樂公司旗下有可樂、芬達、雪碧等多個飲料品牌。

推出多個品牌的目的並非為了滿足消費者多樣化的需求。

不管是哪個飲料品牌，都跟最暢銷的可樂共享7成的基礎客群。可樂的客群跟其他飲料品牌是一樣的。其他品類的商品也是如此，幾乎都會跟市占率最高的品牌共享客群，此現象稱為**重複購買法則**。

那麼，可口可樂推出多個飲料品牌，賣給同樣的客群，這樣真沒問題嗎？或許大家下意識會反射性地覺得「品牌絕對不能重複」，但其實完全沒有問題。只要消費者選擇了其中一個品牌就好了，重點是要提升品牌在市場上的存在感。

若有一間新成立的飲料公司，能夠自由挑選兩個品牌，那麼它該選的並不是「可樂跟芬達」，而是在全球各地都最暢銷的「可樂跟百事」。

應鎖定「對品牌沒興趣的人」，而非品牌愛好者

一般人常認為，蘋果電腦跟哈雷機車都有很多狂熱粉絲，其實不然。

電腦回購率（重複購買同樣品牌的比例）的第1名是71％的戴爾，其次才是55％的蘋果與52％的惠普。以市佔率來說，蘋果算是相當厲害，但這是因為蘋果電腦與其他廠牌電腦不相容，並非狂熱粉絲的功勞。

接著來分析哈雷機車的車主。

狂熱的哈雷車主佔了整體的10％，消費金額僅佔整體的3.5％。這些人的收入不高，錢幾乎都花在配件上，沒錢換新車，對整體營收的貢獻度極低。

大型機車愛好者的消費金額佔了整體10％以下。他們不但沒有加購哈雷機車的改裝配件，買的還是最小型的車款。據統計，有40％的哈雷車主長期把機車晾在車庫裡。

哈雷車主的回購率是33％，以顧客忠誠度來說差不多在平均值。

無論是哈雷機車跟蘋果電腦，狂熱粉絲都是少數派。實際能帶來業績的關鍵客群，**是那些不拘泥品牌就掏錢購買，對業績貢獻良多的人**。

追求「區隔」而非「獨特性」

行銷常叫人「做好品牌區隔，呈現給消費者簡單好懂的形象」。

一般認為**品牌區隔**是行銷的必要手段，但實際調查後發現，消費者幾乎不會注意到業者刻意安排的品牌區隔。

談到品牌區隔時，大家第一個聯想到的常是蘋果電腦，但即便如此，也有77％的使用者不認為「蘋果有別於其他品牌」或「蘋果很特殊」等。Mac作業系統的確是獨一無二，但多數使用者不諳技術，選購Mac只是為了處理其他電腦也能勝任的作業。

就連大獲成功的蘋果電腦，也未能做好品牌區隔。廠商沒必要讓消費者區分商品的差異，重點是要想辦法促進買氣，也就是要**建立品牌**。

品牌區隔無法持久，但打造完成的獨特品牌將長期屹立不搖。培養**品牌忠誠度**的前提是讓消費者一眼認出品牌。例如：麥當勞的金色拱門、可口可樂的紅色、NIKE的「Just do it」、蘋果公司的蘋果標誌等，這些都是與其他品牌一目瞭然的差異。

現代的消費者身處資訊爆炸的時代，若品牌具有獨特性，一眼就能辨識，消費者就不必費心思考或尋找品牌，如此一來，消費者自身的生活也會更輕鬆無負擔。

「能讓人立刻想起來，而且一下子就能買到」的品牌極具優勢

建立品牌獲得顧客的兩大重點是心智顯著性（Mental Availability）及購買便利性（Physical Availability）。

心智顯著性指的是購物時容易回想起該品牌的存在。

當你聽到「吉野家」這3個字，你會先想到什麼呢？

應該不外乎「牛丼」、「午餐」、「好吃、便宜、迅速」吧？這就是**品牌相關性**。每當你在街上看到吉野家，或實際入店用餐時，你的腦中都會連結起品牌相關性，並且不斷強化。

當你出門在外「想吃午餐」時，若能同時回想起蕎麥麵店、大戶屋跟吉野家，吉野家就有機會增加業績。心智顯著性等同Book7《機率思考的策略論》中的**消費者偏好**（Preference）。

購買便利性指的是消費者購買該品牌商品的便捷程度。以吉野家為例，就是當你想吃吉野家時，附近就剛好有分店。購買便利性等同《機率思考的策略論》中的**鋪貨率**。

市佔率高的品牌，心智顯著性及購買便利性也相對較高，幾乎不會受到其他品牌特性影響。

本書以大量證據正面迎擊傳統的行銷理論，書中觀點的應用範圍若持續擴大，絕對能成為廣大行銷人的武器。

Book7《機率思考的策略論》便是將書中觀點應用於日本環球影城（USJ）的實例。

近年，行銷界也陸續出現其他新概念，像是與顧客直接連結，使顧客可視化，建立起長遠關係的**訂閱模式**（**Subscription Model**），以及將客戶流失率降到最低的**客戶成功**（**Customer Success**）等。星巴克也很重視與顧客間的牽絆。

行銷無時無刻都在進化，希望讀者們也能好好掌握本書的內容。

POINT

比起品牌區隔，擴大客源、提升能見度、增加好感度更重要

Book

6

《品牌如何成長：第二部》

（暫譯）*How Brands Grow: Part 2*（Oxford University Press）

——「強大的品牌定位」是沒必要的

拜倫・夏普、詹妮・羅曼紐克

拜倫．夏普是南澳大學教授，也是艾倫伯格巴斯研究院行銷科學主任。前作《品牌如何成長？行銷人不知道的事》經《廣告時代》（Ad Age）雜誌的讀者選為年度行銷書籍。詹妮．羅曼紐克是艾倫伯格巴斯研究院的研究教授暨助理主任。專攻品牌權益等領域，為心智顯著性的測定及評價基準的先驅。

讀完Book5《品牌如何成長？行銷人不知道的事》後，很多人應該會想：「過去的觀念完全被顛覆了呢。但是，我所處的市場是例外。」在現實中，任何市場都有其特殊性，但基礎部分是共通的。掌握共通的基礎，行銷人無論到哪個領域都能大顯身手。

本書為Book5的續作，這次夏普攜手初露頭角的羅曼紐克，運用更豐富的數據資料，證明書中理論在各個領域都適用。

電視劇《半澤直樹》7年後才推出續集的意義

在傳統觀念中，強大的品牌擁有不可動搖的定位，必須讓消費者產生「提到這個品牌就會想到〇〇〇」的想法。本書認為這是錯誤的觀念。

關鍵其實是**品類進入點**（CEP，category entry point）的概念。

舉例來說，當天氣炎熱或口渴時，我們會想「喝冰涼的飲料」。品類進入點即為當我們像這樣**產生購物需求時，決定購買某特定商品的原因或狀況**。若在「想喝冰涼的飲料」的瞬間聯想到可樂，消費者會決定購買可樂，此現象即為Book5介紹過的**心智顯著性**。當可樂聯繫愈多品類進入點，愈容易被消費者聯想到時，可樂的銷量會愈好。本書主張「**強大的品牌＝聯繫大量品類進入點的品牌**」。

國民巨星堺雅人2013年主演電視劇《半澤直樹》後爆紅，《半澤直樹》卻在7年後的2020年才推出續集。雖然不清楚7年後才拍續集的真正原因，但若從「堺雅人」這個品牌來思考，會發現這7年的意義相當重大。

堺雅人的從影之路並不一帆風順，直到27歲那年參演NHK晨間劇前，他都過著貧困的生活，甚至窮到曾摘路邊的蒲公英果腹。之後他參演電影《南極料理人》、《結婚詐欺師》、《阿娜答有點Blue》，完美詮釋溫柔卻有點靠不住的獨特角色。2012年於電視劇《王牌大律師》中飾演個性彆扭的毒舌律師，廣受好評。

《半澤直樹》的原作者池井戶潤在看了《王牌大律師》後，推薦由他飾演主角半澤直樹。

2013年，《半澤直樹》創下歷史性的收視佳績，關西地區完結篇的平均收視率為45．5％，是歷年來民間播放連續劇的最高收視冠軍。關東地區完結篇的平均收視率為42．2％，是歷代第4名。劇中台詞「加倍奉還」獲選當年的流行語大賞，堺雅人在一夕之間爆紅，成為國民巨星。

若乘著這個勢頭，隔年立刻播放《半澤直樹》的續集，勢必又會掀起一波熱潮，但堺雅人日後接演的角色恐怕會遭到定型。以前就發生過類似的例子。

過去在電影《男人真命苦》中演活阿寅的渥美清，在還沒飾演阿寅之前，是個演什麼像什麼的天才演員，但他演「阿寅」爆紅後，不管演什麼角色都有阿寅的影子，「渥美清＝阿寅」的形象已經深植人心。

出道沒多久就在《超人七號》中飾演諸星彈的森次晃嗣，據說在《超人七號》完結後，也有過一段演什麼都像諸星彈的煎熬時期。

堺雅人也有可能面臨同樣的問題，但他並未立刻接下《半澤直樹》的續集，而是先在2016年的大河劇《真田丸》中主演真田信繁（幸村），並陸續主演多部電影後，才接下2020年版的《半澤直樹》。

若堺雅人在《半澤直樹》爆紅隔年立刻接演續集，他現在也許會演什麼都脫離不了半澤直樹的影子。「堺雅人＝半澤直樹」的**品牌相關性**太過強烈，用品類進入點的觀點來看，他只有在「半澤直樹」這個品類中，才會成為大家的選擇。

不過，在這7年間的演藝活動中，他替自己加諸了「堺雅人＝大河劇主角」的強烈品牌相關性，也讓王牌大律師、庫西歐上校等獨特角色的品牌相關性更加深植人心。從品類進入點的觀點來看，他成了「能演活各種獨特角色的變色龍演員」。

知名演員容易成為各種品類進入點的首選。

以木村拓哉為例，他擁有相當廣泛的品牌相關性：曾是SMAP的一員，主演《長假》、《HERO》、《天才主廚餐廳》、《教場》等人氣電視劇，以及《武士的一分》、《假面飯店》等電影，在雜誌《anan》的最受歡迎男性排行榜中，連續15年蟬聯冠軍，跟工藤靜香是明星夫妻，最近的新身分是木村心美和木村光希的父親。

能夠聯想的領域非常多樣化。

正因如此，才會有那麼多電視劇和電影找上他，在「帥氣男性」排行榜中，他也絕對榜上有名，現在還是眾所皆知的帥爸爸，他因此成為各種品類進入點的首選。

可口可樂能獨佔市場的原因

有形體的商品也是如此，消費者會在各種品類進入點中主動想起暢銷品。本書介紹了土耳其軟性飲料市場的例子。可口可樂獨佔土耳其的軟性飲料市場，當地品牌Cola Turka的市佔率只有可口可樂的8分之1。

作者們調查了消費者在選購飲料的品類進入點中，主動想起這兩項商品的程度。他們先鎖定土耳其人想喝飲料時，最重要的8個品類進入點，包括「在炎熱的日子喝」、「有益身體健康」、「適合配飯」、「犒賞自己」等，接著調查在這8個品類進入點中，消費者主動想起可口可樂及Turka的程度。調查結果如下頁附圖所示。

購買Turka的人，有67%不管在哪個品類進入點都想不起Turka的存在。

反觀購買可口可樂的人，在多個品類進入點都能想起可樂的存在。在消費者選購

熱銷商品會在品類進入點被想起

可口可樂與Cola Turka在土耳其的品類進入點比較（2014年）

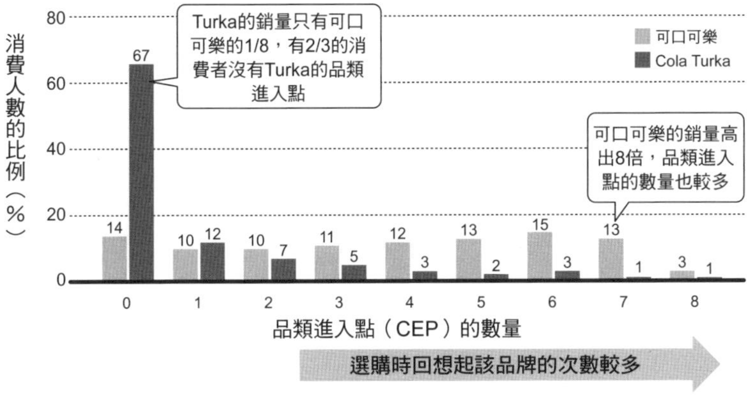

出處：《品牌如何成長：第二部》（經作者部分補充）

飲料的品類進入點中，可樂更容易被人想起，因此獲得了比Turka高出8倍的業績。Turka若想成長，就必須增加品類進入點，提升消費者的心智顯著性。

從此例能看出，現代具優勢的品牌並不需要「提到這個品牌就會想到〇〇〇」的強大品牌定位，而是要想辦法**讓消費者在各種場面的品類進入點中，主動回想起自家品牌，創造出更豐富的心智顯著性。**

「目標市場」的陷阱

「專攻市場特定部分」的**目標市場**，暗藏著陷阱。就像Book5《品牌如何成長？行銷人不知道的事》提到的，購買自家商品跟對手商品的顧客，其實幾乎是同一批人。在此狀態下，若貿然縮小目標客群，等於捨棄了仍有商機的市場。

就這點而言，進軍美國市場的連鎖餐飲品牌大戶屋，就做了相當聰明的判斷。大戶屋沒有把目標客群侷限在住美國的日本人，而是針對所有美國人，推出跟日本店一模一樣的日式餐飲。把商品賣給所有美國人，能確保更廣大的市場。配合大眾需求，讓消費者隨時都能買到魅力商品，這樣的策略能獲得更多銷售機會，幫助品牌成長。

介紹另一個例子，這是Ｂｏｏｋ７《機率思考的策略論》的作者森岡毅，準備幫助日本環球影城（ＵＳＪ）重生時發生的事。他剛接任行銷長時，經營不善的環球影城將自己定位為「電影主題樂園」，但目標客群太過狹隘，導致長年業績慘澹。

於是，他把環球影城重新定位為「聚集全球最棒娛樂設施的精品店」，增加消費者的心智顯著性（照森岡的說法是「消費者偏好」），使環球影城能夠對應消費者大大小小的品類進入點（詳細內容請參考Ｂｏｏｋ７）。

選擇目標市場並沒有錯，只是不能過度縮小目標。像環球影城一樣，決定大方向的目標市場即可。

為新品牌創造出「與品類進入點的連結」

企業推出新品牌時，常使用這樣的行銷模式：❶先找出消費者能得到的明確利益→❷決定差異化的文宣→❸推出「〇〇新上市」等具說服力的廣告。不過，這種行銷模式往往無法獲得理想的成效。

你能講出過去1年間新上市的牙膏名稱嗎？

除非你是業界相關人士，不然應該講不出來吧？消費者非常忙碌，就算強調新商品跟其他商品的差異，主打「新上市」，他們也不會有感覺。首先**要明白的是**，**「多數人在選購商品時，並不會發現既有品牌跟全新品牌的差別」**。

正如Book5《品牌如何成長？行銷人不知道的事》所述，應鎖定的客群是輕度使用者及非使用者。為了加強首次購買者的心智顯著性，企業應採取兩階段思考。

於**第1階段**推出廣告，廣泛網羅輕度使用者及非使用者，促使他們選購新商品。

只是，別在此階段就把預算全部花光，留一些到第2階段。

進入**第2階段**後，持續推出廣告宣傳，以提升輕度使用者的回購率。廣告內容最好要引人矚目，藉此創造出與品類進入點的連結，連結愈多，業績會愈好。

資生堂旗下的TSUBAKI趁棕、金髮風潮出現退燒跡象的完美時間點，以**「日本女性很美麗」**為廣告詞，請來廣末涼子、觀月亞里莎、仲間由紀惠、竹內結子、田中麗奈等知名黑髮女星一字排開，憑著視覺上的美貌傾倒眾人，黑髮美髮產品一舉成功。

新商品廣告還有一個重要目的，是促進店面的新商品銷量，因為銷量不佳的新商品很有可能會遭店家撤下。廣告內容應優先納入販售機會較大的品類進入點，凸顯更勝於競爭對手的記憶點，幫助消費者在腦內產生連結。

高級品牌砸大錢打廣告的原因

也許你會想：「訴求『獨一無二』的高級品牌，應該不能採取這種行銷模式吧？」其實高級品牌也適用這種行銷模式。

事實上，高級品牌的消費者大多並非富裕階級，而是屬於中產階級（上班族）的輕度使用者。跟富裕階級相比，中產階級的消費者佔了壓倒性的多數。只買得起1支勞力士手錶的輕度使用者（中產階級），正是高級手錶市場的典型顧客。

POINT

最重要的是讓消費者在選購商品時想起自家品牌

根據作者們調查的結果顯示，哪怕許多人都擁有同樣的高級品牌，消費者依然會對該品牌充滿渴望，帶動其銷量。就算擁有勞力士手錶的人多不勝數，人們依然對勞力士趨之若鶩。

多數消費者自認「沒有辨別高級品牌的眼光」，因此，高級品牌受歡迎的程度和風評，將成為消費者判斷購買與否的依據。

高級品牌砸大錢打廣告的目的，正是為了提高知名度，增加品牌擁有者。

本書針對網拍、網路評論口碑、新興國家行銷等多個不同的市場進行分析，以數據證明書中理論得以成立。若同時閱讀Book5《品牌如何成長？行銷人不知道的事》，肯定會對此新理論有更深一層的理解。

Book

7

《機率思考的策略論》（經濟新潮社）

——在USJ得到實證的「排除情感，只看數字和邏輯」策略

森岡毅、今西聖貴

森岡毅生於1972年，畢業於神戶大學經營系。1996年進入寶僑（P&G）公司，擔任日本沙宣品牌經理等職位。2010年轉職到USJ公司，投入各種嶄新的創意，帶領陷入絕境的日本環球影城（USJ）從谷底翻身。2017年成立行銷精銳團隊「刀」。著有《日本環球影城吸金魔法》等書。今西聖貴在盟友森岡毅的招攬之下，加入日本環球影城公司。現為刀的資深合夥人，活躍在相關領域。

很多人認為「行銷是憑感覺的」，但本書斬釘截鐵地表明：

「經營成敗取決於機率，而此機率有部分能靠人為操縱。」

本書作者森岡毅提倡**數學行銷**，他曾是寶僑（P&G）的員工，也是帶領日本環球影城（USJ）從谷底翻身的最大功臣。另一名作者今西聖貴是森岡毅任職寶僑時的同事，負責開發需求預測模型及分析預測長達20多年。在森岡的三顧茅廬之下，今

每當消費者想購買產品時，會在心裡轉動「喚起集合轉蛋」

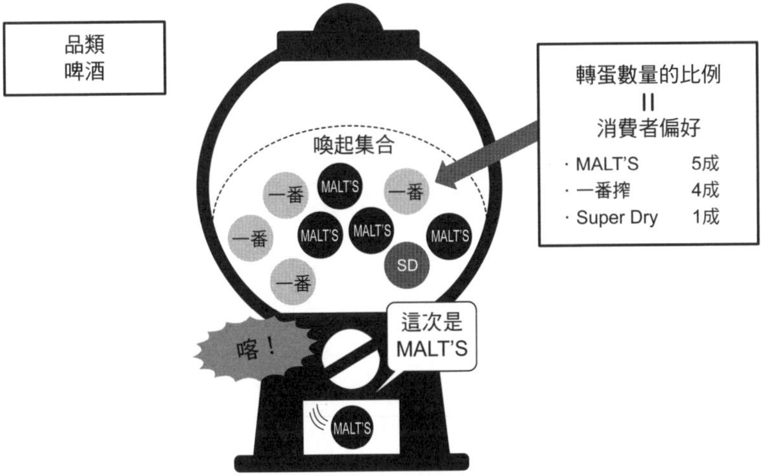

出處：作者參考《機率思考的策略論》製圖

西也加入USJ，幫助USJ起死回生。

讀者們能透過本書學到用數字和邏輯制定行銷策略的方法論。

「看到數學就頭大」的人也不用擔心，雖然本書為了保證資訊的透明度，補充了詳細的數學公式，但就算省略公式，文字內容也簡潔明瞭。

市場構造的本質是**消費者偏好**，這跟Book5《品牌如何成長？行銷人不知道的事》提到的**心智顯著性**一樣。以啤酒為例，每個人愛喝的種類不同，「我只喝MALT'S或一番搾」、「我只喝Super Dry」等個人喜好，就是消費者偏好。

此外，像「啤酒」這類，消費者出於同

樣目的而使用、能給予消費者同等效益的商品或服務的集合體，稱為**品類**（Category）。

消費者對各種品類都有自己的偏好，例如：「平常都喝MALT'S或一番搾，偶爾喝Super Dry」等。這類消費者偏好的集合體，稱為**喚起集合**（Evoked Set）。

喚起集合會在消費者無自覺的狀態下，憑著過去的購買經驗，在消費者心中生成。消費者會從喚起集合中隨機挑選要購買的商品。以前頁圖為例，購買啤酒的機率是「MALT'S 50％、一番搾40％、Super Dry 10％」的人，會先在心裡轉動「喚起集合轉蛋」，再決定要購買的商品。當此人購買10次啤酒時，平均會有5次轉到MALT'S。

總消費者的轉蛋結果統計，便是市佔率，即為市場消費者偏好的平均值。各企業爭奪消費者偏好的結果，會反映在市佔率上。由此可知，**企業應將經營資源集中在增加消費者偏好上**。

決定消費者偏好的3大要素

消費者偏好是由❶品牌價值、❷產品性能、❸價格來決定。

❶**品牌價值**指的是品牌的無形資產。品牌價值是支配消費者偏好的最關鍵因素。

東京迪士尼樂園就擁有「夢想及魔法的王國」這個具強烈壓倒性的品牌價值。

❷產品性能的重要性依品類而異。

機能重視型產品（家電）和解決問題型產品（藥物）的產品性能愈高，消費者偏好也會愈高。消費者不願意失敗，不會輕易捨棄自己信任的品牌，投向其他品牌的懷抱。因此，只要滿足消費者的需求，就能輕鬆進入消費者的喚起集合。不過，若是差異不明顯的產品（像是喝不出有什麼差別的礦泉水等），與其提高產品性能，不如強化品牌價值，更有機會增加消費者偏好。

❸價格提升時，消費者偏好會在短期內下降。但由於漲價是為了確保滿足消費者長期需求的資金基礎，因此從中長期的角度來看，漲價是個正確的決定。

日本環球影城原本的票價是5800日圓，從購買力平價指數來看，此價格是其他國家的一半，其他國家的票價基本上都是1萬日圓起跳。日本的主題樂園以高品質著稱，人事費、建設費、土地費等成本都相當可觀，但票價卻如此便宜。再這樣下去，日本國內的主題樂園業界遲早會變成一灘死水。

因此，日本環球影城年年調漲票價，雖然目前已經漲到7400日圓，但來客數依然有增無減。環球影城先提升了品牌價值，才能確保漲價的籌碼。

策略的本質是「增加消費者偏好，提高其購買率」

在主打成熟消費者的市場中，經營資源會分配到以下3個部分：

❶自家品牌的消費者偏好度（preference）

為了增加自家品牌的消費者偏好度，業者必須拓展更多客源。此時應留意的重點是，鎖定目標顧客時，就算極力展現與競爭對手的區別，也無法縮小消費者偏好度的範圍。此時的目標只有一個，就是要增加該市場的消費者偏好度。

日本環球影城經營不振時，影城的定位是「電影主題樂園」，愛好者以單身成年女性為主，客層過於集中。從市場整體看來，環球影城的消費者偏好比東京迪士尼樂園還弱得多。缺乏實戰經驗的行銷人，往往容易咬著特定的消費族群不放，試圖在有限的範圍內增加消費者偏好。

森岡將環球影城的定位調整成「匯聚世界頂級娛樂設施的精品店」，挖掘出家庭客、萬聖節客、個別品牌粉絲（哈利波特與瑪利歐）、追求刺激的刺激尋求者（逆座雲霄飛車）等目標客群。

❷認知率（awareness）

認知率指的是有多少比例的消費者認識該產品。將50％的認知度提升1.2倍，增加至60％後，業績會成長20％。此外，「認知的品質」也非常重要。跟只知道「戴森（Dyson）」這個品牌名稱的人相比，還知道「吸力永不減弱」這句廣告詞的人，更會購買戴森的產品。

❸鋪貨率（distribution）

「鋪貨率」指的是有多少比例的消費者在有所需求時買得到商品。具體來說，就是要使商品隨時處於能被買到的狀態。將50％的鋪貨率提升1.2倍，增加至60％後，業績會成長20％。開拓更多販售點，鋪貨率將隨之上升。

此外，依照顧客的消費者偏好調整最合適的商品內容，也能提升鋪貨的品質。以洗髮精產品上架為例：多在高級住宅區的藥妝店擺放高單價的洗髮精；在郊區大賣場，則擺放家庭用的大容量經濟國民品牌。

品牌的年度營業額取決於下圖的7個要素。

影響營業額的7個基本要素

	營業額的基本要素	可控制度	主因①	主因②	主因③
1	認知率	◎	認知驅動（TV CM、Web廣告等）	廣告量	店內活動
2	鋪貨率	○～△	消費者偏好*	店內狀況	交易條件
3	過去購買率（回購率）	○	消費者偏好*	品類購買次數	鋪貨率
4	喚起集合進入率	○	消費者偏好*	組合內的品牌數	鋪貨率
5	年間購買率	×	品類購買次數	消費者偏好*	鋪貨率
6	年平均購買次數	×	品類購買次數	消費者偏好*	鋪貨率
7	平均購買金額	◎	尺寸選項、價錢	尺寸偏好（消費者偏好）	各尺寸鋪貨率

可控制程度：◎基本上能、○一定程度能、△些許能、×幾乎不能
*該品牌與所有品牌相較之下的品牌權益、產品效能、價格勝出

出處：《機率思考的策略論》

消費者的購買流程

（以購買洗衣精為例）

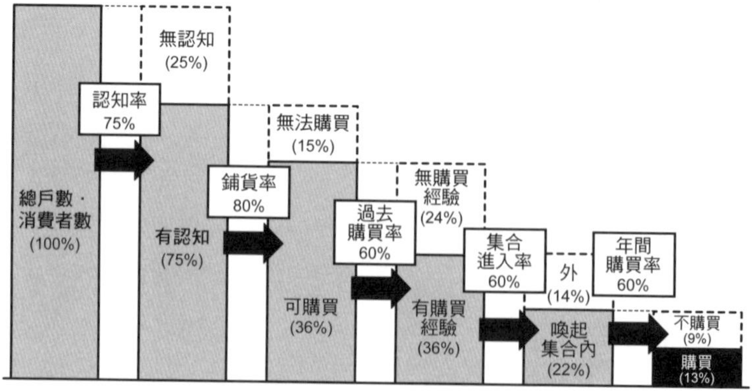

出處：作者參考《機率思考的策略論》製圖

USJ從「販賣現成品的公司」蛻變成「製造需求品的公司」

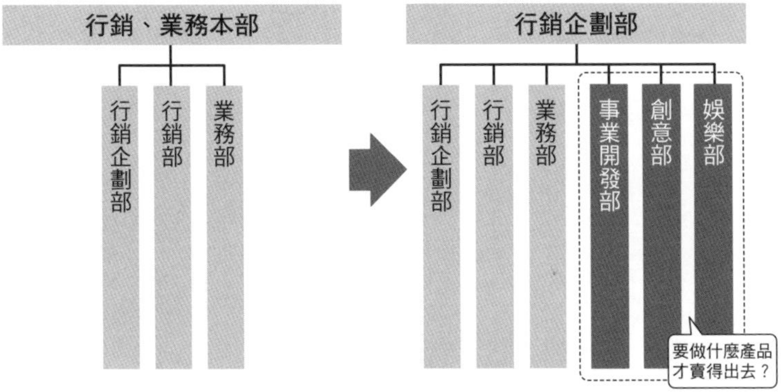

出處：《機率思考的策略論》（經作者部分調整）

先提升相較於競爭對手的消費者偏好，增加「鋪貨率」、「過去購買率」、「喚起集合進入率」，接著推出廣告增加「認知率」，並充實產品選項，以提升「購買金額」。我們來試算一下洗衣精的年度營業額。

【該年購買洗衣精的人在總戶數中所佔的比例】

＝認知率×鋪貨率×過去購買率×喚起集合進入率×年間購買率＝75％×80％×60％×60％×60％＝**13％**

【洗衣精的年度營業額】

＝總戶數×購買者比例×平均購買次數×

平均購買金額

＝5000萬戶×13％×1.3次×420日圓＝**35億日圓**

此算式常用於反向推算，算出必須維持多少認知率及鋪貨率，才能達成年度營業額等目標，評估要將經營資源集中在哪些方面。

想發揮行銷功能，必須先建立起「組織」

企業必須先建立起能發揮行銷功能的公司組織。

「想強化行銷面」的經營者，常天真地以為「只要雇一位優秀的行銷專家就沒問題了」，但行銷不能靠個人一枝獨秀，一定要有完整的後援組織，否則無法發揮作用。

優秀的行銷專家常會插手經營決策，經營者必須做好心理準備，「把行銷專家視為消費者的代理人」，允許他參與決策。森岡大刀闊斧整頓公司，改革出徹頭徹尾以消費者觀點出發的組織，使環球影城從「販賣現成品的公司」蛻變成「製造需求品的公司」。

憑感性做決定的組織對上憑理性做決定的組織時，後者將成為贏家。

POINT

增加消費者的消費者偏好，制霸消費者市場

情緒會淪為決策過程中的絆腳石。若想制定合理的策略，本書能派上極大的用場。

作者森岡在本書出版後，離開環球影城，成立行銷公司「刀」。秉持著「用行銷的力量為日本注入活力」的理念，網羅行銷精英。「刀」也是一間投資公司，提供包括經營支援在內的事業創造、再生服務。

搭配Book5《品牌如何成長？行銷人不知道的事》一起閱讀，絕對會對本書內容有更深入的瞭解。

Book 8

《領導與顛覆》——從現有事業開創新局的「方法」

（暫譯）*Lead and Disrupt*（Stanford Business Books）

查爾斯·奧賴利、麥可·塔辛曼

奧賴利是史丹佛大學商學研究所教授。於加州大學柏克萊分校取得資訊系統碩士學位、組織行為學博士學位。專攻領導學、組織文化、人事管理等。塔辛曼是哈佛商學院教授。於康乃爾大學取得科學碩士學位，於麻省理工學院取得組織行為學博士學位。專攻技術經營、領導學等。兩人為波士頓的改變邏輯顧問公司（Change Logic）的共同創辦人。

現代市場變化劇烈。

左右企業命運的關鍵是「是否要改變」。

2002年，DVD出租界龍頭百視達（Blockbuster）的營業額為四十億美元，網飛（Netflix）的營業額僅二十萬美元。其後，百視達死守日漸萎縮的DVD出租市場，於8年後破產；網飛不惜與DVD出租市場**競食**（cannibalization），躍升串流影音界的霸主，2019年的營業額高達138億美元。

既有如百視達般，無法順應市場變化，走向滅亡的企業，也有如網飛般，彈性活

「知識探索」與「知識深化」不容易同時進行

知識探索 創造新事業	知識深化 擴大舊事業
探索未知 高風險，效率差 從嘗試錯誤及失敗中學習	活用現有資產及組織能力 徹底追求實質與效率 徹底迴避失敗
	↓ 若將投資重心放在**深化**上， 將在遇到變化的瞬間破產 →**成功陷阱**

【進退兩難】探索與深化成反比
→因此需要「左右開弓式經營」

出處：作者參考《領導與顛覆》製圖

用變化，成長茁壯的企業。

本書是一本切合現實的處方箋，指導企業該如何因應市場變化，持續成長。兩位作者皆為創新研究的先驅，曾擔任企業顧問，分析過無數案例。本書收錄的案例數量之多，也極具壓倒性。

「探索」與「深化」並存

在漫長的歷史中，有許多老字號企業轉而開創新事業，不斷成長茁壯。明治初期創業的任天堂最早是花牌製造商，1911年創業的IBM最早則是肉秤製造商。

然而，新事業跟舊事業各有不同的任務。

開創新事業時，必須**探索**未知的新領域。維持舊事業時，必須進行**深化**，追求效率及活用組織能力。

這些老字號企業，都有懂得運用**左右開弓式經營**，能同步執行探索與深化的領導者。

實際上，同步執行探索與深化並不容易。探索必須冒著高風險，從一次次的失敗中學習，深化必須追求實質的效率。短期看來，深化能帶來更明顯的成果，因此，成功的企業容易偏重於深化，但此舉將導致企業在面臨變化的瞬間破產。此現象稱為**成功陷阱（Success Trap）**。要怎樣才能迴避成功陷阱呢？

提倡知名的**破壞式創新理論**的經營學家克里斯汀生曾說：「企業無法同時進行探索與深化，必須把新事業分拆成子公司。」

不過，惠普（HP）依照此建議，將隨身掃描器部門從掃瞄器部門中分拆出來後，卻因為新事業無法受惠於公司原有的優勢，經過一番苦戰仍以失敗告終。

事實上，企業的舊事業早已培育出無數的優勢，若新事業不能沿用這些優勢，未免太過可惜。

憑著舊事業優勢復活的富士軟片

曾經是底片界龍頭的柯達（Kodak），總是抱持著「底片的所有競爭者都是敵人」的心態，最終走向破產。富士軟片認為「應該把製造底片所建立的優勢活用在新事業上」，將底片的核心技術應用在各個新事業上，持續成長茁壯。

理解次頁圖的組織進化過程，才能避免掉入成功陷阱。

柯達只想**維持**曾經大獲成功的底片事業，忽視了**多樣化**發展；富士軟片在維持大獲成功的底片事業的同時，不忘探索多樣化的新事業。當時富士軟片的員工，形容此狀況就像「邊踩油門邊踩剎車一般」。

「多樣化↓選擇↓維持」的變化速度在過去相當緩慢，現在已經變得飛快。

電話機花了50年的時間，才達成家戶普及率50％，而網路只用了短短10年。花幾十年的時間慢慢修正經營軌道的做法，已是過去式，現在不出幾年就會被擠到淘汰線邊緣。想在變化劇烈的市場中求生存，唯一的辦法就是適應變化。**能夠存活下來的並非強者，而是懂得改變的人**。

理解組織的進化過程，使矛盾的經營模式共存

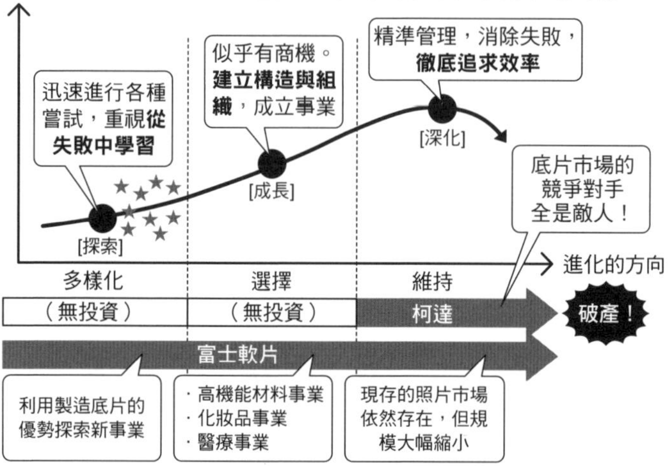

出處：作者參考《領導與顛覆》製圖

領導者必須深化企業的優勢，以確保利益，同時探索新事業，以備不時之需。為此，領導者必須分清楚**領導能力**與**管理能力**的差別。

領導能力是給予人動機，使人有動力「朝著目標的山前進」而去登山；管理能力是決定要攀登哪座山後，協助人準備齊全，在管控之下安全無虞地登山。

探索需要發揮領導能力，深化則需要應用管理能力。

「自家公司的資源能在哪個領域成長呢？」當年富士軟片的董事長古森重隆為了尋找此一問題的答案，專注研發，聚焦新技術，發展新文化與新思維，提出「Value from Innovation（價值源自創新）」的口號，不斷探索新事業。他在維持舊事業的同時，也持續強化新事業必要的組織能力。

左右開弓式經營的必要條件，是要同時具備優秀的管理者和領導者。

採取左右開弓式經營，深化成功的舊事業，同時利用舊事業的優勢探索新市場。企業必須做到這一步，才有辦法實現長期持續經營。

決定勝負的關鍵是「組織的接受度」

美國報社「今日美國（USA Today）」成立了網路新聞部門，但紙本報紙部門把網路新聞部門視為競爭者，不願意合作。紙本報紙部門的八卦記者，不想在網路上發布新聞速報。於是，公司高層發表「今後的趨勢並非報紙，而是網路新聞」的明確方針，撤換事業部門的主管，令反對派幹部辭職，互調各部門的人才，依照資訊與內容交流的積極程度決定升遷和報酬。

新事業與舊事業間必定會產生對立衝突，這種問題只有經營者才能化解。此外，重視效率和管理的舊事業，與重視從失敗中學習的新事業，也會產生諸多矛盾，經營者有必要將新事業從舊事業中切割出來。

話雖如此，若將新事業分拆到公司外部，新事業將無法受惠於公司的優勢。因此，經營者必須想辦法在讓新事業活用組織優勢的同時，避免舊事業受到影響。

左右開弓式經營的成敗，取決於經營者。那麼經營者究竟該怎麼做才好呢？

接著來看執行左右開弓式經營時會遇到的課題及解決對策。

專心發展舊事業，短期而言營業額會有明顯提升。從本質來看，左右開弓式經營相當欠缺效率，這也是左右開弓式經營的困難之處。

經營者應留意4個重點：

重點1　明示「探索與深化有必要同時存在」的策略意圖

由於左右開弓式經營欠缺效率，反對聲浪勢必居多，應對內部提出能讓員工認同的根據。從「策略的重要性」及「本業資產運用」這兩個觀點來整理與思考新事業。

重點2　讓經營幹部參與新事業的培育、資金供給與監督，保護新事業不受舊部門敵視

若經營幹部未積極參與新事業，舊事業會將新事業視為「吸血蟲」或「共同的敵人」，導致新事業無法享受公司的優勢，走向失敗。經營者必須做好排除反對派、全面安排新人事的覺悟。

重點3 慢慢切割新事業與舊事業，建立起能活用企業優勢的組織

使新事業在脫離舊事業的過程中，依然能利用組織能力。

重點4 建立共同的願景、價值觀及文化，讓員工產生夥伴意識

若員工們沒有「我們必須互相幫助」等發自真心認同的共同目標，就會跟初期的「今日美國」一樣，新舊事業體互相敵視，爭鋒相對。

領導力的5個原則

執行左右開弓式經營的領導者，將會如坐針氈。看似矛盾的策略，必不可少的領導能力，都會導致領導者處境艱難。此時領導者應實踐以下幾個原則：

原則1　明示具策略性的抱負，拉攏幹部團隊

慷慨激昂地再三闡述理念，能促使人行動。不過，經營者不能只顧著暢談抱負，還必須讓每位站在領導者立場的經營幹部打從心底認同，欣然採取行動。

原則2　決定由誰來化解對立衝突

新舊事業間必定會發生衝突糾葛，形成對立關係。領導者必須指定化解衝突的負責人。他既可以自己攬下全責，也可以讓幹部團隊開誠布公，站在公司整體的角度公開討論問題，此時事業部的主管將成為關鍵人物。總之，領導者必須做出決定。

原則3　正視幹部團隊的對立問題，取得事業體之間的平衡

左右開弓式經營的成功要訣，在於面對對立造成的種種衝突。若無視衝突，貿然推動新事業，新事業將慘遭力道仍強的舊事業擊敗。

原則4　貫徹始終，實踐「矛盾的」領導行動

在旁人眼中，左右開弓式經營者簡直是自相矛盾。舊事業重視利潤、規則和實質策略；新事業鼓勵從失敗中學習，在成熟市場中與自家的舊事業互相競食。這主要是因為探索跟深化講求的思考模式完全相反。不過，只要能表明原則❶的策略性抱負，員工們也會逐漸認同。

原則5 **確保討論及決策的時間**

經營者必須另外安排時間，與幹部團隊討論新、舊事業的商業模式，掌握整體狀況，明白自己該投入心力在哪些重點上。

這30年間，以製造業為中心的日本企業在破壞式創新的浪潮中屢戰屢敗。很多日本企業都仍然具備組織優勢，問題是無法將自身的這份優勢運用在新事業上。這些企業真正的難題並非製造商品，而是在於實現左右開弓式經營的領導能力與組織架構。相信本書能為有心想突破創新、掌握機會的企業帶來靈感。

POINT

在執行「左右開弓式經營」的同時化解矛盾，突破並創新

Book

9

《開放創新》——單靠內部員工無法實現創新

（暫譯）*Open Innovation*（Harvard Business Review Press）

亨利・伽斯柏

加州大學柏克萊分校哈斯商學院客座教授，巴塞隆納ESADE商學院的資訊系統學客座教授，創新領域的世界權威。畢業於耶魯大學，擁有史丹佛大學MBA學位。出版多本創新相關著作，因提出開放式創新的概念而聲名大噪。對服務業也相當重視，曾撰寫《開放式服務創新》一書。

我常有機會跟大企業的研發工程師見面，但我每次都很在意的是，他們為何老是窩在公司裡，不願跟公司以外的人打交道。實際深入交談後發現，他們雖然擁有高超的技術，外界卻對此一無所知。這種「空有才華卻無用武之地」的狀態，實在很可惜。

在公司內部尋求創新的方法，稱為**封閉式創新**（Closed Innovation）。企業很難單靠「自給自足」實現創新。在現代社會中，人人皆可參與的**開放式創新**（Open Innovation）的成功率更高。在矽谷，集結眾人的智慧孕育出新創意，是一件理所當然的事情。

開放式創新是本書作者——哈佛商學院教授伽斯柏提出的概念。他曾在多家新創公司及創投公司（ＶＣ）擔任研究員及顧問，也曾在矽谷的新創公司就職。

首先說明封閉式創新跟開放式創新之間的差別。

造成大量浪費的封閉式創新

全錄（Xerox）的ＰＡＲＣ研究中心研發出滑鼠、高速乙太網路、漂亮的PostScript字型等大量技術，但這些技術終究未能替全錄的營運帶來貢獻，反而成了其他公司的產品。最大的問題出在全錄的創新方式。

全錄舊事業的主體是影印機，無法活用ＰＡＲＣ研發的新技術。因此，全錄同意這些不被採用的研究的負責人，帶著研究計畫離開公司，另尋他處繼續進行研究，促使大批研究員轉職或自行創業。例如某位研究員轉職蘋果公司後，研發出麥金塔電腦。就像這樣，從全錄分割出去的公司不斷成長，到了２００１年，業績最好的10家公司的合計市值，甚至達到全錄的2倍。

ＰＡＲＣ原本應該是個靠開放式創新發揮價值的組織，全錄卻採取封閉式創新的管理方式。

早年，封閉式創新曾經是勝利的方程式。企業若能利用研究單位研發出的獨家技術製造產品，必定能收獲大量利益。再加上過去轉職不易，就算創意遭到公司否決，員工也不會輕易離職。不過，現在情況完全不同，優秀的技術人員隨時都能轉職、創業，導致被內部否決的創意流出公司，更成為其他公司的產品。

反觀開放式創新，則能將公司內部的創意發揮到淋漓盡致。把用不到的創意積極推向外界獲利，並在內部靈感匱乏時毫不客氣地從外界招攬創意。採用開放式創新時，內部的研發方式也會出現變化，研究員會利用各種手段評估外界的知識之後，回到內部，研發出外界尚未存在的知識。現代知識普及的速度極為迅速，沒兩下子就會遭到模仿，企業根本不可能獨佔知識，既然如此，**不如好好利用開放式創新，加快知識汰舊換新的速度**。網路設備大廠思科系統（Cisco Systems）就沒有採取傳統的內部研發，而是憑藉開放式創新模式，急速成長。

開放式創新最重要的關鍵，是像圖③一樣，分清楚自己的系統是屬於**相依型**還是**模組型**。構成產品（系統）的零件A、B、C，若會互相影響，屬於**相依型系統**；若

①封閉式創新會造成大量浪費

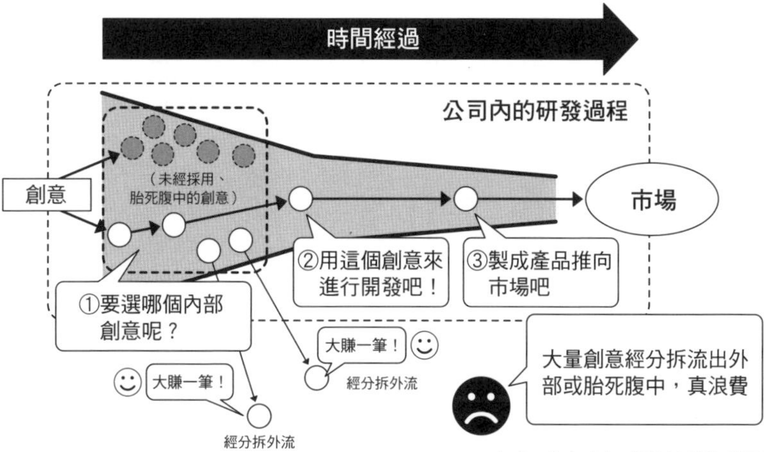

出處：作者參考《開放創新》製圖

②用開放式創新將創意發揮到淋漓盡致

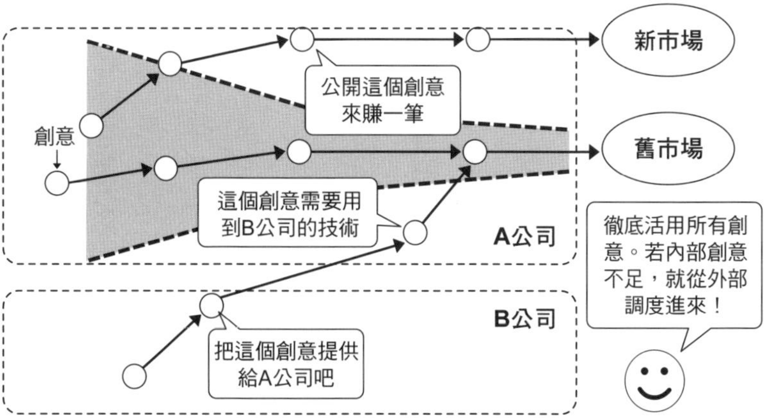

出處：作者參考《開放創新》製圖

不會互相影響，則屬於**模組型系統**。

憑藉開放式創新急速進化的電腦屬於模組型。單獨購買零件，組裝起來後，電腦就能運作。因此，消費者可以在店裡自由選購心儀的零件。正確理解開放式創新的模組型系統構造，也是一件非常重要的事情。

追求開放式創新成長的方法有兩種。

方法1　舊事業的成長

依照圖④下半部的做法，能獲得自家公司欠缺的技術。過去ＩＢＭ堅持「從頭到尾獨立研發」，直到陷入經營危機後，才改變方針，「提供符合顧客需求的產品」，陸續接納外界的優秀技術，為顧客解決問題，成功起死回生。

方法2　新事業的成長

內部否決的創意外流後，竟成了其他公司的產品，未免太過可惜。應按照圖④上半部的方式，積極釋出創意供其他公司運用，幫助新事業成長。

③開放式創新的系統
→分清楚是「相依型」還是「模組型」

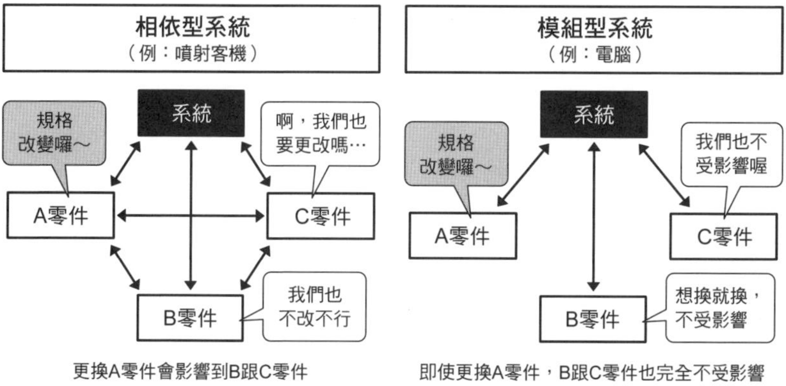

即使更換A零件，B跟C零件也完全不受影響

出處：作者參考《開放創新》追加補充

④靠開放式創新成長的兩個方法

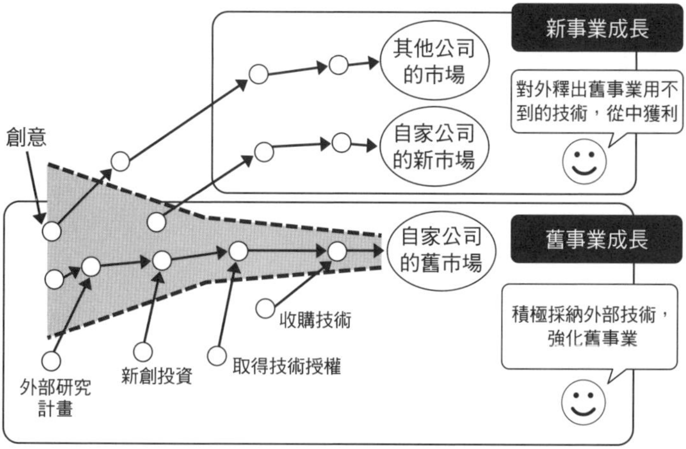

出處：作者參考《開放創新》製

過去製造及販售硬碟的ＩＢＭ，甚至把核心技術磁阻式磁頭（MR head）提供給競爭對手。這種做法在封閉式創新為主流的時代，簡直是天方夜譚，但現代技術推陳出新的速度飛快，企業不可能長期壟斷技術，一鼓作氣推廣技術後迅速回收利潤，才是上策。

順帶一提，現在ＰＡＲＣ成了全錄的獨立子公司，接受客戶企業的資金援助，進行合作研發。ＰＡＲＣ已經蛻變成開放式創新時代的組織。

ＮＥＣ會長為本書寫了推薦序。其實有很多日本經營管理者，早已察覺開放式創新的重要性，但仍有不少日本企業，直到本書出版15年後的今日，依然不懂得活用自家技術，陷入跟過去的ＰＡＲＣ同樣的困境。不僅如此，許多現代經營者甚至誤解開放式創新的意思，以為只要公司之間有業務合作就叫開放式創新。

期盼讀者們能透過本書，重頭學習開放式創新的基本概念。

POINT

既然已經無法獨佔技術，不如積極公開技術，增加收入

Book
10
《創意，從無到有》
——任何人都能產出突破性創意的方法
（經濟新潮社）

楊傑美
美國企業家。曾任美國最大的廣告代理商智威湯遜廣告公司（JWT）的資深顧問、美國廣告代理商協會的會長等。廣告審查委員會的創辦人及前委員長。楊傑美在廣告代理商上班時需要有源源不絕的新創意，於是他歸納出創意生產的公式，編寫成本書。原書初版於1940年，是一本熱銷超過半個世紀的知識啟發法名作。

行銷策略必須用上優秀的創意和實行力。

很多人都以為，優秀的創意只能仰賴天才般的靈光乍現，其實只要學會本書介紹的技巧，凡人同樣能生產出好創意。

本書初版於1940年，作者曾是美國最大廣告代理商的副社長，後於芝加哥大學研究所教授商業史及廣告學。本書的原型即為他在課堂上使用的講義。本書自初版

創意是「舊元素重新排列組合」

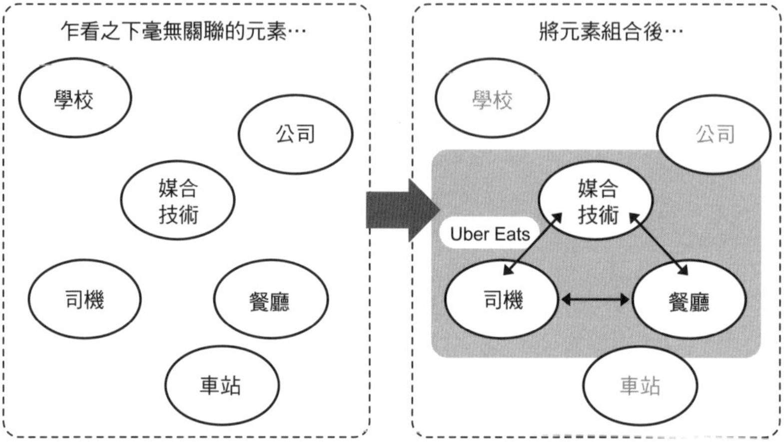

出處：作者參考《創意，從無到有》製圖

以來，一直被美國的廣告創意人稱為「聖經」，至今仍擁有大批讀者，是一本超級長銷作品。

去除解說的部分，本書只有短短60頁，裡頭濃縮了醞釀創意的秘訣。

創意是將舊元素重新排列組合

人可以分成兩種類型，一種是熱衷於思考新排列組合的「思考者」，另一種是缺乏想像力、想法保守，被思考者操控的「冤大頭」。

「思考者」能生產出源源不絕的創意，但這絕非罕見的才能，多數人都具備此能力，而且還能在習得相關技巧後，磨練出更強大的創造力。

創意，不需要從無到有。而是要瞭解創意生產的原則和方法，針對其進行訓練。創意生產有2大原則。

第1個原則是「**創意不過是將舊元素重新排列組合**」。

筆者前作《全球MBA必讀50經典》的Book17《什麼是企業家？》中，曾介紹熊彼得的名言：「創新是既有知識與既有知識的結合」。正如這句話所述，舊元素的排列組合會孕育出創意，帶來創新。

第2個原則是「**找出全新組合的才能，源自能找出各事物關聯性的才能**」。

若能從看似毫不相干的事物中找出脈絡，就能生產出優秀的創意。「若將自家的駕駛與乘客媒合技術、司機、餐廳這3個元素串在一起，會發生什麼事呢？」優步（Uber）透過此聯想，發展出Uber Eats外送平台。這套能找出事物關聯性、完成全新排列組合的公式，共有5個必要步驟。

步驟1 資料蒐集

「第1步要先蒐集資料？這不是理所當然嗎？」大家或許會這麼想。

但無心蒐集資料，坐在椅子上胡思亂想的人，其實意外地多。

以我在第1線的實際經驗來說，頂多只有3成左右的人會先蒐集資料。

此步驟需要蒐集的資料有兩種，一種是專屬該領域的**特定資料**，另一種是屬於知識領域的**一般資料**。

特定資料是跟產品和顧客有關的資料。必須徹底蒐集特定資料，成為最熟悉該資料的人。

作者在書中分享了自己負責肥皂廣告時的經驗。原本以為只是一塊普通的肥皂，沒想到深入研究肥皂與皮膚和頭髮的關係後，竟完成了一本厚厚的研究報告。他在這本報告中找到了5年份的廣告靈感，幫助該產品的業績成長10倍。

一般資料同樣不容忽視。不管是埃及的埋葬習俗，還是現代藝術，真正優秀的廣告人對一切事物都充滿好奇，渴望吸收所有知識。**專屬某個領域的特定知識，以及世界上各式各樣的一般知識，經過重新排列組合後，將生成優秀的創意**。

步驟2 資料咀嚼

第2步要咀嚼蒐集到的資料。從各個角度進行觀察，並把不同的資料放在一起，思考它們背後的意義，尋找**全新組合**的可能性。

在咀嚼資料的過程中，腦中也許會浮現出零碎的創意。不管有多麼天馬行空，都必須趁還沒忘記前寫下來，這些都是能點燃後續創意的火種及先機。

不間斷思考容易累積疲勞，甚至會感到厭倦，儘管如此也要堅持下去。咀嚼到最後，將陷入「靈感完全枯竭」的絕望狀態，腦袋大打結，左思右想都無法釐清。進入這種狀態時，代表第2步驟結束了。此步驟的重點是努力拼湊拼圖。

步驟3 交給潛意識

第3步是什麼都不做，把問題交給潛意識，讓潛意識自行運作。完全放棄問題，把注意力轉移到能刺激想像力和情緒的事物上。

夏洛克．福爾摩斯經常在推理解謎途中突然停止調查，拉著華生去聽演奏會。看來作者柯南．道爾非常熟悉創造靈感的流程。

每當靈感枯竭時，我都會暫時擱下手邊的工作，看起一直想看的電影。通常在看了一段時間後，我就會靈光乍現。

第2步驟的目的是咀嚼第1步驟蒐集到的食物（資料），第3步驟的目的則是消化食物（資料）。促進胃酸分泌，以利消化。

步驟4 創意誕生

按部就班走完1到3的步驟後，絕對會進入第4步驟。

創意往往會在刷牙、剛睡醒等時間點突然湧現。舒緩追求創意的緊張感，休息、放鬆一陣子後，創意自然會降臨。

19世紀時，苯的結構仍是一團謎，解開此謎團的人是化學家凱庫勒。據說，某天他思考到精疲力盡，坐在暖爐前打瞌睡，結果夢裡出現一條蛇，咬著自己的尾巴旋轉，他因此建立了知名的苯環結構。

步驟5 創意成形

然而，第4步驟生成的創意種子，大多難以長存，必須堅持不懈地培育，才有辦法將其栽培成優秀的創意。

因此，**切勿單打獨鬥，而是要聽取理解者的批評**。良好的創意能帶給人刺激，創意本身也會逐漸成長茁壯。理解者會助我們一臂之力，一同培育創意種子。

行銷策略的創意也是同樣道理。

創意種子生成後，應與同伴共享，才有辦法將其栽培成策略創意。

在這個世界上，有些人能夠瞬間產出優秀的創意，這是長期訓練所累積而成的結果。把豐富的資料儲存在腦中，訓練自己迅速找出事物關聯性，久而久之，自然能用迅雷不及掩耳的速度生成創意。

作者敘述，他願意毫無保留地公開分享這套珍貴公式，主要有兩個原因。

第一，這套公式太簡單了，他覺得許多人會難以置信。

第二，這套公式做起來相當困難，必須下苦功進行心智鍛鍊才行，很少人能付諸實踐。

觀察亞馬遜（Amazon）的書評會發現，有大批讀者稱讚這是一本「必讀好書」，同時也有不少人批評「內容太膚淺」、「沒有深度」。這些書評完全符合作者提到的原因，相當有意思。這兩類讀者或許就是作者在書中提到的「思考者」跟「冤大頭」之間的差別。但無論如何，不行動就不會產生任何創意，實行也是一件非常重要的事情。

我在20歲後半遇到這本書，當時以製作企劃為目標的我，受到了極大的衝擊。

從此以後，本書介紹的方法成了我的座右銘，一路實行了30多年。這本半個鐘頭就能讀完的書，具有足以改變人生的影響力，我敢掛保證推薦。

POINT

蒐集資料、徹底咀嚼、放空腦袋、等待靈光乍現、共享創意

Book 11

《經商之道》
——7&I的成長應歸功於長年累積的「理所當然」

（暫譯）商いの道（PHP研究所）

伊藤雅俊

日本企業家。1924年生於東京，1944年畢業於橫濱市立商業專門學校（今橫濱市立大學），1956年就任羊華堂社長，立志打造正統連鎖店。1958年創設洋華堂，成為伊藤洋華堂集團的創辦人，旗下擁有伊藤洋華堂、7-Eleven、Denny's等60多家公司。現為伊藤洋華堂集團名譽會長。曾任日本連鎖店協會會長。著有《伊藤雅俊 遺す言葉（暫譯：伊藤雅俊留下的話）》等。

伊藤洋華堂是業績超過6兆日圓的7&I控股的母公司，其創辦人伊藤雅俊將自身的經商智慧寫在本書中。

戰爭結束後不久，21歲的伊藤就進入母親和兄長經營的舶來品店「羊華堂」工作。羊華堂已在同年的東京大空襲中化為灰燼。對伊藤的母親來說，這是繼日俄戰爭、關東大地震後，第3度失去自己的店，但她馬上就振作起來，從北千住一角的中華蕎麥麵店的騎樓重新出發。

伊藤的母親常說，行商是從「兩手空空」的狀態起步，**「客人不會自己來」**、**「賣方不會輕易跟你交易」**、**「銀行不會借你錢」**。這是她在3度失去自己的店後，發自內心的感觸。

她最常掛在嘴邊的一句話是：「**生意人一定要珍惜顧客，還要守信用，就是這麼簡單。**」伊藤的母親是一位吃盡苦頭的天生商人，伊藤則繼承了她的經商之道。以下簡單介紹幾個重點。

時代必定會出現巨大的變化

伊藤親身感受到時代的可怕威力。1936年的日本正處大眾消費社會，百業興盛，以隔年發生的盧溝橋事變為契機，短短幾年內就進入第2次世界大戰，日本各地被炸成一片荒原。伊藤深深體會到「人們從未想過的事情實際發生時的恐懼」，並領悟到沒有任何事物是永恆不變的。

2011年的東北大地震、2020年的新冠肺炎，都讓時代瞬間發生翻天覆地的變化。

勝負取決於採購

想用低價賣出好商品，必須靠採購取勝。就算採購了自認為好的商品，也有可能大量滯銷，若當初選購的是其他商品，說不定能銷售一空，這樣等於錯失了銷售的機會。銷售並非易事，其源頭「採購」更是困難，絕對不能隨便了事。

這點對製造業來說也很重要，因為製造商開發商品，等於投入巨大的人力、設備和資源進行「採購」。輕易研發商品是相當危險的行為。

誠信至上

對商人來說，「**誠信**」遠比利益重要。商人是把他人製作的產品轉交到顧客手上的中間人，獨自一人什麼事也做不了，一定要得到顧客、批發商、製造商的信任。若將誠信拋諸腦後，養成「只撈一點點」、「就撈這次」的壞習慣，久而久之將會失去眾人的信任。商人無時無刻都必須累積自己的誠信才行。

沒有什麼比現金更重要

挺過動盪不安的大正、昭和時代的102歲老銀行家，篤定地說出「沒有什麼比現金更重要」這句話。誠實行商的關鍵是秉持現金至上主義，用現金採購、販賣及支付。現金就如同企業的空氣跟水，未能確保現金的企業將會走向滅亡。

「**現金是王（Cash is king）**」是新冠肺炎疫情剛爆發時，經營者常掛在嘴邊的一句話。

市場調查失敗後才是勝負關鍵

零售業者開店前普遍會先進行市場調查，但十之八九會失敗。重要的是失敗後的後續動作。

開在車水馬龍地段的拉麵店若乏人問津，店長一定會絞盡腦汁找原因。是賣太貴了嗎？麵不好吃嗎？還是湯頭的味道不好呢？從各方面進行調查後，店長絕對能找出原因，想辦法解決。然而，身居大企業的經營者，卻往往看不到問題所在。其實只要像拉麵的店長一樣，認真思考「為什麼」，就絕對能找出原因。當客人沒把拉麵吃完時，立刻思考「客人為什麼會吃剩」。養成這樣的思考習慣，自然能採取有效的解決對策。

透過單品管理觀察顧客

伊藤洋華堂秉持著提供豐富品項滿足顧客需求的理念，徹底執行單品管理。各地區的負責人必須追蹤每項商品的銷售動態，找出該區域的需求。

單品管理系統能讓員工透過數據清楚判斷哪些商品賣得好、哪些賣不好。這是激發員工責任感的最佳方法。讓員工自行思考、判斷及承擔行動結果，員工將成為熟知區域商品的專家。

來自第一線的聲音傳達了哪些訊息？

隨著組織不斷壯大，坐在辦公室裡籌謀規劃的人，掌握的權力也會愈來愈大。此狀態就如同第2次世界大戰戰敗前的日本軍方，是個危險的徵兆。掌權者有必要理解藏在數字背後的真相。

某間店的L尺寸襯衫賣得特別好。詢問現場負責人後，發現賣得好並不是因為需求量大，而是L尺寸特別容易缺貨，所以就算沒有特價，客人也甘願掏錢購買。

不清楚此原因的總公司，若單憑「L尺寸賣得好」的銷售數字就增加進貨量，恐怕只會導致賣不掉的庫存大幅增加吧。在某些情況下，現場人員的智慧會比總公司的判斷來得準確。

話雖如此，畢竟第一線只能聽到「**看得見的客人**」的聲音，所以也不是永遠絕對正確。

客人有兩種類型。別忘了聆聽沒有實際來店的「**看不見的客人**」的聲音，提供能吸引此類客人來店購買的產品。

「生存」比「成長」更重要

隨著伊藤洋華堂成長茁壯，堅守傳統、不隨時代洪流擺動的老店商法在伊藤心中愈發美好，他盼望將其優勢及優點融入自己的公司，最終他得到的結論是「別思考該如何成長，而是思考該如何生存」。

一味追求成長的人會變得貪心，在不知不覺間自我膨脹，不惜利用不當手段踢掉其他人。從長遠的角度來看，應該要尋找生存的手段才對。

重視生存的商法忠於基礎，能取悅顧客，獲得全面信賴。在能力範圍內仔細觀察周遭環境，一步一腳印走出活路，這種商法更加安全。伊藤領悟到的結論，正是「比起成長更重視永續發展」的日本傳統家族企業的思維。

伊藤本人也沒什麼鬥爭欲望，他不太想跟同業競爭，只在乎**公司比去年進步多少**。從事能取悅顧客的工作，讓員工過上幸福的生活，對他來說就是最美好的事情了。同業的過度競爭，不僅無法帶來成長與進步，還會導致業界陷入一片混亂。

跟美國經營者相遇

本書也有記載伊藤與Ｂｏｏｋ35《富甲天下》的作者——沃爾瑪公司（Walmart）創辦人山姆．沃爾頓的對談記錄。據說不愛與人交際的山姆，在跟伊藤聊到經商的話題時，意外地意氣相投，原本預計15分鐘的對談，兩人竟聊了2個鐘頭。在日本和美國這兩個截然不同的環境中生長的兩人，從對方身上嗅到並肩縱橫商場的戰友氣息。實際比較Ｂｏｏｋ35跟本書，會驚覺日美兩國的零售商竟有如此多共通之處。

POINT

經商最重要的是遵守待客的誠信

Book
12

《山本七平的日本資本主義精神》

（暫譯）山本七平の日本資本主義の精神（Business社）

——日本人並不理解「日式經營」的本質

山本七平

1921年生於東京。1942年畢業於青山學院高等商業學部。1944年因太平洋戰爭前往馬尼拉，1945年以軍官身分被押入卡倫班俘虜收容所，隔年搭乘最後一班遣返船返抵九州的佐世保。戰時的營養失調和疾病導致他一輩子健康受損。1956年創立山本書店，陸續出版聖經相關書籍，亦是活躍的評論家。著有《「空氣」之研究：解析隱藏在日本人心中的決策機制》等多本作品。

希望每個日本人在規劃行銷策略時，都能思考一下**日式經營的本質**。

成功的經營者會在理解日式經營本質的前提下，實施行銷策略。

不過，對日本人來說，日式經營就像空氣般理所當然，難憑一己之力察覺。而本書正能幫助我們理解日式經營的本質。1979年，日本人論權威山本七平，在日式經營成為全球矚目焦點之際，出版了這本長銷作品。

日本在明治維新及戰後，實現高速經濟成長，在國際社會間獲得高度評價。身處現代的我們，常會敬佩前人們「能想出最完美的策略」，其實並非如此。本書出版時，日本正值經濟高度成長期。事實上，當時的日本人幾乎都處於「雖然不知道為什麼，不知不覺間就成功了」的狀態。

這是個嚴重的問題，而且此優點也在日後淪為缺點。本書出版後，日本泡沫經濟崩潰，進入「失落的30年」。此時的日本人處於「不知道為什麼，不知不覺間就陷入困境了」的狀態。

許多日本人未能理解「何謂日式經營的本質」。

所謂「知己知彼，百戰百勝」，我們必須明白自己為何能成功或陷入苦戰，思考該如何展開行動。

不適用於國外的「日本的經商常識」

在外資企業打滾了30年的我，深深體會到一件事：

「日本的經商常識，對外國人來說幾乎都不是常識」。

日本人彷彿把工作當成修行。做得好產量會不斷提升，但成果只是次要，多數人明明已經完成工作，卻還留下來加班，導致生產力驟降。對其他國家的人來說，這是個難以理解的現象。「日本人為什麼要拚了命地工作呢？好好休息不好嗎……」每當外國人詫異地詢問時，日本人往往不知如何回答。

此外，如Book11《經商之道》所述，日本人認為「做生意必須重視對顧客的誠信」，但一直到不久前，此想法都還不適用於國外。對美國人來說，顧客是麻煩的存在，冷漠待客的店家不在少數；我住在義大利時，才養成了確認餐廳是否有正確找零的習慣。多虧了1990年代成形的顧客忠誠度理論，「重視顧客等於獲利」的想法近年來總算擴及世界各地。

此外，日本經營者的生活相當樸實。咖哩連鎖店CoCo壹番屋的創始人宗次德二身價不凡，卻愛穿980日圓的成衣襯衫。振興東芝的土光敏夫，晚餐喜歡吃鹹魚串配湯，因此有了「鹹魚串土光」的暱稱，備受愛戴。國外大企業的經營者，年收超過10億日圓再正常不過，相較之下，日本經營者的年收遠遠不及。

這些常識在日式經營的本質中根深柢固，環環相扣。日式經營起源於江戶時代，對日本人的勤勞思想影響甚鉅的人物是**鈴木正三**跟**石田梅岩**。

倡導「工作即修行」的鈴木正三

鈴木正三是江戶初期的思想家，現在少有人聽過他的名字，而他正是促使日本人將工作視為修行的始祖。

正三是武士出身，後來出家成了禪宗僧侶，開始進行宗教活動。日本的思想家幾乎都沒有把自身思想體系化，但正三是例外，他把自身思想建立成以下的體系：

「天地有自然的秩序，人類的內心亦存有秩序。若能依循此秩序，人類將免於受苦；一旦內心的秩序遭到三毒（貪欲、憤怒或憎恨、埋怨）侵蝕，人類將陷入苦海。勤於修行，免受三毒侵蝕。」

然而，時值漫長戰國時代剛落幕的「戰後時期」，不同於有餘力修行的僧侶，農民和商人為了求生存，天天都得認真幹活，根本沒有修行的餘裕，大家都為「遭到三毒侵蝕」所苦。

在此狀況下，正三說了一段很了不起的話，為修行賦予全新的解釋。

他說：「**認真工作就好了**。**多用點心**，**你的工作也能成為修行的一環**。」

當農民抱怨「農務繁忙，無暇修行」時，正三回道：「你在說什麼傻話，務農本身就是修行啊！你們農民不畏寒暑認真務農，把自己吃不完的糧食回饋給社會，比混水摸魚的僧侶更值得尊敬。只要每天務農時對神佛心懷感謝之意，總有一天能開悟。」

對於煩惱「忙著養家糊口沒有閒情逸致修行」的匠人，他則回應：「各行各業本身都是修行。要是沒有你製作的工具，人們的生活會有多不方便！」

對於「每天只想著如何賺錢」的商人，他表示：「改變賺錢的思維，尋找正當的道路。將經商重點擺在『為了社會和眾人』，捨棄執著，遠離慾望。秉持著這樣的態度做生意，終會收穫利潤。」

總結來說，正三的教誨是：「**一切工作皆為宗教修行，心無旁騖認真工作，總有一天能開悟。先返璞歸真吧！如此一來將形成良好的社會秩序**」。

在外國人的眼中，把工作視為修行的日本人相當不可思議，而此現象的源頭正是正三。

提倡「誠實面對顧客」的石田梅岩

江戸時代後期的思想家石田梅岩，在100年後繼承了正三的思想。

當時正值江戶時代享保年間的停滯期，社會充斥著閉塞感。商人出身的梅岩是個有禮貌又正直的人，他熱愛讀書，喜歡思考。最終，他悟得了「成人之道」，並站在庶民的角度出發，拓展自身思想。

當時的商人只顧著賺錢，勢力強大，經常引來世人反感。商人出身的梅岩熟知商人的本質，他認為「必須糾正商人的定位」。

於是他提出：「對主君不忠不義還領俸祿的武士，稱不上武士；對顧客不誠實還做買賣的商人，稱不上商人。**商人最重要的是誠實面對顧客**。」並倡導：「節省3成經費，減少1成利潤。隨時留意要如何服務顧客，不能展露慾望。」

Book 11《經商之道》提到的，作者伊藤雅俊的母親的一席話，便是源自梅岩的思想。

自此以來，日本的庶民將工作目的視為『為了社會和眾人』，雖不否定利潤，但秉持著顧客至上及節儉精神，抱持著「所有工作都是修行」的想法，勉勵自己工作。這樣的思想變得愈來愈普遍。

米澤藩的「經營者」上杉鷹山

從經營者的立場出發，實踐正三及梅岩思想的人，是有「明君」美譽的藩大名們。

上杉鷹山在17歲那年，成了背負大筆負債的米澤藩藩主，並成功重建米澤藩財政。鷹山在推動經營改革前，絕對會先徵詢眾人的意見，並確保得到全員同意。他發出「大儉約令」的號令，將自己的生活費縮減到7分之1，將女性侍從的人數從50幾人減少到9人，徵收追加稅，安排武士從事農業等生產業務，成功重建米澤藩。雖然他只不過是按部就班照著「減少成本及提升生產性」的原則走，但無論古今，經營最困難的地方，都在於實行。

舉例來說，若命令武士務農，武士內心絕對會有所抗拒。

於是，鷹山親自率家老下泥田耕種，用愛馬載送肥料。有家人看不過去，提醒他「考慮一下自己的身分」時，鷹山回道：「這是我不惜性命的決心。身為一名武士，沒有比這更高尚的事情了。」可謂以身作則的典範。

「**領導者應無私無欲。領導者是為了人民而存在；人民並非為了領導者而存在**」。

江戶時代的明君能明辨公私，親身實踐。

正因如此，CoCo壹番屋的宗次、「鹹魚串土光」等作風樸實的經營者，才能獲得日本人的信賴。

然而，這種作風並不適用於有種姓制度的印度。某位被派到印度分公司的經理夫人，曾看不慣傭人亂掛抹布，親自示範了日式的模範掛法，結果傭人見狀後，立刻認定「這個人在日本肯定是最底層種姓」，從此以後完全不服從她的命令了。

在印度，鷹山的行為只能說是荒謬絕倫，只會遭到全體領民輕視。

日本資本主義的優點和缺點

以正三的「工作即修行」思想為根本，梅岩的「誠實待客至上」思想在庶民間流傳開來，再由鷹山等明君奠定了「領導者應無私無欲」的倫理觀。

久而久之，認為「**不為私慾，追求經濟合理性為善**」的日本人，迎來明治維新，成功實行殖產興業，更脫離戰後的慘況。

但在進入新時代後，這些優點卻淪為缺點。

明治維新及戰後的高度經濟成長期，是個「超英趕美」的時代。

有明確工作目標的日本人，將「認真完成被賦予的工作」視為「修行」，全心全意面對工作，發揮出巨大的力量。但在好不容易達成這超英趕美的目標後，日本人所處的情況瞬間改變，變得必須自行決定工作目標。然而，這些只知道要「認真完成被賦予的工作」的人，根本沒能力思考「該做什麼好」，甚至會因為手邊沒工作而陷入不安。所以導致日本出現了一群明明沒事也愛在公司待到深夜，總是嚷著「好忙好忙」的加班歐吉桑。

我們必須改變對工作的態度。就像正三所說的，我們必須告訴自己：**「從事對社會有貢獻的工作吧！這種工作能親手創造出來！」**

也有人質疑，正三和梅岩提倡的「全心全意面對手邊工作」的思維，是否阻礙了日本人創新進步。別忘了，梅岩思想的本質是「誠實面對顧客」。舉例來說，7-ELEVEN將自己定位為「因應變化業」，因應顧客需求的變化，推出超商ATM、7-Cafe、7-Premium等新型態業務。正三、梅岩、鷹山的想法，都能隨著時代進化。

在思考商業策略時，理解日式經營的本質極為重要。像鷹山或伊藤雅俊等人一樣，站在領導者的立場制定策略，實際行動並獲得成功的人，都很清楚日本人的精神構造。只要日本人能堅持這些思想，總有一天能撐過新冠肺炎的疫情危機。山本在書中提到：「**若問我有何擔憂的話，那就是失去這項傳統**」。

本書出版20年後，麗澤大學的堀出一郎教授在著作《鈴木正三》（麗澤大學出版會）中談到：「泡沫經濟崩壞後，社會狀況變得截然不同。有愈來愈多公司以合理化經營為名目，開除長年盡職敬業的員工。企業在失去這群受日式勞動思想引領、成長的忠心員工後，恐怕會失去最龐大、最重要的勤勞思想。日式經營的骨架是日式經營風氣，經營者應牢記於心。」

「不為私慾，追求經濟合理性為善」的日式經營，能在社會轉換期發揮優勢。2020年爆發的新冠肺炎疫情，迫使社會迎來劇烈的轉換期。對於想思考經營策略的日本人來說，山本的見解肯定能展現極大的價值。

POINT

思考不為私慾、持續追求經濟合理性的策略吧！

Book
13
《行銷3.0》（天下雜誌）
——「插著吸管的海龜」為何能改變世界？

菲利普・科特勒、陳就學

科特勒是美國知名行銷學學者。西北大學凱洛格管理學院終身教授。全球最具影響力的商業思想家Top 10（《富比士》雜誌）。於芝加哥大學取得經濟學碩士學位，於麻省理工學院取得經濟學博士學位。陳就學是馬克加行銷顧問公司（MarkPlus, Inc）的創辦人暨CEO（執行長）。經英國皇家特許行銷協會特選為「打造行銷未來的50位領導人」之一。

2015年，一部巨大海龜的鼻子裡插著塑膠吸管的影片震撼了全世界。

研究員發現海龜的鼻子裡卡著異物，試圖用鉗子取出。海龜流著鼻血，淚眼汪汪地忍耐。10分鐘後，研究員拉出一根已經變成褐色、10公分長的塑膠吸管。自此以來，塑膠成了海洋汙染的象徵，世界各國開始推廣紙吸管。

過去的標準行銷模式是理解目標顧客的需求，提供解決對策，本書提倡的觀點則是「**行銷必須與時俱進**」。

行銷1.0→2.0→3.0的演進

	行銷1.0	行銷2.0	行銷3.0
	以產品為核心的行銷	以消費者為導向的行銷	由價值主導的行銷
目標	販賣產品	滿足與維持顧客	讓世界變得更美好
市場	有需求的購買者	有思想情感的聰明消費者	有成熟思想的生活者
行銷概念	販賣產品（4P）	差異化（STP）	創造價值
行銷方針	仔細說明產品內容	產品定位	企業使命與願景
價值主張	功能價值	功能價值＋情感價值	功能價值＋情感價值＋精神價值
與顧客互動方式	一對多的交易	一對一的關係	多對多的協作

出處：作者參考《行銷3.0》製圖

全球趨勢隨時都會發生劇烈變化。天候異常導致災害頻傳，環境汙染的問題日益嚴重。在經濟成長趨緩的狀態下，數位科技依然蓬勃發展。

本書於2010年出版，是科特勒跟印尼行銷大師陳就學合著的作品。「**行銷3.0**」是陳就學領軍的行銷顧問公司創造出的概念。

那麼，究竟什麼是行銷3.0呢？

行銷1.0以產品為核心，主體為1960年代的製造業，只要做得出商品就賣得掉。此時期誕生了**行銷組合（4P）**理論。

行銷2.0以消費者為導向。石油危機導致消費需求大減，就算做出好商品也賣不掉。此時期在思考4P前，會先考慮**市場細分**、

目標市場選擇及市場定位（STP）。

行銷3.0能解決在社會、經濟、環境劇烈變化之下，顯現在我們眼前的問題。開頭提到的海龜，便是此類問題的象徵。

之所以會誕生出行銷3.0，是因為行銷2.0已經瀕臨極限。背後有3大原因。

「行銷3.0」誕生的3大原因

第1個原因是**消費者已經變得比企業還聰明**。

我們在選購商品時，會參考眾網友的購買經驗。過去我們在挑選商品時，只能參考有限的資訊，現在則能事前確認來自四面八方的資訊。現代消費者擁有的知識，甚至比企業還豐富，而且消費者所公開發表的資訊，也會影響到商品的銷量。

在行銷3.0的時代，企業和消費者之間的關係發生變化，消費者也會積極參與商品開發等活動。寶僑（P&G）就提出了「**連結與開發**」（Connect＋Develop）專案，向世界各地的消費者徵詢新商品的靈感，實現Book9《開放創新》介紹的開放式創新。

第2個原因是**全球化急速發展，引來嚴重的問題**。

舉例來說，過去咖啡的生產地通常是貧窮的開發中國家，消費地則是富裕的已開發國家。然而，多數咖啡農園的勞工都處在惡劣的工作環境中，遭到層層剝削，再加上農園還會噴灑農藥，破壞自然生態。如此糟糕的環境，當然種不出美味的咖啡豆，於是出現了永續咖啡（Sustainable Coffee）的概念。永續咖啡是重視勞工權益和環境保護問題，採用永續生產過程生產的咖啡。行銷3.0也觸及此類全球化問題。

第3個原因是**消費者消費的目的已經不光是為了滿足需求**。

消費者改用紙吸管並不是求方便，而是為了「保護自然環境」。企業除了要滿足消費者的需求以外，還必須思考自身能為社會帶來哪些貢獻，將之融入企業使命及願景，與外界社會產生連結。

當消費者明白企業盡力於守護人們的幸福時，自然會帶動利益。

有不少企業會先「隨便決定一個冠冕堂皇的企業使命」，殊不知消費者會觀察企業的實際行動，識破這些空泛的使命只是個幌子。

維持企業使命與實際言行的一致性

我曾參加戶外用品製造商Patagonia舉辦的試吃活動。Patagonia的企業使命是「用商業拯救我們的地球家園」。他們秉持著企業使命，製造及販售有機食品。整場試吃活動完全不使用吸管和免洗叉子，在烹調方式下工夫，方便來客徒手拿取。我深深感受到，Patagonia的實際行動完全符合他們的企業使命。

此外，Patagonia也盡全力捍衛自己的企業使命。當年被爆出金援環保恐怖組織「海洋守護者協會（Sea Shepherd）」時，他們不畏一片撻伐聲浪，發表官方聲明，承認金援該組織的事實。儘管外界對此舉褒貶不一，卻也證明了Patagonia就算處境艱難，依然會採取符合企業使命的行動。

就像這樣，在行銷3.0的時代，企業採取的行動必須與品牌使命保持一致。即便偶爾可能會吃到苦頭。

CSV（創造共享價值）

＝

同時解決社會課題及創造企業經濟價值

（麥可．波特提倡）

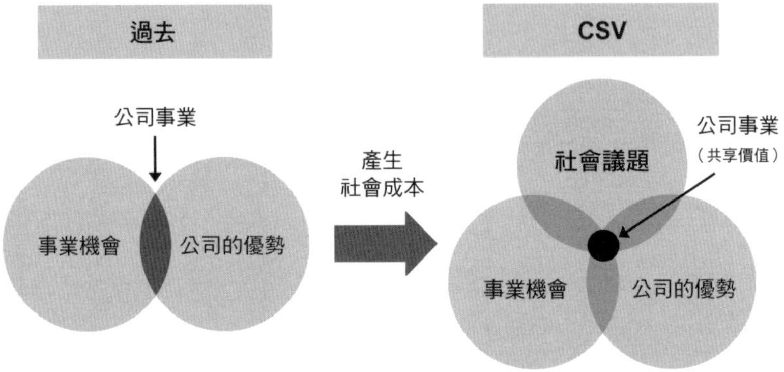

出處：作者參考《領導與顛覆》製圖

現在已經不能無視「SDGs」

企業承擔社會責任，為消費者提供更理想的解決對策，以此形成商業活動。

在此介紹一個本書未提及的概念：經濟學家麥可．波特提倡的CSV（**創造共享價值**）。CSV指的是企業於經營過程中，結合社會關懷與環境保護等社會議題，同時創造出社會價值及企業價值。

企業的商業活動原本只限於**市場機會**與**自身優勢**重疊的部分，但近年來企業造成公害、壓榨發展中國家勞工等事件頻傳，導致社會成本增加。因此，在CSV的概念中，企業應將**社會議題**納入考量，於3者重疊之處進行商業活動，解決社會議題，強化企業的競爭優勢。

2015年，聯合國納入行銷3.0、CSV等概念，提出SDGs（**永續發展目標**）。SDGs包含「消除貧窮」、「終止飢餓」等17項目標，期望在2030年達成。換用紙吸管屬於第14個目標「保育及維護海洋資源」。

受到新冠肺炎疫情的影響，SDGs推行的速度加快，因為普遍認為「企業必須不遺餘力服務員工和社會等利害關係人，才得以永續成長」。

不過，在日本也有人不以為然。

有人說：「嘴巴上說得好聽，結果還不是為了賺錢。」實際上，在這波全球風向的暗處，確實有些企業有「打著解決社會議題的名義賺錢」等嚴重問題。

也有人說：「日本從以前就有『為了社會和眾人』的思想，這才不是新思想。」

不過，SDGs追求的並非曖昧不清的「為了社會和眾人」，而是明確的承諾。例如：微軟公司承諾在2050年前清除自公司創立以來排放的所有二氧化碳。

記得我跟某位日本的國際企業的老闆談話時，他曾說過：

「在現在這個時代，如果不參與SDGs，根本沒辦法在國外做生意啦！」

正如Book12《山本七平的日本資本主義精神》提到的，「**不為私慾，追求經濟合理性為善**」的思維深植在日本人腦中，多虧如此，日本才得以挺過明治維新及戰後的混亂期。

全球環境正在急速變遷，轉變成適合日本企業發揮潛在能力的環境，但日本企業尚未完全發揮潛在能力。若能站在此觀點思考，肯定會發現巨大的可能性。

POINT

解決社會議題已經不是單純做義工，而是公司的經營課題

第2章

「品牌」與「價格」

日本企業擅長提供價格實惠的高品質產品，
卻不擅長打造品牌「抬高售價」。
歐美產品的品質跟日本相去不遠，
卻能開出貴上好幾倍的價格，因此造就了許多高收益企業。
歐美企業熟稔品牌策略與價格策略。
第2章將介紹6本有關品牌策略及價格策略的經典作品。

Book
14

《品牌22誡》（臉譜出版）
——我們對品牌的認知錯誤百出

艾爾・賴茲、蘿拉・賴茲

全球首屈一指的行銷顧問艾爾・賴茲與其女蘿拉・賴茲共同經營賴茲賴茲行銷公司（Ries & Ries），客戶遍及財星500大（Fortune 500）一流企業（IBM、默克集團、AT&T、富士全錄等）。艾爾・賴茲亦致力於寫作，出版多本全美銷量冠軍著作。與蘿拉・賴茲合著《啊哈！公關》等書。與傑克・屈特合著《定位》等書。

品牌非常不可思議。明明一般礦泉水就很好喝了，依雲礦泉水（evian）卻跟可樂差不多貴。在品牌加持之下，普通的水搖身一變成了依雲礦泉水，身價暴漲。本書試圖破解這些品牌謎團。

本書作者是Book3《定位》的艾爾・賴茲，以及其女蘿拉・賴茲。他們兩人是賴茲賴茲行銷公司（Ries & Riess）的共同經營者，本身也都是顧問。

兩位作者顛覆了傳統的品牌常識。我們總想做出比競爭者更優質的商品，藉此提升品牌形象，或在營造品牌形象時強調日本製、高品質，但作者們認為，這些做法都

品牌力與焦點分散程度成反比
徹底鎖定焦點，成為品類的支配者！

LEVI'S除了男性褲裝以外，還推出女性褲裝、兒童褲裝、內衣褲、襯衫、泳裝…
SUBWAY就是速食三明治！
不曉得目標市場到底在哪裡…
焦點明確。品牌力也很強大

出處：作者參考《品牌22誡》製圖

「大錯特錯」。

品牌（Brand）一詞，源自牧場牛隻被烙上的辨識標誌。做生意時，最重要的是讓消費者能清楚辨別自家商品與競爭商品。在消費者腦內構築出品牌後，其購買行動將受到極大的影響。

話不多說，來看內容吧！

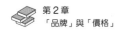

別擴大品牌，專注聚焦

LEVI'S曾是男性牛仔褲裝的代名詞。之後LEVI'S將經營觸角延伸到女裝、童裝、飾品、內衣褲、襯衫、泳裝等領域，擴大產品線，短期業績明顯提升。不過，長期下來品牌形象過於分散，業績逐漸降低，利潤大幅減少。

品牌力與焦點的分散程度成反比。多數企業都想擴大已取得成功的品牌，但此舉反而會削弱品牌力。消費者期待的是，**用短短一句話就能輕鬆辨識的品牌**。

大家知道潛艇堡嗎？潛艇堡是三明治的一種，把外皮脆硬的麵包縱切為二，夾入火腿或義大利香腸等配料。佛雷德．德魯卡創立了一家潛艇堡專賣店，取名為「**SUBWAY**」。

SUBWAY的「潛艇堡專賣店」形象，深深烙印在美國消費者的腦中。今後SUBWAY只要專心製作潛艇堡，就能做出無人能敵的低成本、高品質商品。

能帶來相同利益的產品或服務的集合體，稱為**品類**。品牌必須成為品類的支配者。像SUBWAY就支配了「速食潛艇堡」這個品類。當品牌支配品類後，會發生什麼現象呢？

創造並支配「品類」

可口可樂支配「可樂」、Google支配「搜尋引擎」、黑貓宅急便支配「宅配」，這些品牌分別成為所屬品類的代名詞。

當消費者習慣用品牌名稱代替品類名稱時，代表該品牌成了該品類的支配者。到了這個階段，無論競爭對手再怎麼窮追猛趕，都不可能奪走該品牌的聲望。順帶一提，雖然我們習慣稱宅配為「宅急便」，但宅急便其實是黑貓宅急便註冊的商標，其他宅配公司不能隨意使用。這正是黑貓宅急便強大的原因。

聚焦愈集中，能建立起愈強大的品牌。將消費者能認知的市場縮小到極限後，有機會開創出全新的品類。正如Ｂｏｏｋ17《部落知識》所述，星巴克開創了名為「精品咖啡」的全新品類。

老實說，**消費者對新品牌是完全無所謂的**。

消費者在乎的是新品類，因此企業必須先主攻小市場，想辦法讓品牌名稱成為該品類的代名詞，登上該品類的龍頭寶座。進入此階段後，企業該做的並非推銷品牌，而是宣傳新品類的優點，壯大該品類的勢力。

企業容易糾結於「市場規模多大？要取得幾％市佔率？」等問題，其實不應該如此，真正該思考的問題應該是「若能鎖定單一品類，擁有一句好識別的形象詞（黑貓宅急便♪），能創造出多大規模的市場？」

若在培育新品類的過程中，突然殺出競爭對手，又該怎麼應付才好呢？

多數企業會立即中止培育新品類，轉而宣傳原有的品牌，與競爭對手交鋒，試圖將之趕跑，但這也是大錯特錯。企業應該張開雙手歡迎競爭對手才對。

百事可樂進入可口可樂創造的可樂市場，與可口可樂激烈交鋒後，可樂的人均消費量明顯增加。多虧了百事可樂，可口可樂才有所成長。

若品類裡只有唯一的選擇，消費者會對該品類的存在意義產生懷疑。

當品類裡有複數選擇時，消費者才會信任該品類，等於能喚起需求。只要是健全的競爭，企業都應該欣然接受挑戰。

單靠品質無法建立品牌

德國的蔡司（Zeiss）是最高級的鏡片品牌，售價比日本製鏡片貴上數倍，但比較後會發現，日本製鏡片的品質似乎更好。

市場調查的結果顯示，「LEXUS的品質比賓士跟ＢＭＷ好」，但日本人可要失望了，因為賓士和BMW更能打動消費者的心。

在打造品牌的過程中，會遇到一道絕對無法單靠品質跨過的坎。品質確實重要，但光憑品質建立品牌的行為，就像在沙灘上堆沙堡。企業必須先在消費者的腦內建立起良好的品質形象，否則無法構築出強大的品牌。

為此，企業必須成為大眾認知中的「專家」。專家擁有更勝他人的淵博知識，消費者自然會把專家企業跟「高品質」畫上等號。蔡司是高級鏡片專家、賓士是高級車專家、BMW是跑車專家。

另一個關鍵是「價格」。價格具有反映品質的功能。在一般人的觀念中，「貴代表品質好」。日本企業老愛強調自己「品質精良、價格實惠」，卻常被誤認為「品質普通、價格實惠」。雖然勞力士要價不菲，但顧客依然會為了證明「自己負擔得起」，不惜砸大錢購買。

蔡司的部分產品是由日本的鏡片廠代工。加上蔡司的logo後，產品身價頓時從數萬日圓飆升到數十萬日圓。身為日本人，我們有必要認真思考此現象背後的涵義。

絕對不要輕易更動長年建立起的品牌

強大的品牌無法在短短數年間成形，必須花上數十年，貫徹一致的方針，才有可能站穩腳步，但這項原則卻最容易遭到打破。

BMW從1974年至今，始終忠於「終極座駕」的標語。就連如此專一的BMW，也曾在2010年把標語變更成「歡喜」（2年後，在2012年又改回「終極座駕」）。

無論市場變化多大，品牌都不應該改變。這個原則絕對要遵守。

建立品牌是個講求毅力的工作。長期採取前後一致的行銷活動，持續時間愈長，該品牌在消費者心中保有一席之地的時間也愈長。這將成為巨大的企業財產。更動品牌，等於輕易放棄好不容易在消費者心中佔據的地位。品牌最大的敵人，就是消費者的三分鐘熱度。

簡單來說，「品牌」這個概念代表：自家公司在消費者心中的概念。

這麼一想，品牌其實相當單純，但同時也很棘手。

最近也出現其他新觀點，例如Book6《品牌如何成長：第二部》介紹的，認為品牌應該要能在各種消費狀態（CEP）中被消費者想起。希望大家理解：本書的觀點是更進一步的進化式觀點。

POINT

打造品牌時，必須開創新品類，並持續掌握所有權

Book

15

《策略品牌管理》

——打造出誰也模仿不來的強大品牌

（華泰文化）

凱文・萊恩・凱勒

美國達特茅斯大學塔克商學院行銷學E.B.奧斯本講座教授。畢業於康乃爾大學，於杜克大學取得博士學位。在達特茅斯大學教授MBA選修課程的行銷管理及策略品牌管理，針對經營主管進行授課。是國際公認的品牌建設、策略品牌管理等研究領域的領袖。

本書開頭介紹了一位任職美國老牌食品企業長達30多年的CEO說過的話：

「如果要分割這家公司，我願意放棄土地、工廠和器材，只保留品牌和商標。這樣我能經營得更有聲有色。」

因為競爭者無法輕易模仿深植於消費者心中的品牌。

品牌是企業最具價值的資產。

本書是一本從系統化觀點解釋品牌的世界級品牌教科書，作者凱勒是世界級品牌研究權威。

相信大家到店裡買東西時，都會先從慣用品牌下手。我們平常購物時，會在無意識間感受到風險，擔心「買了會後悔」，但若是有購買經驗、滿意度高的品牌，我們就會放心選購。在品牌的影響下，消費者選購產品時也就不再猶豫。

企業透過長年活動及產品體驗，在消費者心中一點一滴構築而成的品牌印象，競爭者無法輕易模仿。不僅如此，品牌名稱是註冊商標，其設計受到著作權及專利權保護，還會影響消費者行動。

品牌能確保未來的長期收益，是企業珍貴的法律財產。

品牌若能深入人心，就會烙印在消費者的心中。由此可知，建立品牌的關鍵，**正是讓消費者瞭解自家品牌與其他同品類品牌的差別**。

雖說品牌的初衷是為了消費者，但現在也延伸到各個領域。

IBM、奇異（GE）、英特爾（Intel）等B2B企業，經營B2B品牌，累積企業的正面形象及好評，創造出與法人客戶交易的機會，提升公司的可信度，實現高收益經營。

近年聲勢最旺的品牌是Google、YouTube等透過網路起家的品牌。這些網路品牌用獨特的方式滿足消費者的需求，確保恰到好處的定位，因此大獲成功。

創造出具有高資產價值的品牌

建立強大品牌的必要條件，是透過行銷活動讓顧客留下好印象，使顧客能主動連結到自家品牌。

品牌權益（Brand Equity）的概念，能於此時派上用場。品牌權益指的是，在過去實施的各種行銷策略不斷累積下，品牌所收穫的資產價值。

日立和奇異曾經共同出資，在英國的工廠生產電視，並掛上各自的商標上市。兩間公司賣的電視一模一樣，而且日立還定出75美元的高價，結果銷量竟然比奇異多出兩倍。因為日立電視的品牌權益比奇異電視還高。

創造品牌權益的關鍵，是在顧客心中建立起對品牌的好感。

為此，企業必須先讓消費者**認識品牌**。當消費者認識品牌後，該品牌將成為消費者的購物候選（**喚起集合**）之一（Ｂｏｏｋ７《機率思考的策略論》有詳細介紹，請務必參考）。

事實上，多數消費者在購物時，都不會想太多，幾乎都是「憑感覺挑選」。正因如此，品牌是否有得到消費者的認知，成功進入喚起集合，將成為決定成敗的關鍵。

為了進入喚起集合，企業必須建立起正向的品牌聯想。舉例來說，提到「蘋果電腦」時，我們會聯想到「好用又時髦的數位工具」。就像這樣，在消費者的腦內連結出「這個商品是〇〇〇」等獨特且正面的品牌聯想。

最強大的品牌聯想是靠實際經驗產生聯繫。星巴克很少打廣告，他們透過消費者來店時的真實體驗，創造出各式各樣的品牌聯想，建立起豐富的品牌形象。

類異與類同之下的「品牌定位」

創造品牌權益的關鍵是**品牌定位**（Brand Positioning）。

在目標客群的腦內，植入自家品牌與其他品牌的差異。

而品牌定位最重要的工具是**類異點**與**類同點**。

類異點是與競爭品牌的不同之處。類似Book3提到的：尋找「消費者心中的缺口」。

除了類異點以外，類同點也很重要。類同點是與競爭品牌共有的特點，**企業能藉由類同點削弱競爭者的類異點**。

藏壽司的田中邦彥社長認為「真正的美味，是過去日本的無添加物料理」，他追求「回歸到戰前的食物」，堅持食材絕不使用化學調味劑、人工甜味劑、合成色素、人工防腐劑。他透過日本飲食文化的代表性料理「壽司」，實現「安全、美味、便宜」，發展能節省人力及實現無人店鋪的技術，並拓展海外事業版圖，立志「讓藏壽司成為像麥當勞一樣的世界級外食連鎖店」。

藏壽司擴展海外事業版圖的類異點是**「無添加、安全、美味、便宜的壽司連鎖店」**，類同點是**「像麥當勞一樣的世界級外食連鎖店」**。產品差異化固然重要，但與競爭者的「同質化」也不容忽視。

與顧客建立深厚情感的方法

品牌共鳴模式（Brand Resonance Model）為我們展示出打造強大品牌的過程。重點在於從理性思維及感性反應兩方面思考，牽起品牌與消費者間的情感連結。

以高級腕錶勞力士為例，試著思考看看。

❶品牌特點（品牌的特徵）……該品牌有多容易被聯想到呢？每個人在聽到「國際級高級腕錶」時，都會聯想到勞力士。

❷品牌表現（性能及機能）……產品的性能和機能是否能滿足消費者的需求，使品牌與眾不同呢？勞力士的作工精細，皇冠造型標誌閃閃發光，還有能計算閏年、會自動調整日期的機械式萬年曆技術。

❸品牌判斷（客觀的判定）……基於品牌表現的品牌評價。勞力士擁有最優秀的品質與設計，在眾人心中是「全世界最好的錶」。

❹品牌意象（印象）……顧客對該品牌的印象。勞力士請來電影導演詹姆斯．卡麥隆、老虎伍茲等各領域的佼佼者當代言人，塑造出「一流人士使用的手錶」的形象（泰格豪雅等競爭品牌也採取同樣的手法）

❺品牌感受（情緒反應）……顧客對擁有該印象的品牌產生的情緒反應。勞力士會讓人產生「戴勞力士是一流人士」的感受。

❻品牌共鳴（共鳴、同感）……這是最終目標。顧客對品牌產生的共鳴與同感。勞力

品牌共鳴金字塔

以勞力士為例

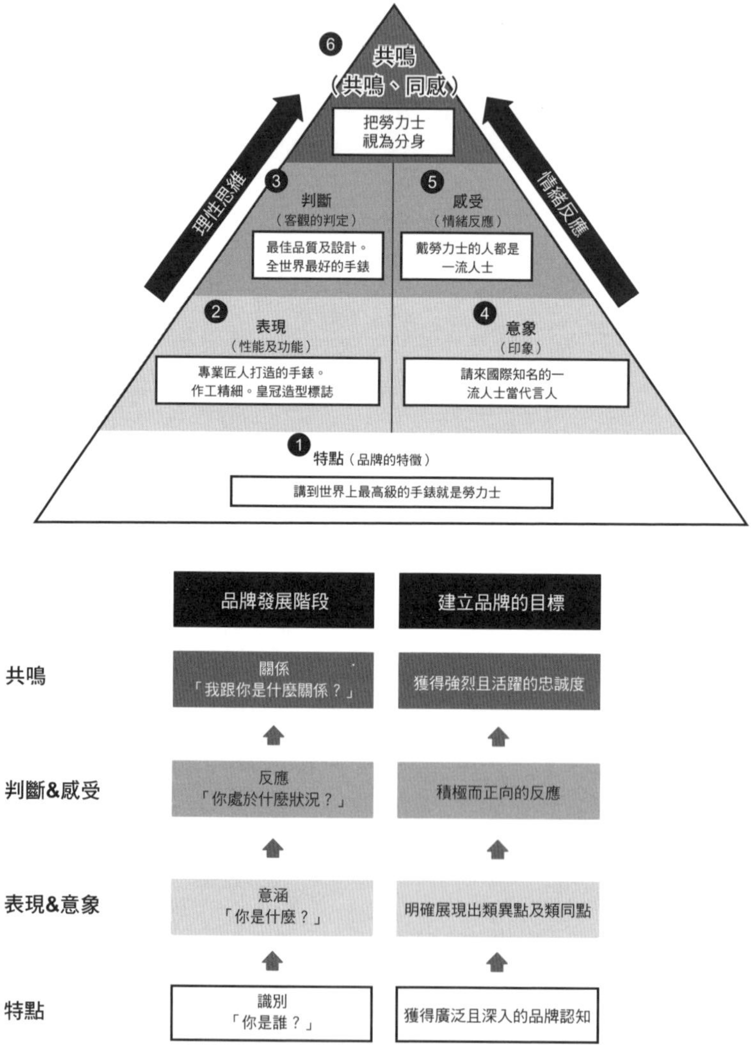

6 共鳴
（共鳴、同感）
把勞力士
視為分身
理性思維
情緒反應
3 判斷
（客觀的判定）
最佳品質及設計。
全世界最好的手錶
5 感受
（情緒反應）
戴勞力士的人都是
一流人士
2 表現
（性能及功能）
專業匠人打造的手錶。
作工精細。皇冠造型標誌
4 意象
（印象）
請來國際知名的一
流人士當代言人
1 特點（品牌的特徵）
講到世界上最高級的手錶就是勞力士
品牌發展階段
建立品牌的目標
共鳴
關係
「我跟你是什麼關係？」
獲得強烈且活躍的忠誠度
判斷&感受
反應
「你處於什麼狀況？」
積極而正向的反應
表現&意象
意涵
「你是什麼？」
明確展現出類異點及類同點
特點
識別
「你是誰？」
獲得廣泛且深入的品牌認知

出處：作者參考《策略品牌管理》製圖

建立品牌的原則

品牌的原則	原因
品牌是顧客的東西	品牌價值取決於顧客的想法
品牌沒有捷徑	想建立強大的品牌，必須先投入大量的時間和勞力，讓消費者產生「認知」
品牌的雙面性	強大的品牌會使顧客產生理性與感性反應，創造出相乘效果
品牌的深度	強大的品牌會深入消費者的心中，產生情感連結
目標是顧客共鳴與同感	建立起比競爭品牌更深厚的顧客情感。 目標是獲得顧客忠誠度

出處：《策略品牌管理》

士使用者「會把勞力士看作自己的分身」，展現高度的顧客忠誠度。

像這樣掌握品牌共鳴模式後，自然能理解上圖的「建立品牌的原則」。

重點是必須保持「品牌一致性」

維護強力品牌最重要的關鍵是：保持一致性。驚人的是，過去50到100年間穩坐業界龍頭的迪士尼、麥當勞、賓士等企業所採取的品牌策略，在這段期間都未曾改變。

但所謂的保持一致性，並非完全迴避行銷計畫的變更，而是要隨著時代演進，積極修正行銷計畫，維持品牌的方向性。

此外，本書也廣泛網羅欲構築強大的品牌權益時，能採取的行銷計劃設計及管理方法，以及品牌名稱、標誌、形象角色、網址等各種品牌元素的製作法等，並做了具體的詳細介紹。

從事品牌相關職業的人，請務必一讀。

POINT

創造出與顧客的深厚情感，孕育出強大的品牌權益

Book 16

《30年心血，品牌之父艾克終於說出的品牌王道》（原點）

——品牌跟商品、人才一樣有資產價值

國際品牌策略大師艾克，著有多本探討品牌的書籍。
本書收集了其著作及論文的精髓，整理出20個基本原則。

大衛·艾克

加州大學柏克萊分校哈斯商學院行銷學名譽教授（行銷策略論）。擔任品牌顧問公司先知（Prophet）副總裁。為舉世聞名的品牌論權威，因對行銷科學發展有傑出貢獻，獲頒保羅·康瓦士獎（Paul D. Converse Awards），並因對行銷策略領域的貢獻，獲頒馬哈揚獎（Vijay Mahajan Awards）。發表超過100本論文，著有《Managing Brand Equity（暫譯：管理品牌權益）》等多本作品。

「品牌就是資產」的思維

酒席間，某位業務主管氣勢洶洶地喊著：

「在第一線辛苦奔波的是我們這些業務員，結果公司卻花一堆錢打廣告做品牌。多花一點錢在業務身上，業績絕對會更好！」

但實際上，該公司的顧客應該是對公司品牌抱有極大的信心，才會決定下單。這位業務主管似乎沒發現，自己有生意可做，其實是公司品牌的功勞。

在1980年代後半以前，企業普遍的想法是：

「所謂的品牌不就是招牌嗎？花錢請廣告公司幫忙做不就好了嗎？」

此時艾克說了一句話，震撼了整個行銷界。他說：

「**品牌跟商品、人才一樣，都具有資產價值。企業必須認真思考品牌策略才行。**」

乍看之下，品牌只是一塊「單純的招牌」。顧客之所以大幅信任這塊招牌，是因為招牌背後藏著巨大的資產。就這樣，建構品牌成了經營主管的工作。

艾克將**品牌的資產價值**命名為**品牌權益**（**Brand Equity**）。

在建構品牌的過程中，必須形成品牌權益，並持續強化。

為此，艾克提出3個必要元素：

❶品牌認知（Brand Awareness）

對無印良品的文具抱有「低調時尚」印象的人，在選購文具時，會把無印良品納入考量。就像這樣，當顧客對某個品牌有印象時，有較大的機率會在購物時回想起該品牌，對該品牌的好感及觀感也都會提升。

❷品牌聯想（Brand Associations）

多數消費者在聽到「無印良品」這個品牌時，會聯想到「捨去多餘裝飾的簡約設計」。消費者在聽到品牌名稱後，能立刻產生聯想的現象，稱為品牌聯想。品牌聯想是顧客關係、購買決策及顧客忠誠度的基礎。

❸品牌忠誠度（Brand Loyalty）

無印良品的瘋狂粉絲不管是衣服、餐具還是冰箱，都會在無印良品購買，家裡到處都是無印良品的產品。習慣使用固定品牌的顧客，幾乎不會改變消費行動。競爭對手想消除這樣的品牌忠誠度，簡直是不可能的任務。而這樣的品牌忠誠度，正是品牌價值的核心。

無印良品追求的理念是「單純簡潔，符合基本需求」。用殷切的文字表現出「對品牌未來的想像」，即為品牌願景（Brand Vision）。明確的品牌願景能準確傳達事業策略，展現出與競爭品牌的差別，獲得顧客同感，為員工注入活力，孕育出多采多姿的新創意。相反地，當品牌沒有品牌願景，或品牌願景不明確時，該品牌將會迷失方向，策略和措施也會失去一致性。

品牌性格與組織聯想

當人能從品牌中感受到擬人化的性格時，對該品牌的認知與行動都會受到影響，這就是**品牌性格**（Brand Personality）。擁有性格（personality）的品牌，會展現出異於其他品牌的明顯差異。由於消費者幾乎不會改變自己的認知，因此擁有性格的品牌絕對更佔上風。

若用人類的性格來比喻，無印良品就像一位「寡言、誠實、重視實用性的匠人」。保時捷、賓士等品牌，也都擁有強烈的品牌性格。

組織的價值觀同樣能產生品牌差異性。就算競爭對手能將商品模仿地維妙維肖，也無法完美複製組織的價值觀和組織文化。

以無印良品為例，「無印良品雖然比較便宜，但因為省去了多餘的設計，所以品質應該有保證吧。」就像這樣，顧客對組織的信任，能顯現出品牌的與眾不同。顧客腦中產生的「如果是無印良品產品的話，即使某種程度上更便宜，但品質仍然會很好」等聯想，稱為**組織聯想**。

此外，企業若擁有無法用數字表現的組織文化，將獲得長期穩居市場的競爭優勢。其中一個方法，是發表**組織的遠大目標**。

體重計品牌TANITA的遠大目標是「幫助人們養成更正確的飲食習慣，維持身體健康」。他們成功創立TANITA員工食堂、出版TANITA食譜、開設餐廳等。

欲用組織價值觀凸顯品牌差異時，必須先花一段時間，將品牌與組織價值觀密切結合，於顧客腦內構築組織聯想。

創造強大品牌忠誠度的方法……

以無印良品為例

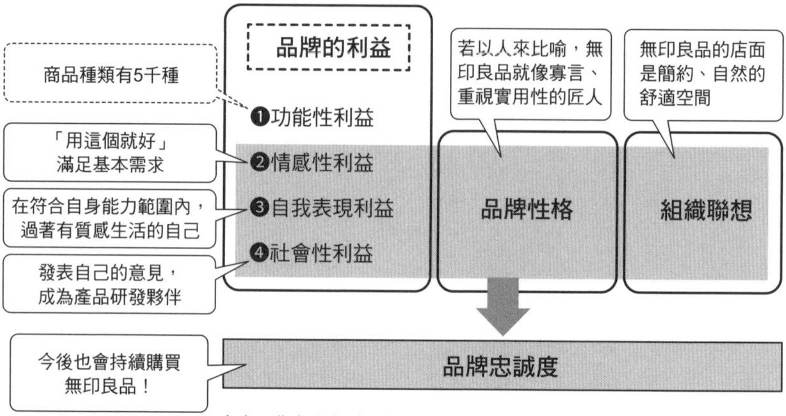

出處：作者參考《30年心血，品牌之父艾克終於說出的品牌王道》製圖

「無印良品」不靠產品功能追求差異化的原因

品牌有4個利益。以下介紹無印良品的利益。

❶功能性利益……該產品的實質利益。無印良品的商品多達5千種，他們沒有鎖定目標商品和客層，既販售食品，也經營旅館，過去甚至還賣過汽車。無印良品之所以不拘泥於功能性利益，是因為他們更重視以下3種利益。

❷情感性利益……「使用此產品時，我感到○○」的利益。無印良品為顧客提供保持理性的滿足感，不讓顧客覺得「非此產品不可」，而是「用此產品就好」（滿足基

本需求）。

❸**自我表現利益……**「使用此產品時，我能成為〇〇」的利益。無印良品排除一切多餘的功能和設計，購買後「我能成為在自身能力範圍內過著有質感生活的人」。

❹**社會性利益……**「使用此產品時，我能成為〇〇的一分子」的利益。無印良品參考顧客的意見，開發出五花八門的產品。「透明書寫便利貼」就是參考消費者提案研發出的商品。此便利貼採半透明設計，貼在書上仍能閱讀底下的內容。對無印良品來說，消費者是產品研發的最佳夥伴。

從表面上看來，消費者似乎只從功能性利益判斷是否要購買，但實際上，消費者更容易在無意識間受到後3種利益影響，憑直覺決定是否購買。建立強大品牌忠誠度的關鍵，便是**後3種利益**、**品牌性格與組織聯想**。

欲構築強力品牌時，比起顧客，更應該先從公司內部著手，讓員工瞭解品牌願景。也就是說，針對內部人員的品牌化作業非常重要，而且有很多優點。

內部品牌化能為員工指引方向，激發動力。受到刺激的員工，將創造出實現品牌願景的創意。當員工以品牌為傲，從中獲得工作意義和成就感時，會產生主動與他人談論品牌的慾望，孕育出組織文化。

話說回來，艾克是個不吝於修正錯誤的人，他屢次修改概念的定義。例如：本書提到的品牌願景，他在過去的作品中稱為「品牌識別（Brand Identity）」。本書第四版於2014年出版，算是較為近期的作品，收錄他最新的思想，所以我才選了這本書。

透過本書，能有效率地掌握品牌策略不可缺少的要素。若能搭配Book15《策略品牌管理》一起閱讀，肯定會對品牌有更深一層的理解。

POINT

別只重視功能，從情感性、自我表現性、社會性利益來凸顯品牌差異性！

Book
17

《部落知識》

——刻意「打造」品牌肯定會失敗

（暫譯）*Tribal Knowledge*（Kaplan Business）

約翰・摩爾

經營顧問、行銷人、企業家。任職星巴克的8年間，負責製作及執行行銷計畫，後轉任超市巨頭「全食超市」（Whole Foods Market）行銷主管，現為顧問公司執行長。幫助充滿熱情和活力的小公司，實現更大的成長。經常到公司或大學舉辦演講，亦經營超人氣行銷部落格「品牌解析」（Brand Autopsy）。

星巴克（Starbucks）創業初期時，美國的咖啡是出了名的難喝。當時美國的咖啡業界，正陷於無止境的惡性削價競爭。星巴克在這樣的業界中急速成長，建立起強大的品牌，堪稱品牌化與價格策略的知識寶庫。

本書介紹了星巴克內部口耳相傳的智慧。作者曾任職星巴克8年，負責制定及執行行銷計畫，現為企業提供顧問服務。

星巴克把「隨處可見的一杯咖啡」改造成「獨一無二的咖啡」。他們講究咖啡豆的品質和深焙，用精品咖啡營造出享受咖啡的體驗。

只要把「隨處可見的同質化商品」變成「獨一無二的東西」，顧客心中就會產生**品牌忠誠度**，成為該商品的俘虜。就像Book14《品牌22誠》提過的，顧客有興趣的不是新品牌，而是新**品類**。1980～1990年代誕生的「精品咖啡」，正是個全新的品類。隨著精品咖啡知名度提升，星巴克這品牌的名氣也愈來愈響亮。

星巴克為了讓消費者更熟悉新品類，還特地解釋了傳統咖啡與精品咖啡的差別。兩者的決定性差異是咖啡豆。精品咖啡僅使用高品質、高成本的阿拉比卡豆，只要喝一口就能感受到兩者的差異。

新事業應優先主打的對象，並非企業的新品牌，而是新品類。

品牌管理是「風評管理」

試著回想一下身邊的人給人的印象。風評好的人誠實、值得信任，甚至受人尊敬；風評差的人無法讓人相信。品牌，也是如此。

強大的品牌就像風評好的人一樣，給人誠實的印象。反之，弱小的品牌難以得到

品牌管理＝風評管理

確認項目	結果
❶是否有尊重顧客的求知慾？	
❷是否有負起企業責任，遵守對顧客的承諾？	
❸員工是否樂意並積極參與？	
❹顧客是否覺得滿意、有獨創性、打從心底信任？	

「偉士牌 USA」是…

→ ○
→ ○
→ ○
→ ×

品牌資產！

有3個以上的○ → **品牌資產**
能提升社會風評、形象的活動

有2個以上的× → **品牌負債**
有損社會風評、形象的活動

出處：作者參考《部落知識》製圖

他人的信任。建立良好風評的唯一方法，是積極履行約定。

星巴克**將品牌管理視為風評管理**，並未刻意打造品牌，而是滿腔熱血地運用各種手段，帶領消費者瞭解美味的咖啡，藉此培育出強大的品牌。

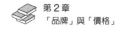

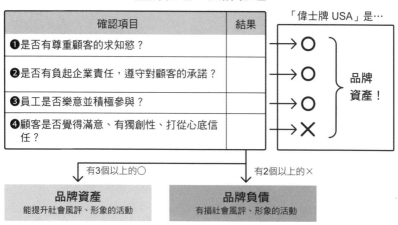

就像財務平衡表（資產負債表）有資產和負債一樣，星巴克認為品牌的平衡表中也有**品牌資產**和**品牌負債**。星巴克在判斷是否要展開某項活動時，會事先確認該活動屬於品牌資產還是品牌負債。

在上圖的4個檢查項目中，若有3個以上的「○」，代表該活動屬於品牌資產，符合星巴克這個品牌。若有2個以上的

「×」，代表該活動屬於品牌負債，不符合星巴克這個品牌。當星巴克和義大利摩托車品牌「偉士牌USA」（Vespa USA）共同企劃抽獎活動時……

❶↓讓消費者感受到義大利的氣息，並與義大利的咖啡館文化產生聯繫↓○

❷↓由第三者偉士牌提供獎品。星巴克也要遵守法律義務，負起責任↓○

❸↓跟星巴克的咖啡師傅說明此活動後，他們的反應還不錯↓○

❹↓說實話，不曉得消費者的反應如何↓×

最終得到了3個○，1個×，此活動得以實施，而且大獲成功。豪華獎品讓消費者驚艷，銷量也順利增加。

為什麼星巴克不推出廣告呢？

星巴克幾乎沒在打廣告，因為他們認為消費者在店裡實際感受到的**星巴克體驗**，就等同於行銷活動。盛裝在白色馬克杯中的咖啡、員工與顧客的交流、店內的氣氛、咖啡的香氣、在星巴克小憩的時光，這些點點滴滴，全都是行銷活動的一環。

星巴克舉辦新商品免費試喝活動的目的，並非為了促進買氣，而是要讓顧客更熟悉商品。

其實星巴克曾推出星冰樂的電視廣告，但效果不理想，沒多久就停止播放。之後星巴克繼續舉辦試喝活動，強化與顧客間的交流，順利提升業績。

星巴克創業初期資金不足，沒錢拍廣告宣傳，隨著企業不斷壯大，他們發現**「客人的感想就是最有力的廣告」**。星巴克並未否定廣告本身，只是發現了效果更好的品牌培養手段。若有錢拍廣告，不如多開發幾款獨特的飲品、充實店內環境，或增加人手以提升服務速度。

星巴克認為，**創造出顧客體驗，才是最理想的行銷活動**。

也因為長年不打廣告，而讓顧客產生「誠實、值得信賴」的印象。

為什麼星巴克不降價呢？

沃爾瑪（Walmart）以**每日低價策略（EDLP，Everyday Low Price）**吸引消費者。而星巴克就算不降價，消費者依然會光顧。若想採取每日低價策略，就只能設法削減成本，但由於星巴克的利潤幅度高達90％以上，因此能專心創造顧客體驗。

對於重視顧客體驗的公司來說，建立顧客連結的機會只有一次。一杯咖啡就是那「唯一一次的機會」。必須讓顧客品嚐到最完美的義式咖啡，稍有紕漏，顧客就不會回訪。畢竟星巴克是**服務業**。

過去星巴克曾舉辦「顧客感謝日」的活動，祭出8折優惠。雖然活動業績創下歷史新高，卻也引發林林總總的問題：首先這給消費者留下「星巴克會降價」的印象、導致活動開跑前幾週的業績驟減、活動當日供貨不及導致現場混亂、門市無法上架隔天的商品，損失許多銷售機會等。最嚴重的問題，無非是無法端出一杯完美的咖啡滿足顧客。

低價策略是江郎才盡的行銷主管的老套手段，絕對不能濫用。

行銷必須誠實以對

星巴克在執行行銷計劃時，有6個約定成俗的原則：

原則1 **誠實且值得信賴……**誠實面對顧客，久而久之自然會構築出信賴感

原則2 **喚起情緒……**使用能讓人聯想到場所、舒適度、訴求內容的語句

原則3 **絕對不提及其他公司……**提起競爭對手，只會讓大家聚焦在對方身上而已

原則4 **提升員工的歸屬感……**由各店員工向顧客傳達訊息

原則5 **必遵守承諾……**遵守承諾才是誠實的行銷

原則6 **尊重消費者的理解力……**星巴克未特別標示「Grande＝L、Tall＝M」。雖然初訪的顧客會感到困惑，但只要來買過一次，顧客就會覺得自己成了星巴克的一分子。這種「故意不便民」的做法，跟Ｂｏｏｋ27《「互搏式」服務》的觀點有共通之處。

據說，星巴克從來沒有把經營重點放在「成為咖啡企業龍頭」上。他們始終相信**「成為最優秀的企業，自然會登上龍頭寶座」**，長年朝著最優秀的咖啡企業邁進。若星巴克的目標不是成為最優秀的企業，而是成為龍頭老大，就跟他們的企業願景背道而馳了。

但諷刺的是，在本書出版2年後，星巴克就如筆者前著《全球ＭＢＡ必讀50經典》的Ｂｏｏｋ40《勇往直前：我如何拯救星巴克》所述，犯了大企業病，公司營運跌入谷底。明明知道會出問題卻無法迴避，正是「大企業病」的可怕之處。

Book5《品牌如何成長？行銷人不知道的事》主打機率戰，從微觀的觀點看市場；星巴克主打接近戰，重視與顧客間的情感連結。兩者乍看之下互相矛盾，但從徹底追求獨特性、重視心智顯著性等基礎概念來看，其實有諸多共通點。理解這些看似矛盾與共通之處，即能摸索出強力的對策。成功的關鍵往往藏在這些地方。

POINT

長期誠實面對顧客，能構築出強力的品牌

Book
18

《定價聖經》（藍鯨文化）
——不對客戶百依百順，當一個「高明定價者」！

赫曼・西蒙、羅伯・道隆

西蒙於1985年在德國波昂創立西蒙顧和管理顧問公司（Simon-Kucher & Partners），為客戶提供定價指引，主要活躍於歐洲。西蒙本身是經營策略、市場行銷、價格設定等領域的權威，持續為世界各地的客戶提供相關策略。道隆是哈佛商學院的教授。

你對定價有什麼看法呢？

「價格？嗯……讓顧客決定吧。」應該有不少人會這樣想吧？

但從實際數據來看，只要漲價1%，企業的平均利潤將大增12%。

不再逆來順受，掌握定價主導權，業績跟利潤都會大幅提升。

在行銷組合（4P）中，**價格策略是唯一能獲利的要素**。

本書的作者之一，是筆者前著《全球MBA必讀50經典》Book28《精準訂價》的作者西蒙，他是頂尖的價格策略專家。本書的另一位作者，是哈佛商學院的道隆教授。《精準訂價》用平易近人的文字解釋價格策略的本質，本書則是難得一見的系統式價格策略理論書，在全球各地都創下銷售佳績。本書出版於１９９６年，雖然書中案例已經稍嫌過時，但本書依然是建立系統式價格策略基礎的珍貴作品，所以我還是想推薦給大家。

本書提倡**高明定價者**（Power Pricer）的概念。不任由市場喊價，創造出符合顧客需求的價值，憑自主意志正確定價。

斯沃琪（Swatch）的品牌概念是「平價的瑞士製腕錶」，售價通常落在40美元。這個價格單純又公道，他們不漲價也不降價，用價格告訴顧客「選擇斯沃琪，不會讓你後悔」。

Bugs Killer殺蟲劑保證滅蟲效果，定出比其他公司貴上10倍的價格。

接著來介紹本書的定價方法之一，想成為高明定價者的人可以立刻嘗試。

怎樣的價格策略能達到業績和利潤最大化？

客機會依照座位類型調整票價，一般商務艙的票價是經濟艙的2倍，頭等艙的票價是商務艙的2倍。這是依照顧客需求分別定價的「客製化定價」（Price Customization），目的是為了達到業績和利潤最大化。每位顧客的需求都不同，購買判斷和支付金額也會隨之變動。來看看背後的構造吧！（接下來的2頁半會提到會計相關內容，若覺得難度太高，直接跳過也沒關係。）

假設一架客機有400個座位，乘客1人的**變動成本**是1萬日圓。從次頁圖的**價格—銷量反應曲線**能看出，當價格改變時，銷量（購買人數）的變化。在此例中，雖然1萬日圓的座位（共400個）全數售出，但**毛利**（營業收入扣除變動成本）合計為0日圓，完全無法獲利。

價格上升時，購買人數會沿著曲線逐漸減少，當價格上升到39萬日圓時，購買人數會歸零。這塊三角型的面積，代表能獲得的最大潛在利益，稱為**潛在利益**。此例的潛在利益為7600萬日圓，若想全數獲得，必須依照價格—銷量反應曲線，為每位

航空公司的價格與銷量，是如何變化的呢？

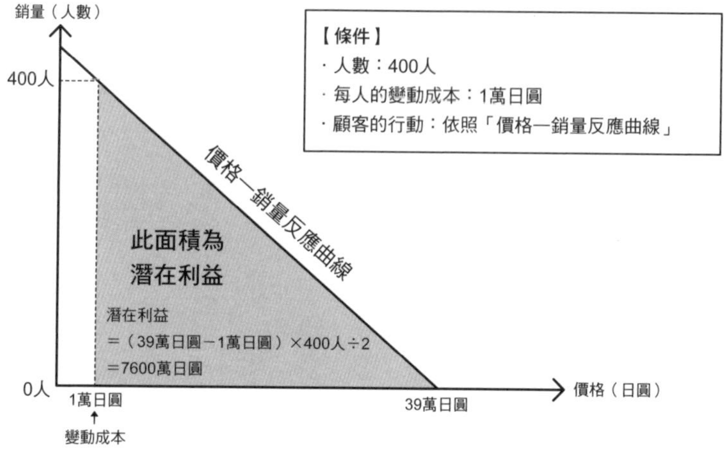

出處：作者參考《定價聖經》製圖

「單一價格」只能得到一半的潛在利益

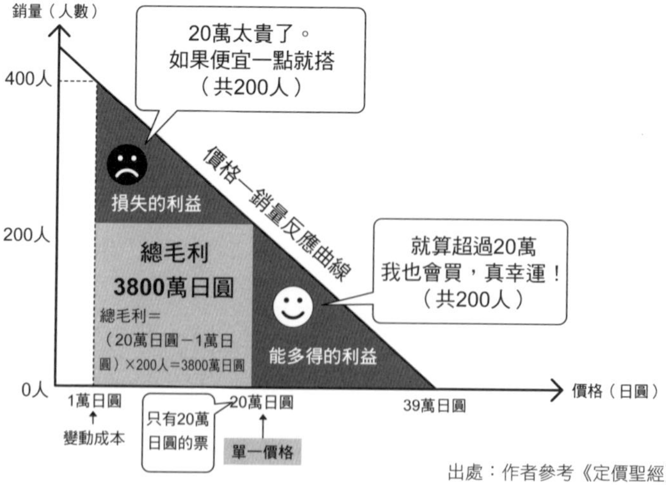

出處：作者參考《定價聖經》製圖

顧客量身定價，但考量到現實面，不可能實現如此細緻的量身定價。

右頁下圖以1萬到39萬的中間值20萬日圓為單一價格。

若顧客依照價格—銷量反應曲線進行消費，將有200人花20萬日圓購買，是總人數400人的一半，總毛利為3800萬日圓，是潛在利益（7600萬日圓）的一半。此時將形成「**損失利益**」（有200人認為「20萬太貴了」而拒絕搭乘），還錯失了「**可多得利益**」（有200人認為覺得「就算超過20萬也會買」）。

在此情況下，若依照次頁圖表區分價格，頭等艙賣27萬日圓、經濟艙賣14萬元，兩者合計的總毛利將達到5057萬日圓，比設定單一價格多出了33%。

若再加入商務艙，定出3種價格，則能獲得更大量的潛在利益。由此可知，**設定複數價格，利益將隨之增加**。

像這樣依照顧客需求，分別設定不同的價格，可望抓住遺漏的潛在利益。這種客製化定價的主要方法有4種：

方法1 **產品種類**……這家航空公司讓顧客選擇價格不同的產品

方法2 **依顧客類別管理**……依照會員級別分別給予優惠

方法3 **購買者的特性**……例如：兒童票半價

「定2種價格」後利益增加

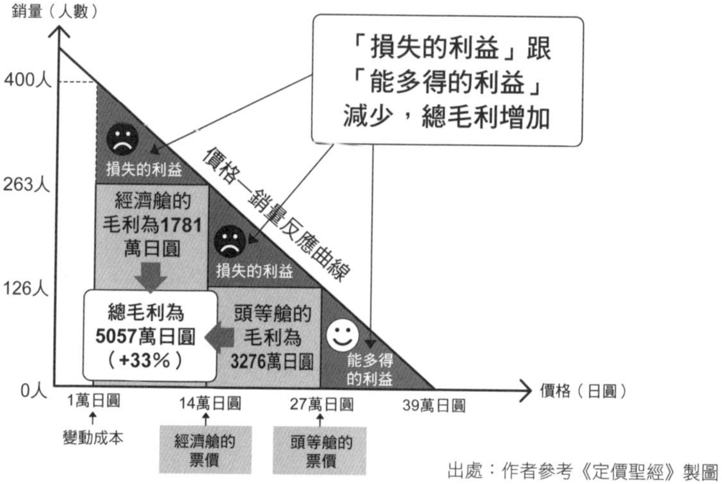

出處：作者參考《定價聖經》製圖

方法4 交易特性……調整週末和平日的住宿費用，提供大量採購的優惠價

如此運用客製化定價，就能大幅提升企業的收益性。

順帶一提，近年流行的**動態定價**（Dynamic Pricing）是利用IT技術，依照現實中的價格—銷量反應曲線來調整實際售價的定價方法。

日本企業應採用「高附加價值策略」

本書還特別為日本企業指引方向。作者們在為經營者舉辦的講座上，問大家一個問題：「製造成本50美元，顧客能省下

1000美元的產品，定價應是多少？」歐洲經營者回答600美元，美國經營者回答500美元，日本經營者卻回答100美元。日本經營者解釋道：

「我們捨棄實現高顧客附加價值，以追求市場佔有率。」

而作者們表示：「**日本企業愛用大量生產降低成本，但日本企業的成本優勢已經是過去式，唯一能帶領日本企業成功的策略，是高附加價值策略。**」

Book12《山本七平的日本資本主義精神》提到的梅岩思想：「省下3成成本，減少1成利潤吧！用心待客，別展現慾望！」正是日本商業活動的根源。對多數日本企業來說，高附加價值策略完全是未知的領域，但光憑產品性能，不可能打造出高級品牌。

另一方面，本書也介紹能實現高附加價值策略的「隱藏版日本製冠軍產品」。

- **刀具類**……世界各地的廚師都愛用日本的刀具
- **禧瑪諾（Shimano）**……供應獨特高級自行車配件的製造商
- **牧田（Makita）**……在電動工具市場擁有強大的價格形成力，比博世（Bosch）等競爭者更高價
- **漫畫**……風靡全歐洲，當地售價比日本貴很多

今後，日本企業也必須開始考慮高附加價值策略。為此，理解並實踐第2章介紹的品牌策略和價格策略，顯得更加重要。

POINT

成為「高明定價者」，實現高附加價值策略吧

Book
19

《利潤的故事》——23種標準獲利模式（藍鯨文化）

就像人類沒有空氣跟水無法生存一樣，企業沒有獲利就無法維持經營，因此必須想辦法創造利益。

本書介紹多種獲利模式。成功的企業懂得建立**獲利模式**，創造出利益。熟悉各種獲利模式，等於增加了企業的致勝關鍵。

本書描寫在8個月間，趙老師為學生史蒂夫授課的內容，共介紹23種獲利模式。

我選出其中6種模式介紹給大家。

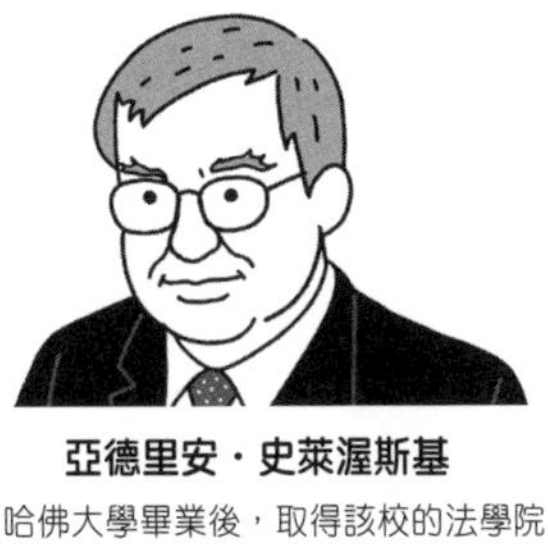

亞德里安・史萊渥斯基

自哈佛大學畢業後，取得該校的法學院及商學院的碩士學位。擔任美世（Mercer）管理顧問公司的副總裁暨理事。處女作《創造新財富》佳評如潮，《獲利寶典》一書衝上全美最佳銷量榜。1999年，獲選為《產業周刊》（Industry Week）「全球6大經營智者」，與杜拉克、波特、蓋茲、威氏、葛洛夫齊名。

於本書登場的「獲利模式」

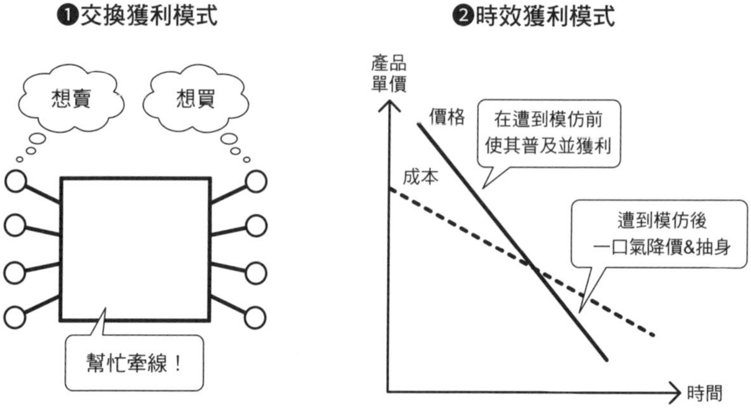

出處：《利潤的故事》的圖表。作者部分補充

模式1 交換獲利模式

邁可．歐維茲是在好萊塢大獲成功的企業家。早期他為電影製作公司推銷演員，後來陸續網羅劇本家、導演、製作人等電影製作的必要人才，打造出套裝式仲介服務。久而久之，若沒有歐維茲的引薦，電影公司甚至請不到知名影星或導演，奠定了歐維茲在好萊塢的巨大影響力。交換獲利模式就像把打電話的人跟接電話的人連結起來的電話交換機（switchboard）一樣，將求才者與求職者串聯起來。

過去IBM僅販售自家生產的產品，直到1990年代經營大改革後，才開始購買其他公司的產品，提供顧客導向的解決方案。IBM同樣運用了交換獲利模式。

重點是必須全面理解客戶的業務需求，並於此階段採取合適的策略，營造出長期的消費市場。

模式2 時效獲利模式

「新產品才推出1年就遭到模仿，就算申請專利也防不慎防。」許多科技公司都遇到同樣的困擾，英特爾（Intel）也曾是其中之一，但他們反過來利用此狀況，躍升高收益企業。

英特爾先取得業界內的技術主導權，搶先開發新產品，使之迅速普及。科技業成本降低的速度極快，其他公司的技術跟進，爭相模仿，於是他們便趁此時大幅降價，一口氣甩開競爭對手。這是一種趁競爭對手迎頭趕上前，迅速回收投資成本的作戰方式。英特爾只需要早一步推出新世代產品，再重複上述流程即可。

時效獲利模式是一種單純的策略，也因此顯得枯燥乏味，必須投入極大的耐心，腳踏實地重複執行細膩的作業。英特爾也是一步步提高生產力，不斷磨練自己的成本競爭力。

模式3 加倍獲利模式

本田（Honda）強化自身優秀的引擎技術，研發出汽車、機車、飛機等產品。迪士尼利用米老鼠等人氣角色，創作出電影、主題樂園、書籍、周邊商品等。像這樣運用不同的形態，重新詮釋自家優秀的技術、資產、智慧財產權，能有效降低研發成本，提升利益。

模式4 基礎裝置獲利模式

有個很出名的銷售邏輯：印表機廠商並非靠印表機本體賺錢，而是靠墨水賺錢。買家擁有購買機器本體的選擇權，但在購入印表機後，主導權轉移到賣家手上，買家必須回購墨水等耗材。耗材的價格低廉，買家不會特別在意，會長時間持續購入。企業應降低高額硬體設備的獲利能力，提高會被持續購買的耗材之獲利能力。

基礎裝置獲利模式的重點是**增加顧客的使用頻率及用量**。

模式5 交易規模獲利模式

企業在推銷時總是格外熱情，成交後卻經常對顧客不理不睬，這種現象實在很可

於本書登場的「獲利模式」

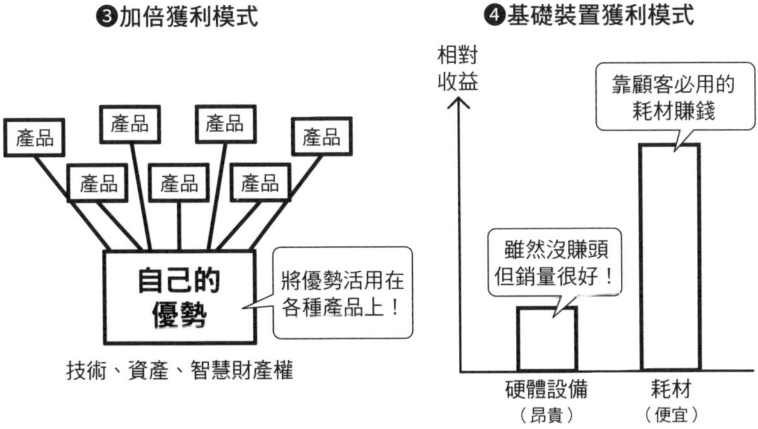

出處：《利潤的故事》的圖表。作者部分補充

惜，畢竟交易只是雙方長年打交道的開端，若能持續累積顧客的信任，就有機會確保長年老主顧。

多數房仲業務成交後就不再理會顧客，某房仲業務則不然，他會跟交易過的顧客保持聯繫，繼續提供有價值的資訊，滿足顧客的需求，逐漸加深顧客對他的信任感。久而久之，顧客會再度委託他新案件，他還順利搶下大規模訂單。因為他不惜花時間強化與顧客的聯繫，所以才有機會拿到大筆訂單。Book43《絕對續訂！》提倡的觀點，正是靠公司內部組織實現此獲利模式。

模式6 新產品獲利模式

新產品問世後，銷量、利益將逐漸增

於本書登場的「獲利模式」

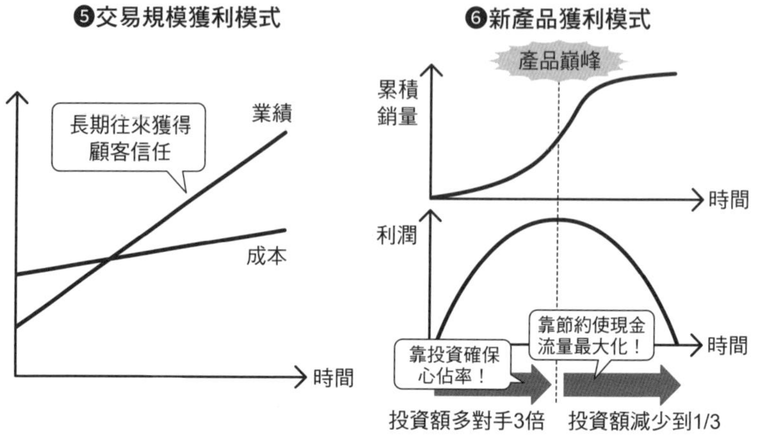

出處：《利潤的故事》的圖表。作者部分補充

加，當銷量達到巔峰時，利益也會最大化，接著銷量減少，利益跟著走下坡，最終歸零。利益的運行方式就像一條拋物線，掌握產品的生命週期，即能得知當下該採取的對策。

當利益處於拋物線左側（前半階段）時，將投資量提升到競爭者的3倍，確保最高的顧客心佔率；當利益處於拋物線右側（後半階段）時，將投資量縮減到競爭者的3分之1，確保最高的現金流量。為了準確切換策略，企業必須**抓準新產品銷量接近巔峰的徵兆**，搶先對手洞悉顧客的變化，從攀上巔峰的1年前開始調整投資比例。

POINT

學習創造利益的定型模式，能增加致勝手段

「資訊」是利益的源頭

手中握有最新、最正確的資訊，才能搶先競爭者為顧客提供更具價值的服務。為此，企業必須隨時觀察顧客、市場及競爭對手，持續學習全新的思維。

常見的商業模式約有20～30種，掌握這些模式後，將能游刃有餘地面對絕大多數的狀況。等學到一定程度後，自然能習得洞悉商業走向的能力。

本書共有23個章節，作者建議讀者「視自身狀況調整，基本上以每週1個章節的速度，仔細閱讀及思考」。依照作者的建議讀完本書後，肯定能強化自身的能力。

第3章

「服務行銷」

現在服務業佔的GDP比重已經超過7成。
在這20年間，服務行銷一直是行銷界的熱門話題。
「從製造到傳遞」這句話，正是服務行銷的概念。
不過，以製造為前提的行銷常識並不適用於服務行銷。
兩者最大的差異在於：服務是無形的。
本章介紹能深入理解服務行銷的8本名著。

Book

20

《關鍵時刻》

——創造價值的是「第一線員工」

（暫譯）*Moments of Truth*（Harper Business）

詹・卡爾森

1978年，36歲的卡爾森成為全球最年輕的航空公司總裁，在短時間內重振瑞典國內航空公司的經營。此功績獲得肯定，39歲接任北歐航空（SAS）總裁，帶領公司擺脫赤字，實現V字型回復，蛻變成超一流的服務企業。離開北歐航空後，自行創立投資公司及網路零售公司，同時擔任瑞典英國商會的會長。

服務行銷是現代商業人士的必修科目。

因為很多企業正迅速朝向服務業發展。舉例來說，飛機噴射引擎有提供能即時管理運轉、維護狀況的預防性維修服務，索尼（Sony）的付費線上遊戲也是一大收入來源。

此類服務行銷領域的必讀作品，正是自1985年出版後，持續暢銷至今的本書。本書的書名「關鍵時刻（Moment of Truth）」，濃縮了服務行銷的精華。

本書作者是將連續兩年經營赤字的北歐航空（SAS）改革成顧客導向公司後，帶領其起死回生的經營者。雖然故事背景是1980年代的航空業界，但也蘊含許多通用於現代的智慧。

某位美國商人在前往機場途中，發現自己把機票忘在飯店裡，抵達機場後，他立刻連絡北歐航空的售票人員，得到的回覆是：「請您放心，我們會給您登機證跟代用機票。請告訴我們飯店的房號。」

沒想到他在休息室等了一陣子後，竟然在登機前拿回機票。原來是售票人員聯絡飯店，找到機票後，不惜立刻聯絡機場豪華巴士送到他手上，他也順利趕上會議。北歐航空以顧客為尊的貼心服務讓這位商人深受感動。

這種抓住顧客內心的瞬間，稱為**關鍵時刻**。

北歐航空每年有約1千萬名乘客，平均會接觸5名員工各15秒鐘，全年總計5千萬次。而這5千萬次的15秒鐘，都有機會成為北歐航空的關鍵時刻。

卡爾森非常重視關鍵時刻，他認為「得到滿足的顧客才是真正的財產」，於是他基於此想法對北歐航空進行改革。這段在本書開頭介紹的實例，便是卡爾森的改革成果之一。

其實在卡爾森接任總裁前，顧客導向服務對北歐航空來說簡直是不可能的任務。現場員工只會事務性待客，發生問題時還得先請求上級許可，白白浪費掉寶貴的15秒鐘，導致長年虧損。主要原因是：上級沒把決定權交給一線員工。

因此，卡爾森放手讓最前線的員工自主做決定，幫助北歐航空起死回生。

將權限委任給一線員工，實現經營改革

卡爾森設定的目標是：「**想辦法增加收益，哪怕處在零成長的航空業界，也要成為具有獲利能力的企業。為此，必須先轉型成顧客導向的企業。**」

他制定的策略是「**成為飛行次數頻繁的商務客心中最滿意的航空公司**」。商務客常需要搭飛機出差，算是比較穩定的客群。若能滿足商務客的需求，就不用降價求售。

卡爾森以「**欲滿足商務客需求時是否有必要做這些？**」為判斷基準，重新審查公司的資產、經費及業務，依序廢除沒必要的項目，投入更多成本在必要項目上，以充實項目內容。他還對一線員工傳達自己的願景，將責任與權限全都委任給他們。

此外，卡爾森還新設「歐陸商務艙」，提供比經濟艙更充實的服務內容。當時北歐航空經常誤點，他還任命了管理起飛時刻的負責人，徹底執行全公司「100%準時起飛」的目標。畢竟對時間緊迫的商務客來說，飛機能準時起降比什麼都重要。

就這樣，北歐航空成了全歐洲最準時的航空公司，短短一年就轉虧為盈。在《財星》（Fortune）雜誌公布的排行榜中，北歐航空已經成為全球商務客心中最好的航空公司。

給予中階管理者新的任務

為了在「關鍵時刻」給顧客留下好印象，卡爾森獎勵採取正確行動的一線員工，並且摧毀金字塔型組織構造，以迅速回應顧客的需求。

他的策略雖然在短期內奏效，但操之過急的結果，導致中階管理者遭到漠視。上級的指令跟以往完全不同，下級又要求「要自己做決定」，中階管理者裡外不是人，逐漸形成一股反抗勢力。

阻礙服務業朝顧客導向改革的障礙，其實無處不在。

卡爾森將中階管理者的職責從**「現場管理」**調整成**「現場協助」**。不制訂規矩束縛，重視能協助現場業務的指導、資訊傳達及教育，並給予能確保現場必要資源的權限，使其承擔達成目標的所有責任。

當人得到承擔責任所伴隨的相應自由時，將發揮出巨大潛力。向員工釋出所有資訊，等於迫使其承擔責任。正因為信任一線員工，放手交給現場人員做決定，北歐航空才得以復活。

可惜的是，好不容易實現V字型回復的北歐航空，在卡爾森離任後業績大幅下滑，主要原因是服務至上的組織文化尚未在北歐航空內部根深柢固。這點在Book26《服務創新的理論與方法》會再詳細介紹。

如今，包含製造業在內的所有業界，都正朝著服務業發展。透過本書能學習到許多重要知識，除了北歐航空的豐功偉業之外，還能找到今後的課題。

POINT

服務業應將決定權及責任委讓給一線員工，並對員工公開所有資訊

Book
21

《服務業行銷》（華泰文化）
——行銷「4P」不適用於服務

克里斯多福・羅夫拉克、喬琛・瓦茲

羅夫拉克是服務行銷研究的權威。以美國麻州為據點，制定服務策略及管理顧客服務經驗，在世界各地展開顧問活動。瓦茲出身於德國，於倫敦商學院取得服務行銷博士學位。擔任新加坡國立大學服務行銷講座的講師。專業領域為顧客滿意、服務保證、收益管理等。

自從1984年初版以來，本書一直都是備受推崇的服務行銷教科書。雖然頁數偏多，但書中介紹的案例非常豐富，讀起來不會有壓力。作者之一的羅夫拉克教授擁有豐富的經營諮詢經驗，是服務商業領域的先驅。

服務行銷是近年才成形的新學問，尚未完全普及。學習服務行銷可望獲得寶貴的知識，成為個人的獨特資歷。

不過，服務通常是無形的，無法套用製造業的行銷手段。製造業應考慮行銷組合**4P**，服務業則要另外增加4P，以**行銷8P**為基本原則。本書詳細介紹了服務業基

行銷組合

4P（製造業）		8P（服務業）
產品（Product）	→	❶服務產品（Product Elements）
通路（Place）	→	❷地點和時間（Place & Time）
價格（Price）	→	❸價格與其他成本（Price&other User Outlays）
推廣（Promotion）	→	❹推廣與教育（Promotion & Education）
		❺服務流程（Process）
		❻實體環境（Physical Service Environment）
		❼人（People）
		❽生產性與服務品質（Productivity & Quality）

出處：作者參考《服務業行銷》製圖

本的行銷8P。

❶服務產品（Product Elements）

儘管餐廳提供的主要服務是餐點和酒類等，也要提供諮詢和接待等服務。餐廳提供的服務產品（製品）組合為：位於中心的**核心服務**（提供餐點和酒類等），以及**附屬服務**（預約和接待等）。

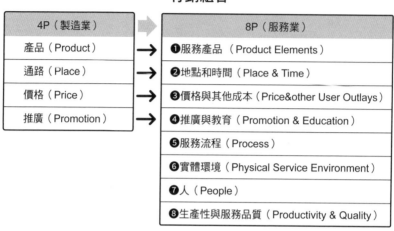

當競爭白熱化時，每間餐廳的核心服務會愈來愈相似，此時餐廳應提升接待等附屬服務的品質，以求差異化。

❷地點和時間（Place & Time）

就像餐廳需要店面一樣，多數核心服務都需要實體設備。重點是必須考慮顧客的便利性，思考該於何處提供服務。此外，餐廳在提供預約等資訊面的附屬服務時，也可以透過網路降低成本。

如今，24小時、全年無休的服務形式已成常態。應善用ＩＴ工具，積極釋出資訊給顧客。

❸價格與其他成本（Price & Other User Outlays）

業者往往只考慮到餐點的價格，但對來用餐的顧客來說，除了餐點的花費以外，交通費、到餐廳的移動時間、預約的手續等，也都會成為金錢以外的負擔。業者可以利用手機ＡＰＰ等工具，簡化預約手續，降低顧客感受到的成本。

雖然競爭對手也是一大隱憂，但若你來我往大打價格戰，恐怕連成本都難以回收。應將價格以外的顧客成本納入比較對象。

決定價格時，若無事先掌握服務成本，就無法確認利潤。有形產品的製造費和物流費都很清楚明確，能用原價計算成本，但服務既無形體也無庫存，沒有準確的原價。因此，業者應理解「服務是由組織的各項作業所成立」，用能計算總間接費用的「**作業基礎成本法**」（ＡＢＣ法：Activity-Based Costing）來計算提供服務時必要的成本。

❹推廣與教育（Promotion & Education）

這是我朋友擔任公司餐會主辦人時的親身經驗。他在美食網站「GURUNAVI」查了一輪後，發現每間餐廳都大同小異，讓他難以抉擇。這時候友人推薦某間餐廳給他，實際造訪後，他覺得店裡氣氛不錯，便直接決定在那裡辦餐會。

從這個例子能看出，消費者難以辨別無形服務的區別。每間餐廳的菜色都大同小異，必須實際品嚐後才能評價。最有效的方法是讓消費者親身體驗，以及靠食評給消費者留下更深刻的印象。

❺服務流程（Process）

服務流程會大幅影響顧客體驗。

服務藍圖（Service Blueprinting）是從顧客的觀點出發，按步驟描繪出流程圖，藉此改善問題點的手段。這也是Ｂｏｏｋ24《看得見的經驗》介紹的**協調圖表**之一。

下下頁圖表是餐廳的服務藍圖。事先掌握顧客從預約到用餐完畢走出店外的整個流程，即能鎖定招致問題的風險，採取預防措施。

若整體出現嚴重問題，則有必要重新設計服務流程。減少對顧客來說沒有附加價值的作業（例如：填寫申請書），或廢除直接面對顧客的接觸式服務設施，改採自助式服務等。

❻實體環境（Physical Service Environment）

星巴克提供舒適的空間，吸引「想放鬆休息」的人前來光顧。顧客在評價服務時，服務環境也會成為重要的評價指標。舒適的環境能提升顧客滿意度。

員工同樣得長時間待在服務環境中，企業也必須想辦法提高員工的生產性。

此外，聲音、氣味、色彩也都是重要的要素。據說性情暴躁的乘客，會覺得古典音樂很沒勁，所以倫敦地下鐵會在站內播放古典音樂，遏止破壞行為。

但也不是打理好環境就沒事了，再怎麼美輪美奐的餐廳，若讓人找不到去廁所的路，也是個大麻煩。重點是必須讓顧客感到舒適方便。

描繪服務藍圖，改善服務內容

以餐廳為例

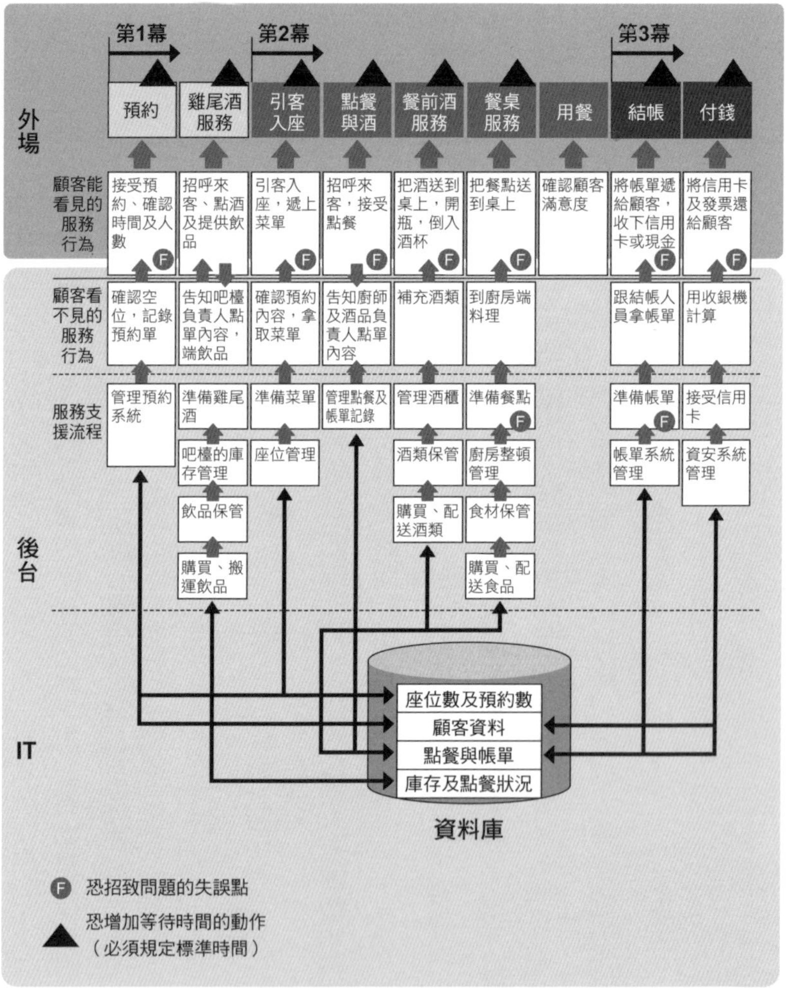

出處：《服務業行銷》（經作者部分調整）

❼人（People）

回想自己體驗過的最佳服務跟最差服務，比較一下兩者的差異。最大的差別應該是接待方式吧！服務的成敗取決於負責接待的員工。米其林指南在評價餐廳時，除了味道以外，還會嚴格審查服務品質。

接待者肩負重任，他們必須找出顧客的需求，為顧客提供服務，建立起良好關係，創造出顧客忠誠度。

若不捨得在員工身上花錢，也不釋出權限，而是單方面削減成本，將會一腳踏入**失敗循環**：服務品質劣化，收益隨之惡化，最終不得不削減成本。這並非員工的錯，而是管理者的責任。

懂得考量長期服務收益的組織，會追求**成長循環**。

用高額報酬聘僱優秀人才，安排研習，委讓權限，投資能實現高獲利的人才。就算競爭者有辦法模仿其他經營資源，也模仿不了優秀的人才。

比起利益目標和擴大市佔率，優秀的服務企業更重視服務人員的待遇和顧客至上的心態，實現**服務利潤鏈**（Service-Profit Chain），從高員工滿意度誕生出高顧客滿意度，創造出走向成功的經營流程。次頁圖中，星巴克的例子正是如此。

服務業的成功關鍵是「員工」

星巴克的服務利潤鏈

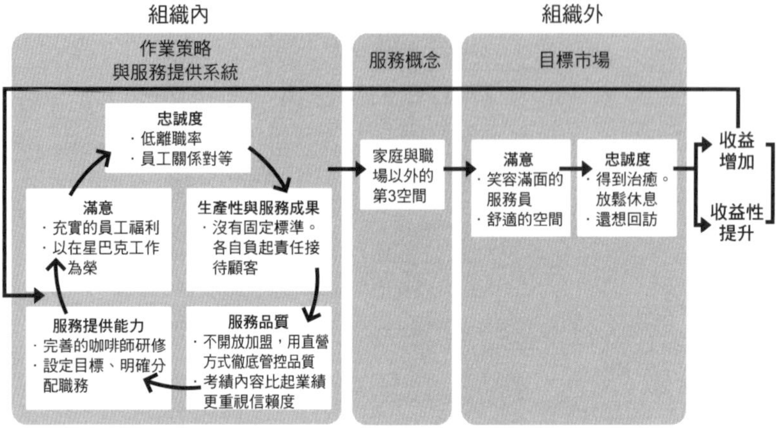

出處：作者參考《服務業行銷》及星巴克的各種情報製圖

❽生產性與服務品質（Productivity & Quality）

服務品質與生產性難以兩全其美，顧客對服務不滿會導致銷量減少，降價會導致企業陷入收益惡化、生產性降低的惡性循環。

企業應同時考量服務品質及生產性這兩個問題，激發出相乘效果。

先從顧客的觀點評價目前的服務。無法評價的服務，自然無法進行管理，也找不出問題所在，更別說制定及驗證解決對策。

我們不能把上述8P視為獨立個體。舉例來說，重新檢視整體服務流程，對人才進行投資後，生產性和服務品質皆會改善，服務產品的競爭力也會隨之提升。由此可知，我們的思考方向必須是**如何使8P相輔相成，產生相乘效果**。

Book26《服務創新的理論與方法》的作者近藤隆雄教授所著的《服務行銷〔第2版〕》也是一本經典的服務行銷教科書。《服務行銷〔第2版〕》一書介紹非常豐富的日本企業案例，若搭配本書閱讀，肯定會對服務行銷有更進一步的理解。

POINT

利用「8P」的相乘效果，提供能滿足顧客的服務

Book

22

《顧客3.0》（中國生產力中心出版）

——提供「理所當然」的服務
滿足顧客的基本期待

約翰・古德曼

經營顧問。1972年自哈佛商學院畢業後，成立TARP顧問調查公司，接受白宮委託，調查「美國企業的投訴處理現況」。這份調查報告促使美國大企業引進免付費專線，以及設置專門處理投訴的顧客洽詢窗口。古德曼以消費者行為分析為基礎，在40年間，為800多家公司提供顧問諮詢服務，並參與1千多件調查專案。

十幾年來，亞馬遜（Amazon）一直是我的網路購物首選。我偏愛亞馬遜的原因不單純是因為便宜和種類豐富，還因為出問題時能夠暢行無阻地順利解決。發現商品有問題想退貨時，只要從購買履歷點選商品後，選擇退貨、填寫原因，將顯示頁面印出後貼在要退回的紙箱上即可。不需要繁雜的手續，就能完成這項「理所當然」的服務。雖然最近其他購物網站也陸續跟進，但換平台對我來說太麻煩，所以我還是繼續使用亞馬遜。

本書的主題是**顧客經驗**，也就是最近常聽到的**客戶體驗**（Customer Experience），或簡稱為CX。顧客經驗指的是對產品或服務有興趣的顧客，從購買、體驗到使用完畢為止的完整經驗。亞馬遜提供了十分優秀的CX。

本書作者古德曼在1970年代提出**古德曼定律**：「跟遇到問題不投訴的顧客相比，投訴後獲得解決的顧客回購率更高」。此定律為企業掀起一波強化顧客服務的巨大浪潮。在2014年出版的本書中，古德曼將此定律更加深化，提倡能幫助企業提供優秀CX的方法。

顧客並不期待「感動」

在多如繁星的咖啡店中，星巴克總能吸引常客；在商品同質性極高的購物網站中，亞馬遜能夠鶴立雞群，都應歸功於優質的CX。

現在很難單憑功能凸顯產品差異，最能在競爭中脫穎而出的方法，是**遇到投訴及購物糾紛時的**CX。當顧客遇到困難時，會向企業尋求幫助，此時即為企業展現特殊之處的絕佳時機。

不過，企業也很容易對CX產生誤解。很多企業認為「顧客有問題絕對會來投訴」，殊不知顧客通常會不發一語默默離去。也有很多企業認為「必須花錢打造最棒的服務品質」，其實顧客根本不期待額外的感動，只希望企業照著基本流程走，沒必要花大錢。

美國的諾斯壯百貨公司（Nordstrom）創造出「同意沒在販售的輪胎的退貨」、「機場封閉時，負責人搭直升機把商品送到顧客手上」等服務神話，但這些ＣＸ絕非理想，成本過高效率又差，不可能長期維持。

顧客想要的只是應有的基本服務，遭到拒絕時得到合理的說明，必要時聽到一句抱歉。企業既不用創造感動，也不用花費大量成本。

優質的ＣＸ絕對能帶動收益。

根據古德曼的調查，平均算下來，1件購物糾紛會使客戶保持率降低20％。當1萬名顧客遇到購物糾紛時，會流失掉2千名顧客。若能預防糾紛，就能避免這些顧客流失，得到跟增加2千名新顧客相等的效果。假設1名顧客的年間購買金額是10萬日圓，公司的年度業績將增加2億日圓。

不僅如此，當購物糾紛減少時，顧客對高價格的接受度會提升，公司內部的糾紛

解決客訴原因能增加收益

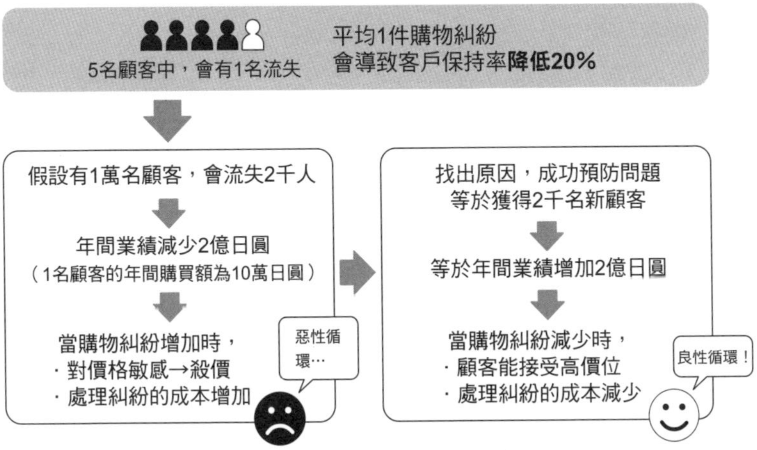
5名顧客中，會有1名流失
平均1件購物糾紛
會導致客戶保持率**降低20%**
假設有1萬名顧客，會流失2千人
年間業績減少2億日圓
（1名顧客的年間購買額為10萬日圓）
當購物糾紛增加時，
．對價格敏感→殺價
．處理糾紛的成本增加
惡性循環…
找出原因，成功預防問題
等於獲得2千名新顧客
等於年間業績增加2億日圓
當購物糾紛減少時，
．顧客能接受高價位
．處理糾紛的成本減少
良性循環！

出處：作者參考《顧客3.0》製圖

處理成本也會減少；反之，當購物糾紛增加時，顧客會對價格更敏感，公司內部的糾紛處理成本也會增加。

因此，古德曼提出以下4個應持續執行的事項。

❶不違背顧客的事前期待

從接觸顧客的瞬間開始，一直到最後一刻，都應該讓顧客保持愉快的心情，提供優質的CX。為此，企業必須掌握顧客從得知、購買，到取得自家產品的整段流程。Book24《看得見的經驗》介紹的**顧客旅程圖**（Customer Journey Map）便是掌握這段流程的方法之一。

最重要的是**「誠實待客」**。現代的顧客

企業幾乎不曉得顧客遇到的問題

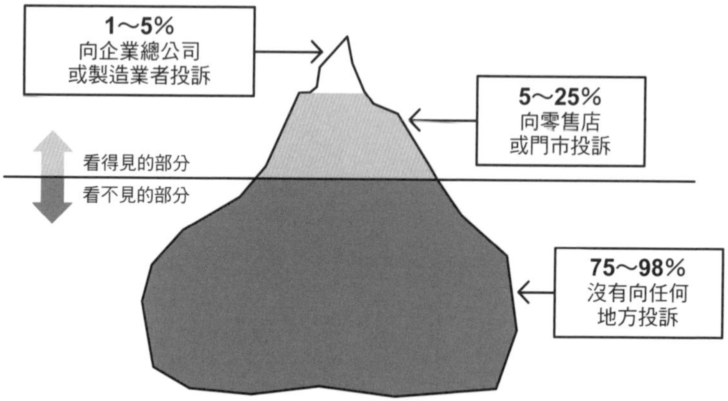

問題的冰山

出處：作者參考《顧客3.0》追加補充

總是對企業釋出的訊息抱持懷疑態度，購買產品前會先上網仔細查詢其他使用者的評價，快速看穿企業試圖隱藏的真相。因此，企業在網站上公開的資訊和廣告訊息，都必須講求「誠實」。

❷給予顧客能即時客訴的管道

顧客常認為「就算客訴也於事無補」、「客訴既麻煩又費時」。從上圖可以看出，企業實際收到的客訴，只不過是冰山一角。

顧客放棄客訴，絕不是好事。企業應積極告知顧客「我們是真心誠意想知道大家遇到的問題」，建立起方便客訴的環境，虛心受教。

某連鎖旅館告知住宿客「客房服務未能

準時送達就不收錢」。若住宿客認為「客房服務遲到也只能認了」，不主動向旅館客訴，問題就永遠無法解決，所以旅館才向住宿客保證客房服務會準時。

高級家電品牌戴森（Dyson）的吸塵器把手上貼有網址跟免費客服電話，假日也能洽詢，就是為了在發生問題的瞬間迅速解決，避免顧客流失。

❸有意無意地「教育」顧客

搞錯使用方法的顧客打來客訴，等於浪費了企業成本。我也曾經沒仔細看使用說明書，誤以為產品故障，急著打電話詢問，還好客服人員非常親切地回覆我（那次真的很抱歉……）。

有意無意地「教育」顧客，可望預防此類狀況發生。

美國汽車品牌特斯拉（Tesla）的業務，在交車前會先致電客戶，提醒客戶先到官網確認駕駛方法，以及觀看新車功能的說明影片（共28分鐘）。

特斯拉汽車的鑰匙是一張卡片，拿著卡片輕觸駕駛座窗戶旁，車門將自動解鎖，觸碰駕駛座和副駕駛座中間的感應器，將啟動馬達。看過影片的人，短短20秒就能理解使用方法，輕鬆駕馭。沒看影片的人，則會來客訴「車門無法解鎖」。特斯拉的業

統整完成的顧客心聲（VOC）

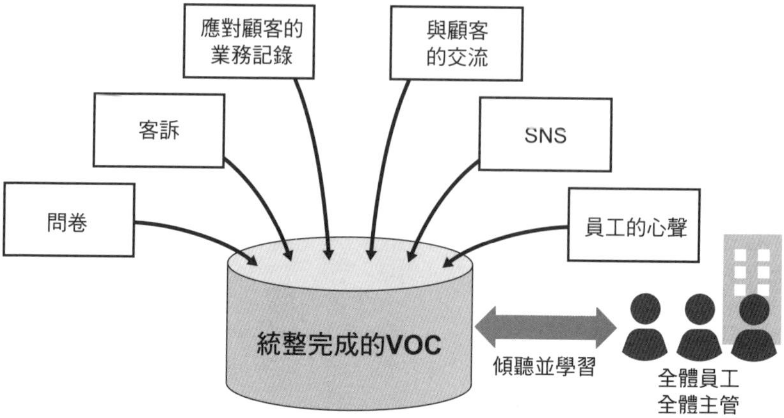

出處：作者參考《顧客3.0》製圖

務有意無意地跟客戶介紹相關訊息，建立互信關係，強化與客戶間的情感連結。

耳鼻喉科的候診區經常人滿為患。我家附近新開的耳鼻喉科能用手機預約，從手機確認排隊狀況。因為這項功能實在太方便，所以我現在都來這裡看診。利用現有的雲端服務，就能輕鬆跟顧客分享此類小資訊，光是如此，就有機會成為顧客心目中的首選。

❹統整顧客的心聲

掌握CX的必要條件是統整**顧客心聲（Voice of Customer，VOC）**。綜觀顧客的完整情報，顧客的不滿之處將會全面浮現，有助於制定有效的對策。

某加工食品公司在停止添加防腐劑後，

立刻收到「義大利麵醬發霉了」的客訴。他們分析顧客心聲後，發現很多人在開瓶後，會冰在冰箱超過2週，於是他們在瓶身貼紙上加了一句警語「開封後請冷藏保存，7日內食用完畢」，結果客訴量大幅減少。這是將完整的顧客情報分享給全公司後，製造部、顧客服務部、行銷部聯手應對所達成的結果。

最重要的是跟顧客有關的所有情報。例如：宅配業者若能即時將「因事故導致配送時間延誤」的資訊分享給所有相關人士，就能避免等著收貨的顧客等到不耐煩。

企業必須隨時傾聽顧客的心聲，持續學習，掌握所有會導致顧客不愉快的因素，並逐一解決。

創立能孕育出CX的組織文化

提供最優質CX的關鍵，在於組織文化。

組織文化就像一本「看不見的劇本」，**員工會在無意識間依照組織文化，完成每日的判斷與行動**。

首先要建立起組織構造，就像Book20《關鍵時刻》提到的，把決定權交給員工，由員工牽起與顧客間的共感連結，企業在必要時刻出手相助。

但在這之前，必須先進行員工訓練。所謂訓練，不光是精神喊話「要好好對待客人」，而是要提出5～10件解決顧客問題的實際案例，具體指導員工該採取怎樣的應對方式。

另一個關鍵，是聘用能實現公司CX目標的員工。

將上述內容視為每日課題，腳踏實地天天實行，自然會逐漸融入組織文化中。

以「重視顧客」聞名的日本，容易一味將客人當作神。結果到了現在，組織完善、CX優質的星巴克和亞馬遜等企業，都成了日本企業望塵莫及的存在。

POINT

建立起能掌握、解決顧客的問題，並創造出顧客經驗的組織

Book
23

《別再拚命討好顧客》——顧客根本不想要意料之外的驚喜（商周出版）

馬修．迪克森等人

舉世聞名的CEB顧問公司的總經理。論述常見於《哈佛企業評論》（Harvard Business Review），著作《挑戰顧客，就能成交》榮登各國暢銷榜。CEB利用數千筆客戶企業的成功案例、先進的調查手法及人才分析技術，為經營者提供事業改革的知識及方案。本書與尼克．托曼、瑞克．德里西合著。

本書是主張「為顧客提供意料之外的服務也沒好處」的衝擊之作。多數企業深信「提供意料之外的服務，顧客就會持續買單」。本書直接斬斷這個「幻想」，提出現代顧客想要的其實是「毫不費力的服務」。

本書作者群的核心人物馬修．迪克森，基於龐大的現場調查經驗，於Book40《挑戰顧客，就能成交》及Book41《挑戰型顧客》介紹法人業務的全新致勝法則。

本書同樣以全球性的大規模調查為基礎，提供能與顧客建立長期關係的全新致勝法則。

就算提供超出期待的服務，得到的回報也很少

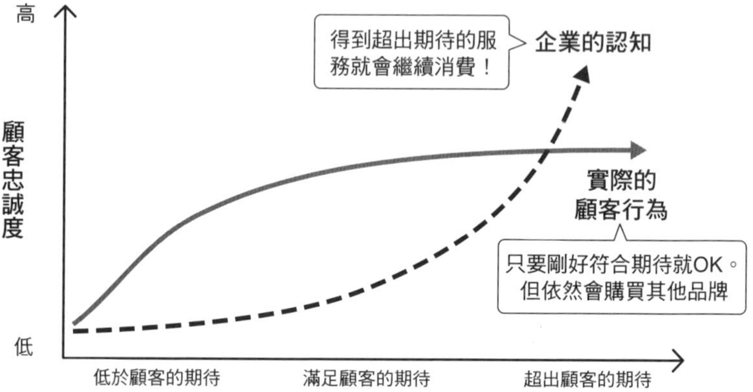

調查9萬7176名顧客
出處：CEB，2013

出處：《別再拚命討好顧客》（經作者部分調整）

現代顧客會依照服務品質來挑選企業。本書收錄大量客服中心及顧客支援服務的案例，接著將以行銷的觀點來介紹本書的精華內容。

顧客忠誠度的意外「真相」

筆者前著《全球MBA必讀50經典》Book 11《顧客忠誠度效力》的作者瑞克赫爾德，提出了**顧客忠誠度**的概念。

擁有高顧客忠誠度的顧客，將反覆購入產品，增加消費金額，推薦給他人。正因如此，才有那麼多企業像上圖的虛線一樣，想盡辦法「超出顧客的期待」。

然而，本書作者們針對9萬7千名顧客

進行調查後，發現實際情況其實完全相反。如前頁圖的實線所示，期待正好獲得滿足的顧客，跟得到超出期待的服務的顧客，顧客忠誠度其實大同小異。

顧客根本不想要意料之外的驚喜，只要能得到企業承諾的服務就心滿意足。**就算企業創造「驚喜」，顧客忠誠度也不會上升**。

站在顧客的角度思考就能明白。我們對店家根本沒有「忠誠」可言，只會依照商品內容跟價格挑選店家。就算有喜歡的店，若更便利的地段開了不錯的新店，我們也會立刻變心。

儘管如此，當我們站在企業的角度思考時，卻容易誤以為「顧客有忠誠心」。

最重要的是「毫不費力」

期待已久的數位相機寄到家了，我迫不急待拆開拍照，卻發現相機有問題。打電話給製造商，電話一直通話中，好不容易找到ＬＩＮＥ的線上客服，客服人員卻是外國人，幾乎無法用日文溝通，折騰半天才確認是新品不良，最後對方回覆「我們不提供維修服務，請送回原購買店」。

「以後還是別買這家公司的東西了……」我失望地想。尋求客服的顧客，肯定都遇到了某些問題。顧客只不過希望產品能恢復原本的狀態，但大半的企業卻辦不到這點。

調查結果顯示，顧客跟客服中心取得聯繫後，**忠誠度會降低4倍**。尤其是不得不反覆跟客服人員打交道的顧客，忠誠度將大幅降低。

此時最重要的是名為**客戶努力**的概念，也就是顧客花費了多少努力在聯繫客服。聯繫過程中被迫進行客戶努力的顧客，幾乎全員（約96％）的「忠誠度會降低」；聯繫過程中未被迫進行客戶努力的顧客，只有9％的忠誠度會降低。

該如何減少客戶努力，是非常重要的課題。

25年前，我在美國開著租來的車，進行為期兩週的攝影旅行時，發生了擦撞事故。

因為車子有保險，所以我立刻打電話給租車公司，對方要我「到最近的營業處說明事故內容」。結果到了營業處後，接待人員竟然完全沒檢查事故車，直接遞給我新車的鑰匙。

「不用檢查嗎？」我驚訝地問。

「我只負責接待客人，檢查是修車人員的工作。」他這麼回我。新車的性能更好，而且價格不變，不需要另外付費。這無疑是「讓客戶費力極少」的典範。自此以來，只要在美國有租車需求，我都會選擇這家公司。

測量「客戶努力」

想在網路上購物時，偶爾會因為操作太繁瑣而放棄購買。換個角度想，企業若能減少客戶努力，就能大幅提升顧客忠誠度，直接帶動業績成長。

僅付出少許努力（低努力）的顧客，回購率是94%；付出大量努力（高努力）的顧客，回購率只有4%。同樣地，低努力顧客增加購買次數的比例是88%，高努力顧客只有4%。減少客戶努力，確實會直接影響到業績。

客戶努力能透過**客戶努力度（CES）**測得。客服人員結束對話後，詢問顧客：「您覺得此次諮詢流程是否輕鬆？還是感到十分疲累呢？」並請顧客回答。

若能在每次提供諮詢服務時，一併掌握CES，即能發覺顧客需要特別努力的部分。針對問題妥善解決，便能減少客戶努力，提高顧客忠誠度。

徹底減輕顧客的負擔

現代的優秀企業，是消費者只需要花費極少的努力，就能輕鬆完成交易的企業。蘋果（Apple）竭盡全力減輕客戶努力。

我每次購買蘋果的產品後，都絕對會加購Apple Care+付費保固服務。一旦產品發生問題，只要上網申請，不出幾秒鐘就能聯繫上專業的客服人員，輕鬆辦理人為或事故損傷的修理服務。這項保固是我選用蘋果產品的原因之一。

提供便捷服務的企業，就能獲得顧客的青睞。

Ｂｏｏｋ22《顧客3.0》的作者古德曼也說：「**顧客想要的是符合期待的服務，以及遭到拒絕時的說明，沒必要每次都令人感動。**」

本書的原書名是「不需要努力的經驗（The Effortless Experience）」，日文版書名則是「款待幻想」。現代的日式款待確實耗時又耗力，還帶有一絲強迫的味道。

筆者前著《全球ＭＢＡ必讀50經典》Ｂｏｏｋ47《誰在操縱你的選擇》的作者艾恩嘉，有次到京都的餐廳用餐時，想點加糖的綠茶。服務生鄭重地跟她解釋「綠茶不能加糖」，她回道：「我知道，但是我喜歡喝甜一點的茶。」滿臉困擾的服務生走到後方，跟店長討論許久後，回覆她：「很抱歉，我們的砂糖用完了。」

她無奈地改點咖啡，結果送來的托盤上放著2包砂糖。

日式「款待」重視規矩，不容通融，完全沒考慮到顧客的需求。

京都老牌旅館「柊家」的女侍田口八重小姐，在著作《おこしやす（暫譯：歡迎光臨）》（榮光出版社）寫到：

「我們必須為每位客人提供量身打造的服務，老套的定型化服務無法討人歡心。在四目相接的瞬間，就要看穿客人的想法，給予符合期望的回應。」

這才是款待原本該有的樣貌。

顧客隨時都在進化，日式款待也不應該拘泥於過去和傳統，必須隨著時代演進。

對於想理解現代顧客的需求，找回「款待」初心的人來說，本書絕對能成為一盞巨大的明燈。

POINT

徹底減輕顧客的負擔，找回款待該有的樣貌

Book

24

《看得見的經驗》

——貴公司不曉得「顧客的真實需求」

（歐萊禮出版）

詹姆斯・卡爾巴赫

在用戶體驗設計、資訊架構、情報策略領域赫赫有名的作家、講者及講師。任職於線上設計協作公司MURAL，擔任顧客規劃部門主管，曾為eBay、奧迪（Audi）、索尼（SONY）、思傑（Citrix）、愛思唯爾（Elsevier Science）等大公司提供諮詢服務。於羅格斯大學取得圖書館資訊學碩士學位，以及音樂理論與作曲碩士學位。

櫻小姐決定搬家後，開始用手機尋找要新申請的網路服務。

然而她對專業術語一竅不通，只看得懂哪家比較貴、哪家比較便宜。雖然閨密小南推薦了幾家候選公司，但申請手續都太麻煩，所以她遲遲沒有動作。

眼看下週就要搬家，櫻小姐這才驚覺「快要來不及了」，連忙準備申請。沒想到需要填寫的資料實在太多，她一秒就舉白旗投降。

「呃…完全搞不懂！對了，打電話問問看好了！」

怎知電話一直撥不通，撥了20分鐘才好不容易跟客服小姐通上話。客服小姐親切地教她填寫，才總算申請成功，但施工日期還無法確定。精疲力盡的櫻小姐心想：

「我只不過想上個網而已，為什麼這麼累呢？」

然而，就算出現這類狀況，許多網路服務公司依然會自以為：

「既然用戶對『親切的客服人員』給予高度肯定，就不會有其他問題了吧。」

很多公司都不曉得客戶究竟對哪些體驗感到不滿，等哪天得知真相後，才大為震驚：「怎麼會發生這種事！」、「我們完全不知道！」

因為公司只知道「用戶打電話來諮詢」，未能掌握用戶從決定使用服務到使用結束的這段期間，歷經了怎樣的體驗。

有鑑於此，公司必須**將用戶體驗可視化**。成功可視化後，公司也會明白組織該如何協作。本書作者卡爾巴赫，是一名擅長設計用戶體驗的顧問，他在書中傳授了將用戶體驗圖像化的方法。具體來說，該如何將用戶體驗「可視化」呢？

將用戶體驗可視化的「顧客旅程圖」

試著用**顧客旅程圖**（Customer Journey Map）將櫻小姐的體驗可視化吧。先製作

人物誌（Persona）。人物誌是典型且具體的用戶形象，反映出常見於目標用戶的言行舉止、需求、情感模式。類似這樣：

〔新町櫻〕咖啡公司（有100名員工）的企劃負責人。25歲。運動員型女子。座右銘是「體力決勝」，做事原則是「勇往直前」。不愛動腦，總是憑直覺行動。同事町田南是她的閨密，她每次一有事就會找「小南」商量。招募男友中。

把焦點放在人物誌的認知及情感上，分析該名人物會如何使用自家服務，使用後會有哪些感受。次頁圖表列出新町櫻小姐從產生「要搬家了，必須申請網路服務」的念頭開始，到實際使用服務為止的整段過程。

由此可知，顧客旅程圖就是把使用服務的顧客（Customer）的旅程（Journey）製作成圖表（Map）。理解用戶體驗，能得到改善的線索。就連自認「我們絕對沒問題」的管理者，也會認清「身處危險狀況」的現實，掌握自家公司面臨的問題，找出成長的機會。

顧客旅程圖的範例

正在挑選新家網路服務的新町櫻小姐

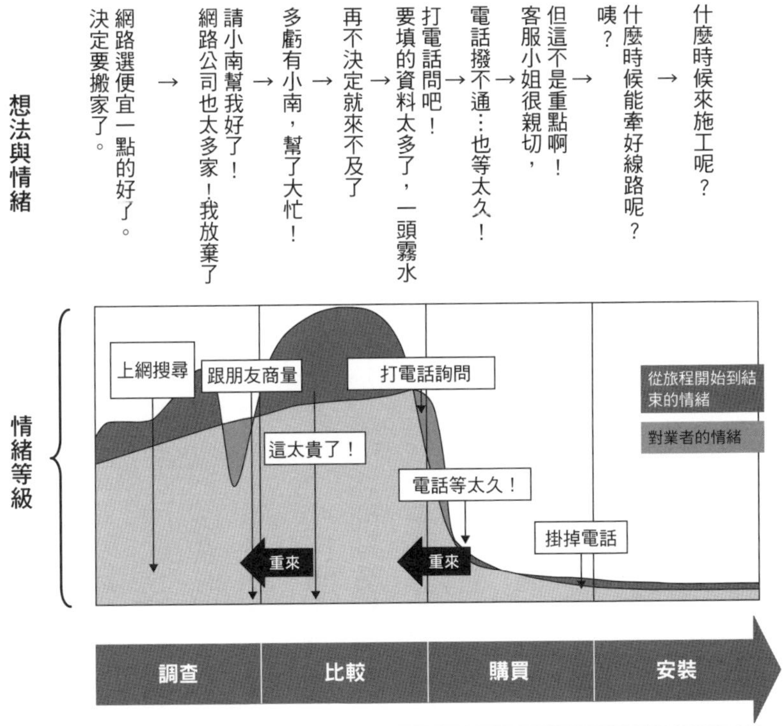

洞察	契機是搬家。請教熟悉技術的朋友。有比價決定的傾向	潛在用戶會調查最低金額，不拘泥品牌	需要填寫的個人資訊太多，手續容易變得繁瑣 電話也不容易接通	公司內部正在更換負責人。若不即時調整，會惹怒用戶
改善方案	網路廣告針對熟悉技術的當地顧客。網站使用平易近人的用語。強調價格	讓用戶能自由選擇服務項目，輕鬆比較	簡化服務項目，減少需要填寫的資訊。增加客服人員，提升用戶支援品質	遵守時間。技術人員親切有禮。文件簡單好懂。實施問卷調查

出處：作者參考《看得見的經驗》製圖

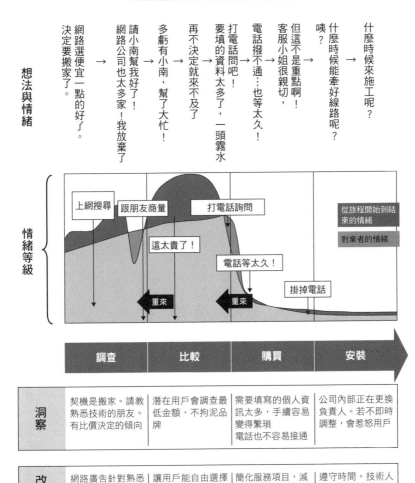

3大協調圖表

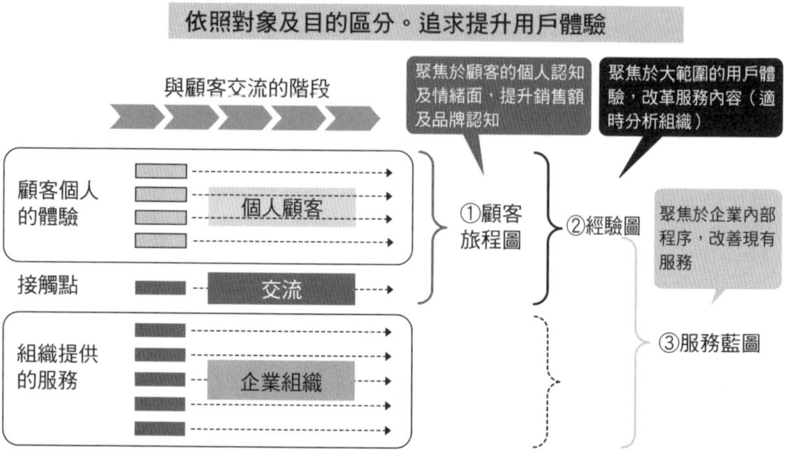

依照對象及目的區分。追求提升用戶體驗
與顧客交流的階段
聚焦於顧客的個人認知及情緒面，提升銷售額及品牌認知
聚焦於大範圍的用戶體驗，改革服務內容（適時分析組織）
顧客個人的體驗
個人顧客
①顧客旅程圖
②經驗圖
聚焦於企業內部程序，改善現有服務
接觸點
交流
組織提供的服務
企業組織
③服務藍圖

出處：作者參考《看得見的經驗》製圖

提升用戶體驗的「協調圖表」

顧客旅程圖是能將顧客與企業組織交流可視化的**協調圖表**之一。協調圖表一詞是個廣義的用法，還包含後面會詳細介紹的經驗圖及服務藍圖等。

協調圖表的目的為提升用戶體驗。於公司內部共享用戶體驗的整體形象，共同思考組織應採取的行動，破除組織孤島，帶動公司變革。

協調圖表的重點為**接觸點**（Touch Point）。接觸點是顧客與企業間的接點（接觸的重點）。具代表性的接觸點如下：

・零售店、業務、顧問、公司建築物、服務人員

・郵件或電話往來、網站、手機APP、線上客服
・電視CM、廣告、宣傳手冊、印有公司名稱的信封袋、請款單或送貨單

從前述櫻小姐的例子能看出，顧客會透過各種接觸點與企業產生交流，獲得用戶體驗。當這些接觸點順暢無礙時，顧客能獲得良好的體驗；當接觸點雜亂無章時，顧客將得到極差的體驗。

用協調圖表將用戶體驗可視化，即能避免「對顧客一無所知」的風險。很多人在看了協調圖表後大為震驚，驚覺「自己有多麼不瞭解顧客」，從此對顧客產生強烈的共鳴。

繼續介紹另外兩個協調圖表。

經驗圖（Experience Map）。下下頁的上方圖為女性從受孕到生產為止的體驗圖。此圖顯示出，隨著孕期進展，胎兒呈現的狀態、女性的體力、精神、不適感、體重的改變、懷孕消息的共享者範圍，以及生產準備的變化。這張經驗圖的目的不同於記錄「購買經驗」的顧客旅程圖，是透過深入瞭解人體，來尋找新的服務商機。

服務藍圖（Service Blueprinting）。下下頁的下方圖為擦鞋業的服務內容分析圖。

比起用戶體驗，服務藍圖更重視提供服務的企業內部流程。將服務分成顧客可視的部分及顧客不可視的部分。服務藍圖的目的是分析服務的提供構造，尋找改善對策，提供更高品質的服務。Book21《服務業行銷》也介紹了餐廳服務藍圖的案例。

那麼，我們究竟該如何製作協調圖表呢？

製作協調圖表的目的，是創造出「探討組織行動方針」的契機，必須引領團隊成員參與討論，獲得一致認同。主要分成兩大階段來進行。

階段1 **建立基礎**……收集、整理現有的顧客情報（問卷、評論、諮詢、SNS等）及員工訪談等資料，建立協調圖表的基礎。

階段2 **開會討論**……召集內部關係者參加工作會議，讓全員實際深入感受用戶體驗，一同思考組織該採取怎樣的協調機制。看了協調圖表後，能對用戶體驗感同身受的與會者，經常會靈光乍現。若能請他們把靈感記錄下來，等於讓這些內部關係者進行動腦會議。可印製一張大尺寸的協調圖表，為與會者保留大面積的書寫空間。

經驗圖的範例 以懷孕為例

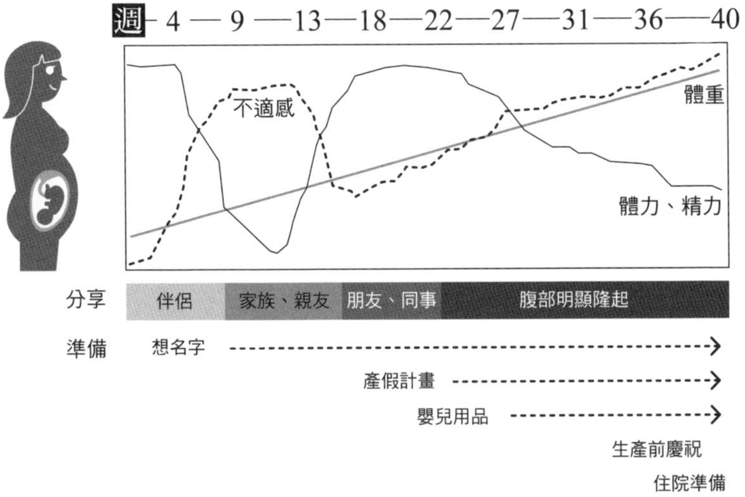

服務藍圖的範例 以擦鞋業為例

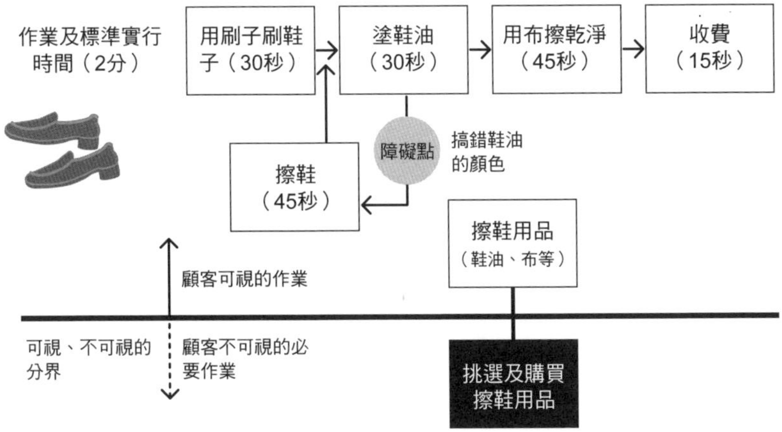

出處：作者參考《看得見的經驗》製圖

POINT

將用戶體驗「可視化」，改革服務內容

費盡心力製作協調圖表的目的，是為了讓組織成員**對顧客的實際體驗感同身受**。每位服務設計者，都是以「希望能幫上顧客的忙」為出發點，但前提是要理解顧客的真實想法，否則只是在自我滿足，而無法滿足顧客。得知顧客的真實想法，與顧客產生共鳴後，才能打造出高滿意度的服務，而這正是協調圖表如此費工的原因。

很多服務公司都宣稱「我們十分重視顧客」，但看得見顧客真實需求的公司，卻意外地少。

本書詳細解說協調圖表的製作方法，以及製作時應留意的細節。肯定能幫助企業掌握顧客的真實面貌，大幅提升用戶體驗。

Book
25

《服務主導邏輯》
——跳脫商品主導模式，重新定義「一切商業活動皆為服務」

（中國生產力中心出版）

羅伯特・盧斯克、史蒂芬・瓦戈

盧斯克是亞利桑那大學埃勒管理學院的行銷教授。擔任《行銷期刊》（Journal of Marketing）的編輯，以及美國行銷協會理事。瓦戈是夏威夷大學夏德勒商學院的教授，專攻行銷策略論、行銷思想、服務行銷、消費者行為等。在投身學術界前，曾縱橫商場，為多家公司及政府機關提供顧問服務。

超人氣拉麵店端出的極品拉麵，給人身價不凡的印象。

但不管再怎麼愛吃拉麵，酒足飯飽之際，也不可能多吃一碗。極品拉麵只有在❶拉麵愛好者品嚐時，❷飢腸轆轆時，才會有價值。

若極品拉麵本身有價值，就不會被顧客當下的狀態影響，隨時都能展現價值。

但在現實生活中，產品有無價值，依然得**視顧客的狀態而定**。

此現象無法用「產品本身具有價值」的觀點來解釋。

為了解釋此現象而誕生的觀點，便是本書提倡的服務支配思維，也就是**服務主導邏輯**（Service-Dominant Logic，以下簡稱S-D邏輯）。

本書出版於2014年，內容說明影響現代服務行銷基本觀點的S-D邏輯。讀完本書後，可望對近年來多數企業推行的「**與顧客共創價值**」的本質有更深一層的理解。

S-D邏輯的反面是**商品主導邏輯**（Goods Dominant Logic，以下簡稱G-D邏輯）。G-D邏輯是遭到商品支配的邏輯，簡單來說就是不考慮顧客，以商品為思考主軸。

Book1《希奧多．李維特行銷論》的作者李維特，如此分析美國鐵路公司業績衰退的原因：美國的鐵路公司只把自己當鐵路業者，而非運輸業者，就算顧客改搭巴士或飛機，他們也不會特別在意。再加上他們長年實施生產導向，導致經營狀況日漸衰退。美國的鐵路公司一直以來都採用G-D邏輯。

近年來，各企業紛紛宣稱要「以顧客導向為目標」。換個角度來看，這也間接證明了我們習以為常的G-D邏輯裡，並沒有「站在顧客觀點創造價值」的概念。我們

從「商品主導邏輯」到「服務主導邏輯」

商品主導邏輯（以商品為主體的思維）	→	服務主導邏輯（以服務為主體的思維）
・商品本身具有價值 ・企業創造價值，消費者購買價值		・一切商業活動都是在交換服務 ・交換服務時，共創出價值

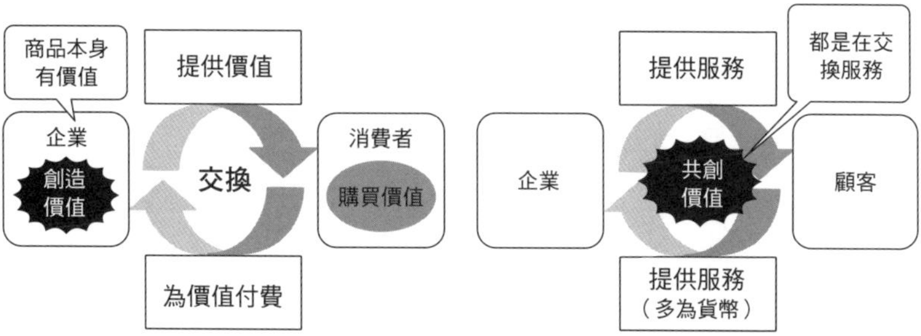

出處：作者參考《服務主導邏輯》製圖

深陷生產導向的思維中，不斷遭其侵蝕。

商品本身並沒有價值

G-D邏輯的觀點是「企業做出的商品具有價值」，S-D邏輯的觀點則是「**一切商業行為都是服務交換，商品本身毫無價值**」。如果你在想「商品本身沒有價值？這怎麼可能！」表示你已經遭到G-D邏輯荼毒。

想像一下拉麵店為員工提供午餐的情況。拉麵店店員天天吃拉麵，早就已經吃膩，於是拉麵店店長跟隔壁壽司店店長商量，決定1週交換幾次拉麵和握壽司給對方當員工餐。

從G-D邏輯的角度來看，「雙方交換的是，拉麵跟握壽司這兩項商品」。

從S-D邏輯的角度來看，「雙方交換的是，靠食材選購、拉麵烹煮技術成立的拉麵提供服務，以及靠配料選購、握壽司技術成立的握壽司提供服務」。

拉麵和握壽司，表面上看來都只是商品，但實際上，是店長們發揮自身技術，選購配料和食材，加以烹調，將之改變成可食用的狀態。從這個觀點來思考，拉麵和握壽司等商品，其實是靠拉麵師傅、壽司師傅的技術成立的服務型態之一。

從此例能看出，S-D邏輯**將商品視為間接服務的型態之一**，認為「服務是為了他人或自己，發揮自身的知識或技術」。

拉麵店的鍋碗、壽司店的刀具等工具也是如此。從G-D邏輯的角度來看，這些工具都是商品，但從S-D邏輯的角度來看，這些工具是鍋碗、刀具的製造者，發揮自身知識和技術提供的間接服務型態之一。

不過，若每筆交易都只能以物易物，實在太沒效率。

因此有了**貨幣（錢）**的出現。拉麵店用拉麵換得客人的錢後，再拿這筆錢交換食材。也就是說，貨幣是確保下一次服務的權利。在S-D邏輯的觀點中，**貨幣（錢）屬於一種間接服務**。多虧了名為貨幣的間接服務，商業活動才得以有效率地運行。

從S-D邏輯的角度來看，一切商業活動都是服務。即使表面看來是物物交換，本質上也是技術服務交換。

必須與顧客共創價值

價值會在企業提供服務給顧客的瞬間產生。就算大排長龍的拉麵店店長，自稱「我們的拉麵是極品」，最終依然得靠顧客判定真偽。這碗拉麵的價值，會在服務交換的瞬間，由將它吞下肚的顧客創造出來。

以顧客為主體，與企業共創價值。

店家能做的事，只有對外宣傳「我們的拉麵是極品」，並盡全力讓顧客體驗到宣傳時保證的價值。這點實在太重要了，請容我再次提醒：判定「這碗拉麵真的是極品」的人，是顧客而非店家。

此外，拉麵的價值也會隨著顧客當下的狀態出現變化。再怎麼愛吃拉麵的人，當肚子太飽、宿醉或身體不舒服時，也感受不到拉麵的美味。

一流大廚打從心底明白，「無論自己做了多少努力，最終判斷美味與否的人都是顧客」，所以他們會不惜任何努力精進廚藝，並且虛心接受顧客的評價。

S-D邏輯是**正確的商業世界觀**。透過S-D邏輯熟悉正確的商業世界觀後，自然能以顧客為中心展開行動，不用刻意逼迫自己「從顧客導向出發」。

最近有愈來愈多以顧客為主體共創價值的實例。

食譜投稿網站Cookpad有個功能叫做「試做報告（試做料理後的報告）」。參考食譜完成料理的使用者，可以透過此功能傳送照片和留言給食譜製作者，表達感謝之意，這對食譜製作者來說是一大鼓勵。這是Cookpad的機制之一，能靠使用者自身共創價值。

對想買書的人來說，其他讀者在Amazon發表的書評，非常具有參考價值。

電影《波希米亞狂想曲》的廣告片段，也有使用搖滾樂團．皇后合唱團的經典名曲《We Will Rock You》。現場幾乎沒使用任何樂器，觀眾跟樂團成員合為一體，一同踏地、拍手，敲打出「咚咚恰」的旋律，齊聲高唱「We will we will rock you」，共同創造出旋律。就像這樣，價值是在「尋找該如何與顧客共創價值」的過程中誕生。

本書內容是基於兩位作者於2004年撰寫的論文，該論文獲頒美國市場行銷協會的獎項，經認可為「對行銷理論及思想做出重要貢獻的論文」，被全世界8500份論文引用（2016年時）。

Book26《服務創新的理論與方法》、Book27《「互搏式」服務》等新生代作品，同樣反映出S-D邏輯的思想。

S-D邏輯正帶領服務行銷展開全新的蛻變。

雖然只讀一遍可能無法釐清本書的脈絡，但學習書中提倡的S-D邏輯後，肯定能大幅矯正我們被G-D邏輯侵蝕的觀點。

POINT

習慣用S-D邏輯思考，自然能採取顧客導向行動

Book

26

《服務創新的理論與方法》

——要如何從製造業轉型成服務業呢？

（暫譯）サービスイノベーションの理論と方法（生產性出版）

近藤隆雄

明治大學研究所國際商學研究科教授，專攻服務管理理論。1966年畢業於國際基督教大學，修畢該校研究生課程。赴美國加州大學留學後，曾任日本勞動研究機構研究員、HR調查中心代表董事、杏林大學社會科學系專任講師、多摩大學經營情報學系助理教授。2004年起擔任明治大學研究所國際商學研究科教授，2014年退任。著作包括《サービスマネジメント入門（暫譯：服務管理入門）》、《サービス・マネジメント（暫譯：服務行銷）》等。

製造業總煩惱產品在短時間內成為「大宗物資」（commodity）。

製造業轉型服務業成了眼下最受矚目的新興成長手段。

以電腦製造起家的IBM，現在有8成以上的收益來自服務。

小松製作所（Komatsu）建立重型工程機具的物聯網（IoT）化並實現無人操

縱，用自動化工程機具大幅提升建築業的整體作業效率。這些都是製造業者透過**服務創新**成功轉型服務業的例子。

本書深入調查全球各地的服務創新研究，在全面掌握服務創新本質的前提下，闡述其方法論。作者近藤隆雄教授是服務理論研究的權威，長年悉心研究服務行銷界的國際文獻，並介紹給社會大眾。

服務創新跟產品創新大不相同。

第一，服務是無形的。上英文會話課能提升英文能力，但看不到有形的成果。服務創新面臨的困難，大多與此特徵有關。

第二，不同於零件環環相扣的製品，服務的各項活動通常是由個人獨立進行。英文會話課老師的教學能力，會因人而異。

第三，服務創新的靈感通常來自服務現場的偶發事件或靈光乍現，有形產品的靈感來自研究部門。民宿仲介平台Airbnb的創辦者，就是將自家公寓的部分空間免費借給附近的活動參加者後，才興起創辦此平台的念頭。

服務創新既看不見也摸不著，剛引進時，顧客也會一頭霧水。日本許多車站剛設置自動閘門時，就曾被不熟悉機器的乘客弄壞，過一陣子後大家才習慣。

此外，由於服務機制公開透明，容易遭到模仿，因此難以得到法律保護。美國航空推出的里程服務曾是業界創舉，但不出幾年，里程服務就已經擴散到整個航空業界。

從服務現場能觀察到顧客最真實的需求。Airbnb的創辦者在與借宿者交流的過程中，發現他們的需求，從中汲取更多的靈感。**服務創新的關鍵，是捕捉及培育從服務現場誕生的靈感**。

製造業轉型服務業的方法

製造業轉型服務業的主要方法有3種：

❶結合產品與服務

把產品喻為瘦肉、服務喻為肥肉，就能輕鬆理解。

第1階段 **壽喜燒肉片與肥肉……**業者依照顧客的要求提供肥肉。服務是吸引顧客使用

結合產品與服務

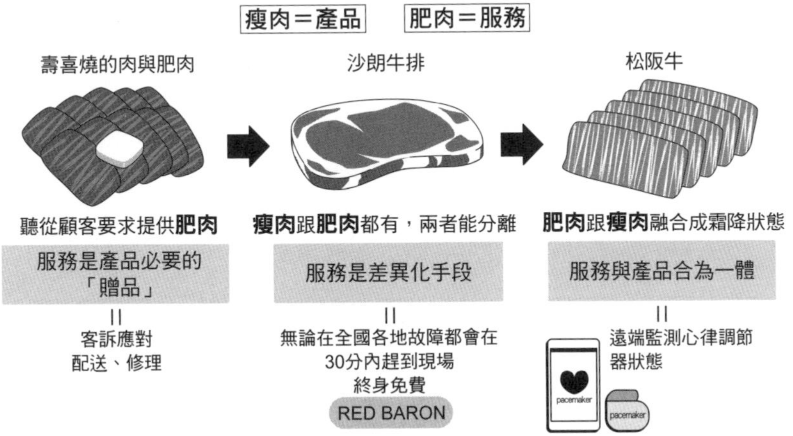
瘦肉＝產品
肥肉＝服務
壽喜燒的肉與肥肉
沙朗牛排
松阪牛
聽從顧客要求提供**肥肉**
瘦肉跟**肥肉**都有，兩者能分離
肥肉跟**瘦肉**融合成霜降狀態
服務是產品必要的「贈品」
服務是差異化手段
服務與產品合為一體
客訴應對
配送、修理
無論在全國各地故障都會在30分內趕到現場
終身免費
RED BARON
遠端監測心律調節器狀態
pacemaker
pacemaker

出處：作者參考《服務創新的理論與方法》製圖

產品的必要「贈品」。處理客訴就是其中一個例子。

第2階段

沙朗牛排……瘦肉上面有可以切除的肥肉。服務成了凸顯差異的手段。以機車業者RED BARON為例，無論客戶的機車在全國各地任一處拋錨，業者都能在30分鐘內抵達現場提供維修服務，因此深受客戶信賴。

第3階段

松阪牛……服務跟產品已經完美交織成霜降狀態，無法切割。例如某心律調節器製造商提供能遠程監控心臟狀態、傳送數據給醫生的服務。

將主力產品從「物品」轉向「服務」

以拉鍊製造商為例

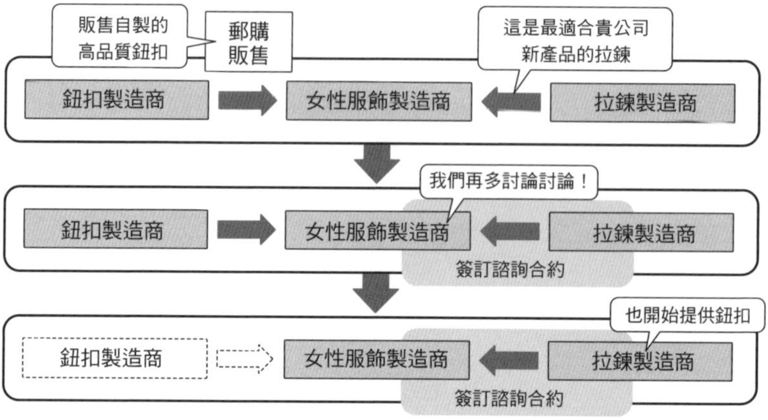

出處：作者參考《服務創新的理論與方法》製圖

現在日本的製造業多處於第1～第2階段。進入第3階段的必要條件是善用IT變革。

❷將主力商品從物品轉換成服務

產品一旦成了大宗物資，就會陷入價格戰。此時應建立起能提升顧客價值的服務。

某鈕扣商只透過郵購販賣高品質鈕扣，相較於此，某拉鍊商在傾聽客戶——女性服飾製造商遇到的問題後，提出最佳解決方案，為其客製專用拉鍊。由於拉鍊商提供的解決方案相當到位，客戶便進一步簽訂諮詢合約。獲得客戶信任的拉鍊商日後也接到鈕扣相關的諮詢，鈕扣也成了拉鍊商服務項目的一環。

曾遭遇經營危機的IBM，從單純的電腦製造商，搖身一變成為用IT方案為企業解決疑難雜症的公司。過去的主力產品──電腦，成了提供解決方案的「工具」。

想轉型服務業的製造業，必須**從產品中心思想轉換成服務中心思想**，貫徹Book25《服務主導邏輯》介紹的服務主導邏輯。

❸用產品服務化的概念將產品本身轉變成服務

將物品（產品）本身轉換成服務，提供給顧客，稱為**產品服務化**（servicizing）。

家電廠商AQUA製造的投幣式洗衣店專用的營業用洗衣機，在國內擁有7成的市占率。眼看投幣式洗衣店市場不斷成長，全國門市數量直逼兩萬間，AQUA也開始推動投幣式洗衣店的特許加盟（FC）事業。

但就像24小時營業的便利超商常為人手不足頭疼一樣，招募店員也是投幣式洗衣店特許加盟主最大的煩惱。於是，AQUA打造了專供無人店鋪使用的「雲端IoT洗衣系統」。顧客註冊會員後，可自行利用互動式資訊機（Kiosk）操作洗衣機、付款及領取收據。AQUA不單獨販售洗衣機，而是將營業用洗衣機與投幣式洗衣系統整合成一套服務，提供給特許加盟主。

孕育出服務創新的「組織文化」

組織文化是服務的核心，員工會在無意識間順從組織文化採取行動。成功的服務企業有以下共通的組織文化：

❶企業不斷追求品質與卓越性，以成為卓越企業為目標

❷徹底實施**顧客導向**。把企業跟顧客的關係視為重要資產，致力維護良好的顧客關係

❸把員工視為重要資產，不吝於投資人才。有充實的研習及人事制度。

❹把業務判斷的權限交給現場員工，擁有能打造及支援現場自律性的系統

❺有明確的服務目標或策略，並專注於此

領導者應積極宣揚企業使命與願景，頻繁走訪第一線，身體力行，證明哪些才是重要的事情，一點一滴打造出服務創新的組織文化及體系。

Book20《關鍵時刻》介紹的北歐航空（SAS），在作者卡爾森擔任總裁的數年間，一舉躍升卓越企業，但自從卡爾森卸任後，北歐航空的風評和業績都一落千丈，因為公司內部尚未穩固維持服務創新的組織文化及體系。原本應該要針對評價、

POINT

靠服務創新實現「價值創造」吧！

報酬、教育等基礎進行組織改革，但在失去卡爾森強大的領導能力後，公司反而走起回頭路。在服務創新的過程中，**更困難的是維護與持續**。

時至今日，無論在任何業界，服務創新都必不可少。希望那些認為「服務與我無關」的製造業者，都能讀一讀這本書。

Book

27

《「互搏式」服務》

——光是「搔到癢處」還不能稱為服務

（暫譯）「闘争」としてのサービス（中央經濟社）

山內裕

京都大學經營管理研究部、教育部準教授。專攻組織論，主要研究對象為服務。修畢京都大學工學院的情報工學科、情報學研究科之社會情報學碩士課程（情報學碩士），及加州大學洛杉磯分校UCLA安德森管理學院博士課程。曾任全錄公司（Xerox）帕羅奧多研究中心（Palo Alto）研究員。合著作品有《組織・コミュニティデザイン（暫譯：組織・溝通設計）》、《京大変人講座（暫譯：京大怪人講座）》等。

我們總認為「待客要周到、盡心盡力才稱得上服務」。

本書從根本上推翻此想法，認定這是「錯誤的觀念」。

本書作者是專攻服務科學的京都大學準教授山內裕。

實際上，**愈高級的服務，愈稱不上「細心周到、盡心盡力」**。

以高級壽司店為例，摘下米其林3星殊榮的「數寄屋橋次郎」是連歐巴馬總統都曾光顧的世界級名店。店長小野二郎性情固執，總是板著一張臉，露出「你哪位？」的表情接待客人。店內氣氛緊繃，根本無法閒話家常，就連結帳金額也要等吃飽後才知道，而且要價不菲。

高級法式餐廳也有很多規矩，像是必須提前預約、至少要穿西裝外套和皮鞋等。穿T恤、用餐時發出聲音、一口氣把酒喝光、自己撿掉在地上的叉子，全都是NG行為。

不可思議的是，愈高級的服務，愈是盛氣凌人。但就算如此，這些店家依然座無虛席。

傳統的服務行銷無法解釋高級服務對顧客施加壓力、規矩多的現象，本書試圖揭開此現象的謎底。

高級服務是在測試顧客

作者帶著大量的錄影器材跟錄音機到壽司店，錄下店家與顧客對話的畫面跟聲音，進一步分析。他在壽司店聽到這樣的對話：

師傅：「要喝什麼呢？」

客人：「啊，現在身體好熱，喝生啤酒好了……」

師傅：「就喝生啤酒吧！」

這段對話乍聽之下沒什麼特別之處，但仔細分析後，會發現發生了不得了的現象。

這是初次來訪的客人剛入座時跟師傅的對話。店內沒有菜單，客人無從得知餐點價格，師傅卻馬上催促客人「趕快點喝的」。

客人刻意解釋「現在身體熱」，並拉長尾音說「生啤酒好了……」。確認影片後，發現這時候客人還偷瞄了師傅的表情。接著師傅像幫客人打上及格分一樣，回了一句「就喝生啤酒吧」。

當全家便利商店的客人說「請給我全家炸雞」時，店員會回他「就吃全家炸雞吧」嗎？不可能。像這樣換個場景思考，應該不難感受到，這樣的現象有多麼荒謬。

如果來客是壽司老饕，則會展開這樣的對話：

師傅：「要喝什麼呢？」

客人：「啤酒。」

師傅：「要大瓶還是小瓶？」

客人：「小瓶。」

客人的回答簡潔有力。

師傅並非單純幫客人點餐，而是用一句話測試客人。能正確回答代表客人及格了，師傅也會特別細心招呼。這些問題也顯現出師傅「想招呼應答流利的客人」。

高級法式餐廳亦然。客人入座後，只能乾等服務生前來點餐，但服務生拿著酒單和菜單過來後，卻會直接站在桌邊等客人做決定。明明讓客人等了老半天，自己卻不願意等客人。

而且菜單上的料理品項，通常只用一句話說明：

「Langoustine佐香脆的Gaufrettes」

初次來店的客人，根本無法想像端上桌的會是怎樣的料理。

星巴克也是如此，飲料尺寸不用S、M、L，而是用Short、Tall、Grande來稱呼。在美國還有更大杯的Venti、Trenta。這些單字都是義大利文，別說日本人了，連美國人也聽不懂。

這些業者為什麼要刻意把服務搞得複雜難懂呢？

愈想滿足顧客，顧客愈不滿足

有個服務悖論（paradox）是：**提供者愈想滿足顧客，顧客愈不容易滿足**。當提供者努力表現出「取悅顧客」的模樣，顧客就會認定「他想討我歡心」，兩人的上下關係也會在此瞬間決定，顧客躍升上位，提供者退居下位，而且顧客會嫌下位者提供的服務價值太低。

正因為壽司店師傅性情頑固、不親切，始終表露出「我是為了自己工作，客人與我無關」的態度，顧客才能感受到服務的價值。想得到師傅認同的顧客，會數度回訪，若哪天可怕的壽司店師傅對自己說一句：「喔！你又來啦！」顧客肯定會相當雀躍。

相反地，若這名可怕的壽司店師傅笑容可掬地接待顧客：「我們認真工作都是為了顧客。」並遞上菜單親切地推薦：「今天有好東西喔！白身魚很好吃喔！要不要切幾片配酒啊？」又會如何呢？

這種理所當然的服務，反而不會讓人想花大錢體驗。

法式料理店和星巴克愛用沒人看得懂的單字，也是為了跟顧客強調「我們的服務厲害到一般人無法一看就懂」。

由此可知，光是「搔到顧客的癢處，對顧客盡心盡力」，是無法孕育出高級服務的，因為**服務本身就是一場戰鬥**。

「響12年」加入少許梅酒的原因

三得利（SUNTORY）的榮譽首席調酒師輿水精一，在調製威士忌「響12年」時，故意混入少量的梅酒桶原酒。此事實公諸於世後，消費者在飲用響12年時，會試圖探索梅酒的味道，得到一段特別的體驗。不僅如此，此調配還能成為各地調酒師津津樂道的小常識。

料理也是如此。位於大阪的日本料理店「柏屋」，在用海帶芽及竹筍燉煮若竹煮時，使用的是泥狀竹筍。他們捨棄了一般人認為最重要、也是竹筍最大特徵的爽脆口感，完成一道衝擊性滿分的料理，也證明這樣的口感反而更加吸引人。使用泥狀竹筍是為了讓顧客品嚐平時容易忽略的甘甜口感。顧客在訝異口感之餘，也會開始解讀料理背後的涵義。

以上兩個例子，都沒有純粹提供服務來滿足顧客的需求。顧客會解讀藏在酒和料理背後的巧思，在這同時，提供者也會解讀顧客的解讀能力。**提供者和顧客你來我往，互相解讀**。

就像這樣，服務也有戰鬥的一面。這裡的戰鬥指的並非一決高下的生死戰（fight、battle），而是提供者和顧客把對方視為對等個體，展開掙扎式互搏（struggle）。

跟顧客「互搏」才能共創價值

如Book25《服務主導邏輯》所述，服務的本質是服務提供者與顧客**共創價值**。

千利休為了營造出非日常的緊張感，搭蓋了一間小茶室。

進入這間茶室後，無論是亭主利休，還是前來作客的大名武將，人人平等。在狹窄的茶室裡，主客的距離不到1公尺，雙方只專注於對方一舉一動上，持續對坐將近4小時，品嚐懷石料理。在緊繃的緊張感中，亭主與來客達到主客一體的境界，共創價值，愈發洗鍊。千利休透過這樣的狀態累積經驗，強化自身能力，磨練服務技巧。

這類服務會強迫顧客努力，使其陷入緊張狀態，但同時**也會帶來此類服務特有的舒適感**。從這個角度切入就能明白，對高級服務而言，所謂的「品質好」、「應對好」只不過是表象，「花大錢就能享受到高級服務」也是個誤會。有這種想法的顧客，不管身上有多少錢，都只會被店家輕視。

事實上，外表冷漠的壽司師傅，為了「提供高品質的壽司給顧客」也付出了大量的努力。有此一說：據說客人上門前的各種準備，就佔了壽司師傅總工作量的95%。

數寄屋橋次郎的小野二郎在紀錄片中說道：

「儘管到了這個年紀（87歲），我仍不認為自己能做到完美無缺。」

所謂的「師傅向顧客發起挑戰」，就是要求顧客努力。只要顧客有所努力，師傅就不得不提升自身能力。光憑「服務是滿足顧客需求」的單純思維，並無法形成這種顧客與師傅互相砥礪的良性循環。

對壽司店的師傅來說，壽司老饕的存在能鞭策自己精進技術，但若失去認真品味壽司的客人，壽司的味道也會變質。

高級服務的價值，會在顧客跟師傅互相砥礪的過程中不斷產生

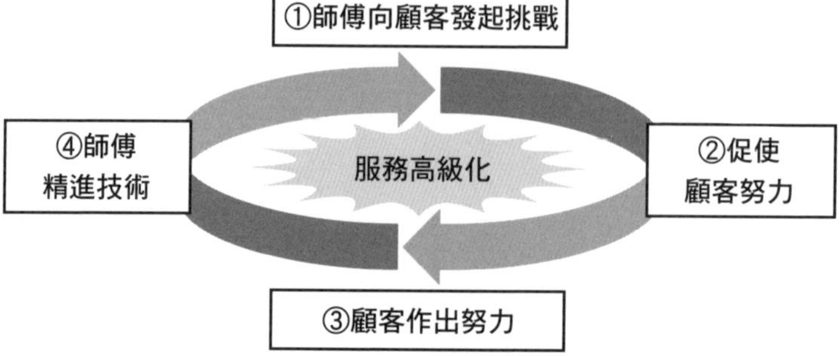

「服務是滿足顧客的需求」
這種想法無法孕育出
顧客跟師傅互相砥礪的良性循環

出處：作者參考《「互搏式」服務》製圖

法式餐廳也是同樣道理。揚名國際的知名法式餐廳主廚——神戶北野飯店的總管暨總主廚山口浩，是這麼說的：

「服務就像提供者跟接受者一起上樓梯，這正是服務的樂趣所在。雙方你來我往，探索未知的過程相當愉快。」

反之，若喪失「互搏」的關係，雙方關係親密，高級服務的價值將隨之瓦解。

「今天魚還有剩喔！算你5千日圓就好，要不要來吃？」某位壽司老饕自從聽到關係不錯的壽司師傅這麼邀他後，再也沒造訪那間壽司店。

既有高級壽司店，又有千利休茶道的日本，是一塊有機會孕育出全新「互搏式服務」的土地。不過，唯有透過實際經驗，才能明白何謂高級服務。因此，**日本的商務人士有必要親身體驗「高級服務」，深入思考其意義**。

以上僅介紹了本書的大綱。正如作者所言，這是一本「挑戰讀者思維的書」。儘管如此，對互搏式服務一無所知的人，是沒資格探討服務的。

對本書有興趣的讀者請務必一讀。若覺得內容艱深，讀起來太吃力，不妨先從本書作者的另一本作品《京大怪人講座》（三笠書房）的第2章開始讀起，比較容易進入狀況。

處於發展途中的服務行銷領域，正誕生出源源不絕的新思維。持續學習新這些思維，肯定能成為工作上的一大助力。

POINT

透過與顧客的緊張互搏，提升服務等級吧！

第4章

「行銷溝通」

行銷溝通是能傳達價值給顧客的方法。
行銷溝通從過去至今，經歷各種演變。
大眾消費社會的主軸是廣告，但時至今日，
公關（PR，Public Relations）反而背負起更重大的責任，
再加上社群媒體興起，
消費者不再盲目輕信企業釋出的訊息。
現在我們必須尋找能觸動消費者的最佳訊息傳遞方式。
第4章將介紹6本行銷溝通領域的經典作品及最新理論作品。

Book

28

《奧格威談廣告》
——沒有承諾「功效」的廣告不會有人買單

（暫譯）*Ogilvy on Advertising*（Vintage）

有「廣告之父」美譽的奧格威，毫不諱言地在本書大談**廣告**的本質。儘管本書出版於1983年，已經算是舊書，但讀者依然能從中窺看廣告全盛時期的光輝，作者也引用諸多廣告史上的成功案例，讀起來生動有趣。本書對廣告本質的洞察見解，至今絲毫沒有褪色。奧格威曾一手打造無數廣告，並長年驗證各廣告的成效。他毫無保留地在書中分享自己的真知灼見，相當有說服力（順帶一提，本書的日文版雖曾一度絕版，新譯版於2010年出版）。

大衛・奧格威

1911年生於英國。曾當過廚師學徒和家用瓦斯爐推銷員。1938年移居美國，在喬治．蓋洛普博士的民意調查研究所擔任副所長。第2次世界大戰後，於紐約成立廣告公司。該公司後來被收購，發展成跨國大廣告公司奧美廣告（Ogilvy & Mather）。1999年辭世。著作包括全球銷售長紅的《一個廣告人的自白》、《廣告大師奧格威》等。

私人健身中心RIZAP請來知名公眾人物在廣告中亮相，展現原本鬆垮垮的身材，以及數個月後判若兩人的結實體態。此廣告一舉打開RIZAP的知名度。RIZAP忠實依循了奧格威於本書提倡的基本原則——有「賣點」的廣告。

❶廣告必須展示功效！

RIZAP每個廣告的最後，都會配上一句經典口號：

「我們承諾結果，RIZAP。」

公開廣告主角健身前後的戲劇化對比後，用這句口號收尾，讓觀眾產生「RIZAP說不定也能改變我」的期待感。

這樣的消費者利益即為**功效**。RIZAP清楚展示出自己的功效。

沒有承諾功效的廣告，不會有人買單。奧格威提醒：「這是本書最大的重點，希望讀者們謹記在心。」儘管如此，現在的廣告大多沒有給予任何承諾。

❷瞭解產品，做好定位，凸顯差異

其實只要上網搜尋一下，任何人都能破解RIZAP的廣告手法。RIZAP提出豐富的數據資料佐證，向三分鐘熱度的人拍胸脯保證「絕對能獲得理想的體型」。

廣告的基本原則是徹底瞭解產品，做好**定位**。定位的意思是，決定「該產品要為了誰發揮怎樣的功能」。RIZAP的定位非常明確。

奧格威也將多芬（Dove）香皂定位為「乾性肌膚女性的沐浴皂」，並在往後持續沿用25年的廣告文案中明確展示其功效：

「多芬能在清潔肌膚的同時滋潤肌膚」

現代絕大多數的產品都跟競品大同小異。因此，用具說服力的方式，基於事實陳述產品的優點，強調產品的獨特之處，便是廣告的作用。

❸持續灌輸品牌形象

「這次是這個人……」每當令人驚喜的名人在RIZAP的廣告登場時，都會掀起話題，這些名人參演的Youtube廣告影片會立刻在社群媒體上傳開，RIZAP的知名度也跟著水漲船高。廣告的共通目的是建立品牌形象。形象即為個性，企業應持續將同樣的品牌形象灌輸給觀眾，直到失效為止。

❹別靠團隊合作做決定

RIZAP創辦人瀨戶健社長，創業初期販售能產生飽足感的低卡豆奶餅乾，一步步擴大事業。低卡豆奶餅乾的靈感，來自瀨戶社長高中時期陪伴女友減重的經歷。儘管他的女友從70公斤減到43公斤後，整個人變得開朗起來，但減重過程非常辛苦。以此為契機，瀨戶社長開始思考「有沒有更輕鬆的減重手段」，最後他想出用點心填飽肚子的減重方法。

之後，瀨戶社長秉持著「人有辦法改變」的理念持續探索，創立了RIZAP。「我們承諾結果，RIZAP」這句口號，完整反映出瀨戶社長的理念。

奧格威認為廣告「只需要靠少數人動腦思考」。牽扯到愈多人，廣告愈容易失敗。公司內部的「○○委員會」是最糟糕的組織，這些人只會浪費時間大肆批評，卻想不出任何創意，最終只會剩下眾人妥協後的產物，而這樣的廣告不會有人買單。

❺與其自吹自擂，不如找人推薦

RIZAP大量推出新廣告，但廣告裡從沒出現過跟公司有關的人物，登場人物全是在RIZAP成功蛻變的人，正因如此，RIZAP的廣告才深受觀眾信任。比起自吹自擂，

靠平面廣告成功的方法

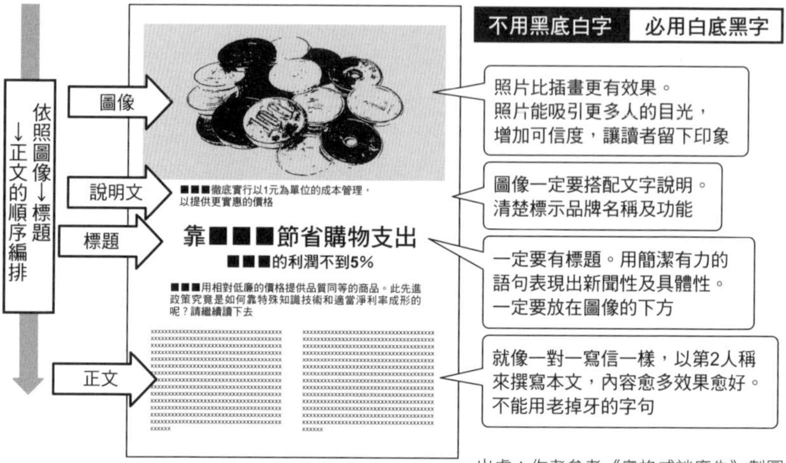

依照圖像↓標題↓正文的順序編排
圖像
說明文
標題
正文
■■■徹底實行以1元為單位的成本管理，以提供更實惠的價格
靠■■■節省購物支出
■■■的利潤不到5%
■■■用相對低廉的價格提供品質同等的商品。此先進政策究竟是如何靠特殊知識技術和適當淨利率成形的呢？請繼續讀下去
不用黑底白字
必用白底黑字
照片比插畫更有效果。照片能吸引更多人的目光，增加可信度，讓讀者留下印象
圖像一定要搭配文字說明。清楚標示品牌名稱及功能
一定要有標題。用簡潔有力的語句表現出新聞性及具體性。一定要放在圖像的下方
就像一對一寫信一樣，以第2人稱來撰寫本文，內容愈多效果愈好。不能用老掉牙的字句

出處：作者參考《奧格威談廣告》製圖

由第三者推薦的廣告更容易讓人信服。由此可知，奧格威的建議在現代也適用。

靠平面廣告成功的方法

多數人在製作平面廣告時不會特別制定計畫，但事實上，平面廣告早已存在必能吸引讀者目光的製作公式。

【標題】閱讀標題的人數是閱讀正文人數的5倍，若無法靠標題賣出產品，等於浪費了8成的廣告費。具新聞性的標題通常最能奏效。不要用籠統的文字帶過，而是要具體表達出想傳達的訊息。

【圖像】照片比插畫更吸引人，能增加可信

度，加深印象。1張照片跟1千個單字有同等的價值。重點是要慎選能激發好奇心的圖像主題。附有使用前後比對照的促銷活動，業績會特別好。

【正文】雖然只有5％的讀者會閱讀正文，但若讀者人數有1千萬人，等於有多達50萬人會閱讀正文。不以群體為對象，而是站在一對一寫信的角度，用第2人稱來撰寫文章。從奧格威的經驗看來，比起短文，長文更容易讓讀者感受到「作者正在傳達重要的訊息」，宣傳效果更好。應避免使用「大家都期待假日的到來」等老掉牙的字句，否則無法讓讀者留下印象。

【編排】廣告讀者會先被圖像吸引，目光移到標題，再閱讀正文。製作廣告時應按照此順序編排各項要素。把標題置於圖像下方，閱讀率會比置於圖像上方高出10％。記得每張圖像都要添加圖說。

雖然人們10多年前就知道「黑底白字印刷看得很吃力」，但現在依然能看到很多黑底白字印刷的廣告，著實令人無奈。**請務必採用白底黑字印刷**。奧格威將黑底白字的募捐廣告改成白底黑字後，成功募集到雙倍的資金。正所謂魔鬼藏在細節裡。

靠網路行銷磨練敏銳度

奧格威剛到廣告代理商上班時，有客戶委託他「用5百美金的預算吸引客人入住新開的旅館」。於是奧格威買了明信片，寄給住在附近的有錢人。

結果旅館開幕當天，住房人數爆滿。這次的經驗讓奧格威感受到直郵廣告的威力。

直郵廣告能讓業主即時掌握廣告發揮的效力。因此，奧格威提出「廣告文案撰稿人應先撰寫直郵廣告兩年」的建議。

若從今天的觀點來看，就是「行銷人員應從網路行銷開始做起」。我也經常透過網路發表訊息。網路行銷的結果會即時回饋，我天天都靠網路磨練行銷的敏銳度。

奧格威在書中引用了Book5《品牌如何成長？行銷人不知道的事》的作者拜倫．夏普的師父艾倫伯格說過的一段話：

「消費者在選購肥皂或洗衣精時，不會只買單一品牌，而是會從備選品牌庫（repertory）中，挑選心儀的產品購買。消費者的備選品牌庫有一定的規律性及慣性，幾乎不會出現變化，而且消費者通常不會在乎自己沒用過的品牌廣告。」

艾倫伯格口中的備選品牌庫，就是Ｂｏｏｋ７《機率思考的策略論》介紹的**喚起集合**。而廣告的作用，正是增加自家品牌在備選品牌庫中被選上的機會。

正如Ｂｏｏｋ29《啊哈！公關》所述，現代的廣告作用已經跟以往大不相同，但依然符合奧格威洞察的廣告本質。廣告人絕對不能錯過本書。

POINT

奧格威洞察到的廣告本質，至今未曾改變

Book

29

《啊哈！公關》（遠流出版）

——「廣告」告終與「公關」抬頭

艾爾・賴茲、蘿拉・賴茲

全球屈指可數的行銷顧問艾爾・賴茲與其女蘿拉・賴茲共同經營賴茲賴茲行銷公司（Ries & Ries），客戶遍及財星500大（Fortune 500）一流企業（IBM、默克集團、AT&T、富士全錄等）。艾爾・賴茲亦致力於寫作，出版多本全美銷量冠軍著作。與蘿拉・賴茲合著《品牌22誡》等書。與傑克・屈特合著《定位》等書。

星巴克、Apple、Google、Youtube、Facebook……你是從廣告認識這些品牌的嗎？這些都是知名大牌，但你應該是透過媒體報導認識它們，而不是廣告吧？最近有很多知名大牌不再依賴廣告。

本書傳授不依賴廣告的現代品牌建立法。重點在於區別**廣告**跟**公關**的差異。公關（PR）是**Public Relations**的簡稱，或稱為**Publicity**，是一種透過報章雜誌或電視等媒體，間接傳達訊息的方法。訊息內容掌握在媒體手中，業者無法像製作廣告一樣隨心所欲調整內容。此方法看似欠缺效率，其實極具優勢，因為消費者較容易信任來自第3者的訊息。

本書提倡「**先靠公關建立品牌，再用廣告維護品牌**」。

本書作者是Book3、Book14的作者艾爾・賴茲與蘿拉・賴茲。他們在本書依然主張「必須搶先佔據定位」。

現在是靠公關建立品牌的時代

日本國民每人每年平均支付的廣告費是5萬5千日圓（以2019年度國內總廣告費7兆日圓計算）。支付的廣告費在這10年間增加了1萬日圓，即使考慮到近50年來的物價漲幅，廣告費也還是增加了2.3倍。也就是說，間接支付的廣告費正在不斷增加。

儘管如此，廣告卻得不到消費者的信任。在美國某項針對各職業的「誠實度與倫理性」調查中，廣告人員只得到13％，屬於最低等級，評價跟政治人物差不多（2019年蓋洛普民調）。

現代的消費者明白，企業捨得花大錢打廣告，因此不再囫圇吞棗地輕信廣告。

廣告效果也不如以往。你還記得今天早報刊登的廣告嗎？

現代企業無論砸多少重本打廣告，也無法建立起強大的品牌。可口可樂為了從紅牛（Red Bull）手中奪回能量飲料的寶座，推出了能量飲料KMX，又在看到胡椒博士（Dr.Pepper）成功後，推出匹伯先生（Mr. PiBB）搶攻市場，結果相繼失敗。

消費者看到可口可樂的KMX廣告後，心裡想的是：「連可口可樂也推出新產品競爭，看來能量飲料是個未來可期的市場。紅牛的成功讓可口可樂開始緊張了。」

Book28《奧格威談廣告》的作者奧格威，活躍於20世紀，當時正值廣告全盛期，廣告介紹的商品都會大賣，但消費者不會在乎自己沒使用的品牌的廣告。現代資訊氾濫，消費者在廣告上看到陌生的產品名稱時，同樣會選擇無視。不過，現代的消費者**會信任立場中立的媒體發出的公關訊息**。

ZARA只會在每年兩次的特賣活動期間打廣告，是首間導入豐田汽車（TOYOTA）即時生產（Just in Time）模式的時裝公司。原本從設計到交貨需要長達9個月的時間，導入即時生產後縮短到15天，一年四季都能提供最新潮的服飾。ZARA亦採用多樣少量生產的「限量」方式，加快產品的流動率，以維持產品的新鮮度，減少廢棄量。經媒體這麼報導後，有更多人前往ZARA門市消費。

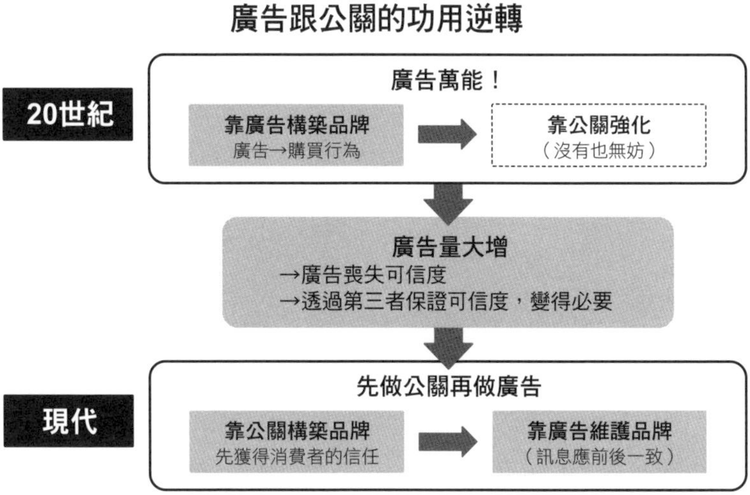

出處：作者參考《啊哈！公關》製圖

開源系統Linux不屬於任何人，沒人幫忙打廣告，但在各路媒體報導後，Linux也晉升知名大品牌的一員。

我也有靠公關建立品牌的經驗。

２０００年代前半，我在ＩＢＭ擔任客服中心解決方案事業的市場策略負責人，主要客戶是大企業的客服中心長。當時的大企業旗下有許多客服中心，但這些客服中心就像一盤散沙，各自為政，消費者打來的電話不停被轉來轉去，導致顧客滿意度下滑。於是，整合客服中心、解決滿意度下滑的問題，成了當時最緊迫的課題。

由於ＩＢＭ早有整合自家客服中心的經驗，因此我對外強調「我們能憑藉豐富的經驗，幫助大企業整合客服中心」。我先建立客服中心長的社群，每兩個月舉辦1次百人規模的半日研討會，探討IBM及客戶的實際經歷，並廣邀媒體記者參與，透過媒體公開研討會的內容。

若按照傳統宣傳模式，我應該要先推出廣告，強調「若有整合客服中心的煩惱，請交給經驗豐富的IBM」，但因預算有限，我完全沒有打廣告。

1年後，在市調中心的市場認知度調查中，IBM甩開對手一大截，穩居國內認知度榜首。IBM在市場上的品牌認知有了極為顯著的提升。

但也別高興得太早，光有媒體背書還不夠，介紹的內容還必須是「能讓人認同這家公司是業界頂尖」才行。以星巴克為例，就是要跟大眾介紹「星巴克的精品咖啡是最棒的」。

很多業者會無奈表示：「我們不是星巴克，沒有能炒熱話題的產品。」既然沒有，做出來就是了。**縮小市場範圍，鎖定能佔據龍頭的領域，正是現代的公關策略**。公關的作用是利用媒體博得消費者的信任，藉此建立品牌。

廣告的新功用是「維護品牌」

廣告也有獨特的功用，即為好好維護公關建立起的品牌。

廣告能強化消費者心中建立起的品牌認知。

如Book7《機率思考的策略論》所述，業者應增加消費者偏好度（preference），提高在**喚起集合**中被選中的機率。

此時將面臨一個嚴重的問題。廣告業界的普遍觀念是「不落人後」，廣告代理商為了「設計出獨樹一格的廣告」，容易增添完全偏離原意的新訊息。然而，廣告的功用是「鞏固品牌認知」，加油添醋只會害消費者陷入混亂。

演員渡邊謙怒吼：「世上的文字都太小了，根本看不到！」Hazuki放大鏡推出的這段廣告，至今仍讓人印象深刻。其實廣告代理商原本是打算讓渡邊謙在米蘭帥氣登場，但遭到Hazuki放大鏡的社長駁回：「我花了100億日圓的預算，1秒鐘要價2億日圓，拍米蘭的風景太浪費了，我自己來拍。」最終成品就是我們看到的廣告。

Hazuki放大鏡採取踏實的宣傳方式，一步步建立起品牌形象。他們在家電量販店的郵寄申請櫃台旁放置自家的放大鏡後，客人開心稱讚：「連小字也看得一清二楚。」

他們也在Japanet電視購物上架商品，搶攻銀髮族市場等。

熟悉自家品牌成長歷史的社長，用最直截了當的手法，完成了這支廣告。

應該吸引消費者注意的並非廣告，而是產品本身。

也有經營者相中公關的品牌構築能力，開始採取相關宣傳手段。

家電製造商BALMUDA的寺尾玄社長，親口闡述投注於新產品的熱忱；精釀啤酒品牌Yo-Ho Brewing的井手直行社長，在記者會上變裝登場，吸引眾人的目光後，津津有味地暢飲自家啤酒；鳥取縣的平井伸治知事用雙關語吸引媒體注意：「雖然鳥取沒有星巴克（sutaba），但有日本第一的砂地（sunaba）。」打響鳥取縣的知名度。

跟行銷溝通關係愈密切的人，就有可能從本書得到愈多的啟示。

POINT

靠「公關」構築品牌，靠「廣告」維護品牌！

Book
30

《如何增加廣告黏度》

——廣告並非藝術，必須適時改善

（暫譯）*What Sticks*（Kaplan Trade）

雷克斯・布里格斯、
葛瑞格・史都特

布里格斯是行銷效果分析兼顧問公司Marketing Evolution創辦人，在CRM、品牌化、直接行銷等領域獲獎無數。史都特是Google、MSN、Yahoo！等300多家網路相關指標企業所加入的「互動廣告協會（Interactive Advertising Bureau，IAB）」執行長，長年在廣告界打滾，活躍於無數大企業、廣告代理商及世界各地的新媒體企業。

這是個令人感到震驚的事實。

多數企業會斥資鉅額打廣告，但幾乎都是有去無回。

美國企業1年花費的廣告費高達兩千億美元，其中約760億美元被白白浪費掉。這個金額跟日本國內便利商店的總營業額相同。本書教讀者製作能觸動消費者內心的廣告，避免經費白白耗損。

本書是哈佛大學及賓州大學華頓商學院（Wharton School of Business）的教科書，曾獲選美國廣告專門雜誌《廣告時代》（Advertising Age）的行銷界最佳書籍。

就算不是廣告人，依然能從中吸取有用的知識。產品開發者要用怎樣的文案推銷產品、接待人員要如何介紹新菜單……各行各業都跟行銷溝通息息相關。

本書的作者之一布里格斯，是專門提供市調服務的Marketing Evolution顧問公司的創辦人暨執行長。

廣告不必負起當責

「這個廣告能貢獻多少業績？」

每當我們這麼詢問廣告關係者時，多數人都會擺出「真是個外行人啊」的表情回道：

「嗯，廣告是一門藝術，別扯上業績。」

「廣告的目的是構築品牌，為貴公司營造正面形象。」

「廣告的效果本來就不能用數字衡量。」

只有極少數人會明確回答「廣告能貢獻多少業績」。

某經營者說：「我知道有一半的廣告經費會被浪費掉，我只是不曉得浪費掉的是哪一半。」

的確，做廣告並非浪費錢的行為。Book29《啊哈！公關》的作者賴茲也提到，靠公關建立品牌後，能靠廣告維持品牌認知，有助於提升業績。

儘管製作廣告需要花費到數千萬美元的經費，卻無人能保證成效，因為廣告不需負起當責（accountability）。但由於「浪費掉一半的經費」也等於「得到一半的效果」，所以企業無法捨棄廣告，陷入兩難。

豐田汽車（TOYOTA）的製造工廠徹底執行改善制度，不允許產生任何一絲浪費。廣告也該如此。別「將廣告視為藝術」，放任不管，而是要適時改善。

將活動調整到最完善的狀態

在沒有目標、組員目標不一致、「不曉得消費者為何購買」、「不曉得要傳達什麼訊息給消費者」的狀態下辦活動，絕對不可能得到成果，但這樣的活動卻比比皆是。

「改善」行銷溝通

編寫腳本＋評價＋行動＝預算相同，成果更大

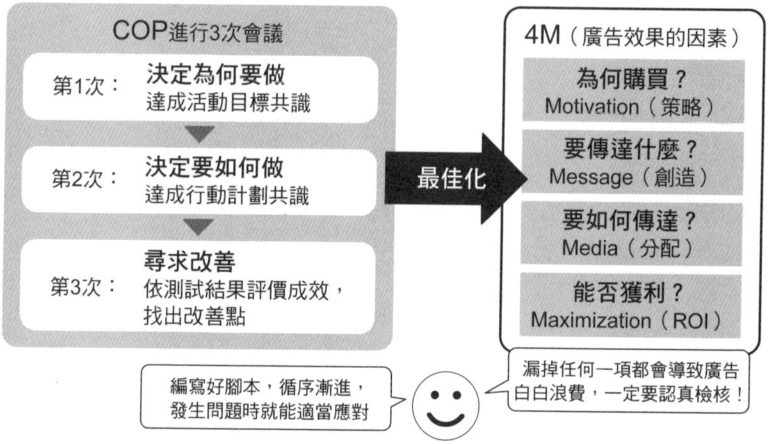

COP進行3次會議
第1次：
決定為何要做
達成活動目標共識
第2次：
決定要如何做
達成行動計劃共識
第3次：
尋求改善
依測試結果評價成效，
找出改善點
最佳化
4M（廣告效果的因素）
為何購買？
Motivation（策略）
要傳達什麼？
Message（創造）
要如何傳達？
Media（分配）
能否獲利？
Maximization（ROI）
編寫好腳本，循序漸進，
發生問題時就能適當應對
漏掉任何一項都會導致廣告
白白浪費，一定要認真檢核！

出處：作者參考《如何增加廣告黏度》製圖

應依照**溝通最佳化流程**（COP）將活動調整到最完善的狀態。

具體來說，要先組織團隊，召集相關人員，依上圖所示召開3次會議。於第1次會議決定目標「為什麼要辦活動」、第2次會議決定「要如何進行」、第3次會議依照測試結果執行改善。

會議中應留意廣告4大要素**4M**，將活動逐步調整到良好的狀態。

4M取自「為何購買？（Motivation：動機）」、「要傳達什麼？（Message：訊息）」、「要如何傳達？（Media：媒體）」、「能否獲利？（Maximization：最大化）」的首字母。如下所述，依照COP及4M進行改善。

讓全員都能答出「為何購買?」

4M的第1個要素是「顧客為何要購買」。若活動組員對此回答不一致，該活動絕對不可能成功，必須想辦法協助全員找出答案。

麥當勞決定舉辦新品三明治的新上市活動。在多數消費者認知中，「麥當勞只賣漢堡」，為了「讓消費者知道麥當勞也有其他產品」，麥當勞優先採取的手段是「讓消費者認識新品三明治」。

團隊成員據此一同思考顧客選購新品三明治的理由。最終得到的結論是「因為是新品，而且很美味」。如此找出原因後，只要在宣傳時強調「因為是新品，而且很美味」就可以了。

在廣告代理商最終完成的網路廣告中，能看到夾著起司、炙燒厚切雞腿、新鮮萵苣和番茄的三明治，配上寫著「新上市」的黃色對話框。由於這畫面實在太令人垂涎三尺，因此麥當勞在旁補上一句警語：「若您大口咬下電腦螢幕，我們恕不負責」。

一般企業在舉辦活動時，經常沒有先找出「顧客為何要購買」的共識，就直接丟給廣告代理商製作廣告。

廣告代理商的創意人員會絞盡腦汁，試圖做出「顯眼的廣告」。如此一來，最終完成的影片裡，搞不好會突然冒出一隻身穿紅黃相間條紋服裝的雞，不停啼叫著。

這樣的廣告確實獨樹一格，但沒辦法提升商品的業績。

要如何決定「要傳達的訊息」呢？

行銷人員在決定4M的第2個因素「要傳達什麼訊息」時，經常擔心訊息無法觸動消費者的內心。**原因並非行銷人員不夠努力，而是行銷人員努力過了頭**。

行銷人員會投注大量的時間在品牌上，無時無刻都在思索品牌，但消費者只會在商品架上的部分區域或手機畫面的角落瞥見一眼而已。

行銷人員花愈多時間思考，就愈無法用純粹的消費者視線看待品牌。行銷人員的視線跟消費者的視線，產生了巨大的偏差。

此時需要的是，能站在客觀角度理解消費者的方法。

事實上，廣告界從數十年前開始，就已經開始摸索相關對策。例如：詢問消費者「對廣告留下多深的印象，自己的行動受到了怎樣的影響」。

但老實說，這種詢問方式一點效果也沒有。寶僑（P&G）詢問1千多人「在哪裡看過某商品的廣告」，有一半以上的人回答「電視」，但此商品根本沒有電視廣告，只有網路廣告而已。

消費者對自身認知及行動的陌生程度，其實遠超出我們的想像，**詢問消費者只是在浪費時間而已**。

不過，消費者就算不記得廣告內容，也會在無意識間受到廣告驅使而行動，因此，企業該調查的問題應該是，各種廣告會使消費者的態度和行動產生怎樣的差異。

效果最好、最簡單的調查方法，是Book48《統計學，最強的商業武器》介紹的**A／B測試**。A／B測試將消費者分為觀看商品廣告組（實驗組），以及觀看與商品無關的廣告組（控制組），確認不同廣告會產生哪些影響。此方法能掌握特定廣告對消費者造成的影響，也是網路行銷界常用的手法。

以IBM為例：給實驗組看IBM的廣告、給控制組看紅十字會等公益廣告後，詢問所有人是否完全認同「IBM是科技領域的領導者」，比較兩組的回答。若「完全認同」的比例相同，代表廣告沒有造成任何影響。

善用媒體，強化訊息內容

4M的第3個要素「要如何傳達訊息」（媒體分配）和第4個要素「能否獲利」（Maximization：最大化），都是令行銷人員頭疼的問題。

大家知道立體環繞音響嗎？把音響圍繞在身旁，能聽見極富臨場感的聲音，彷彿置身交響樂團的正中央。廣告也是如此，不同媒體傳遞出一致的訊息，能為消費者帶來強烈的臨場體驗。

聯合利華（Unilever）研發出能改善膚質又具滋養成分的肥皂。為了強調商品優勢，他們採用粉紅色及白色的雙色設計，粉紅色保證保濕及滋養（維生素E）效果，白色保證潔淨肌膚效果，並在廣告中強調這點。

電視廣告中播放雙色肥皂合為一體後分離的畫面。

雜誌廣告上印著大大的雙色肥皂，配上一句「添加維生素E，滋養肌膚」。

網路廣告跟電視廣告都同樣訴求視覺效果。

比起在同一媒體公開同樣的廣告3次，在不同媒體公開廣告，能對消費者產生更強烈的影響，提升廣告效果。企業必須在所有顧客接觸點釋出同樣的訊息，考慮廣告成本、頻率及效果後，在預算範圍內找出最合適的組合，追求廣告效果最大化。

做不到「一般道理」的原因

也許你會想，「還以為有什麼商業機密，沒想到都只是一般道理」。的確如此。

本書作者表明：「**道理都懂卻做不到，是行銷界特殊的風氣所致。**」

首先，「行銷與情感相連，是一門藝術，無法靠數字衡量」的風氣根深柢固，而且行銷部門不會輕易承認失敗，再加上前面提到的，行銷人員會投入大量時間思考品牌，看品牌的角度跟消費者有巨大的偏差。

現代廣告仍有大量漏洞，其實只要換個想法，就會發現現代廣告還有極大的進步空間，來實現廣告的原始作用「增加業績」。

就算你不是領導者，只是一名行銷負責人，你依然能利用本書介紹的方法，大幅改善自身的活動內容。

20年前，我也只是一名行銷負責人，但從那時候開始，我就會跟團隊成員一同尋找「顧客購買的理由」，決定行動計劃，隨時分享進度和結果，順利完成許多活動。回想起來，我正是運用了本書介紹的COP跟4M，把活動調整到最完善的狀態。自立門戶後，我依然用同樣的方式舉辦企業研習，跟客戶分享研習目標及進度。

本書介紹的方法論為：共同決定「為何要做」後，達成「要怎麼做」的共識，按照結果進行改善。不僅限於活動，此方法論肯定也能提升其他各種業務的成效。

POINT

有共同的團隊目標，理解顧客，安排測試驗證廣告效果！

Book

31

《引爆趨勢：小改變如何引發大流行》

——流行的源頭是「人際網路」

（時報出版）

麥爾坎・葛拉威爾

出生於英國，成長於加拿大的記者。曾任《華盛頓郵報》（The Washington Post）的商業及科技領域記者，而後活躍於雜誌《紐約客》（The New Yorker），擔任特約撰稿人。首部著作《引爆趨勢》攻佔了全世界的暢銷排行榜。作品另有《決斷2秒間》、《解密陌生人》、《異數》、《逆轉的智慧》等。現居紐約市。

本書是葛拉威爾在2000年出版的處女作，創下空前銷售佳績，他因此揚名國際。本書也獲亞馬遜等各大媒體選為2000年代最佳暢銷書籍。日本在2000年以原版標題《The Tipping Point》出版日文版，並在2007年將標題變更為《異軍突起的秘密（急に売れ始めるにはワケがある）》，推出文庫版。儘管本書已出版超過20年，但從人類的行動原理探究流行現象的本質，至今仍鋒芒不減，是行銷人必讀的書籍。

2019年在日本開始流行的珍珠奶茶、2018年的獨立電影《一屍到底》……世間不乏這類回過神才猛然驚覺，不知為何突然開始流行的東西。這樣的流行風潮就像傳染病一樣，會在短時間內迅速擴散，因少數人的行動引起劇烈影響。促使流行像傳染病一樣迅速傳播的關鍵是**引爆點**（tipping point），引爆點的3大成因是**少數原則**、**定著因素和環境力量**。

少數原則……散播流行風潮的3種人

當擁有強大影響力的**連結者**（**Connector**）、**市場專家**（**Maven**）**和銷售員**（**Salesman**）參與其中時，流行風潮即會擴大。

❶連結者（Connector）

我有一位交際手腕高明的朋友，特別喜歡幫人牽線。他經常舉辦派對，每次出席派對時，他都會積極介紹其他人給我認識，堪稱社交高手。連結者指的就是這類交友範圍廣闊、愛交朋友的社交達人。

人際網路是由極少數人串聯多數人而成。社會學家米爾格蘭透過實驗證明「世界很小」。隨機挑選兩名互不相識的美國人，平均經由5名熟人發送連鎖信後，這兩人就能扯上關係。參與此實驗的人，共寄出24封信，其中有18封出自同一人之手。這證明：數量少的連結者就像人際網路的集線器，與多數人產生連結。

社會學家格蘭諾維特提出「**弱連結的力量**」的概念。弱連結指的是非密切的人際關係。一般人常認為弱連結不可靠，但弱連結容易形成，能輕鬆跟各領域的人產生連繫，多方獲取新知識。每個連結者都擁有非常多條弱連結。連結者只要一發出產品使用心得，瞬間就會四處傳開。不過，連結者本身並不擁有產品資訊，這必須由市場專家提供。

❷市場專家（Maven）

市場專家能從協助他人解決問題的過程中感受到自己的存在意義。他們樂於率先購入新款IT設備，願意「親自扮演被驗體」，將使用心得分享給其他人。他們也會搶先造訪新開的咖啡店，把自己認同的店推薦給其他人。市場專家能提出不受利害左右的專業意見，極具說服力。有了連結者和市場專家，等於具備了能將使用心得傳播給大眾的知識與社交能力。不過，光靠這兩種人，還不足以促使人類行動，這時就輪到銷售員登場了（Maven是意第緒語，意思是「學識淵博的人」）。

❸銷售員（Salesman）

曾有位朋友邀請我到別墅作客。我們在坐落山林中的別墅度過了愉快的時光。他跟我暢談別墅生活的好處：

「住在這裡能轉換心情，人生煥然一新。買別墅很划算的啦！」

隔天，我和妻子竟不顧自己還是租屋族，申請了別墅參訪行程。可見得我們完全被洗腦了。還好因為我們根本買不起，最後也沒有真的買下去，算是不幸中的大幸。

所謂的銷售員，就是像這位朋友一樣的人。散發著領袖魅力，還擁有催眠師般的強大說服力，令人難以抗拒。實際上，「這東西很好喔！」等情感本來就特別容易傳染給他人，只不過銷售員還懂得操控對話的方向，將自身的情感傳染給聽者。

就像這樣，當連結者（Connector）、市場專家（Maven）和銷售員（Salesman）

在引爆點下功夫，引發一股大流行風潮

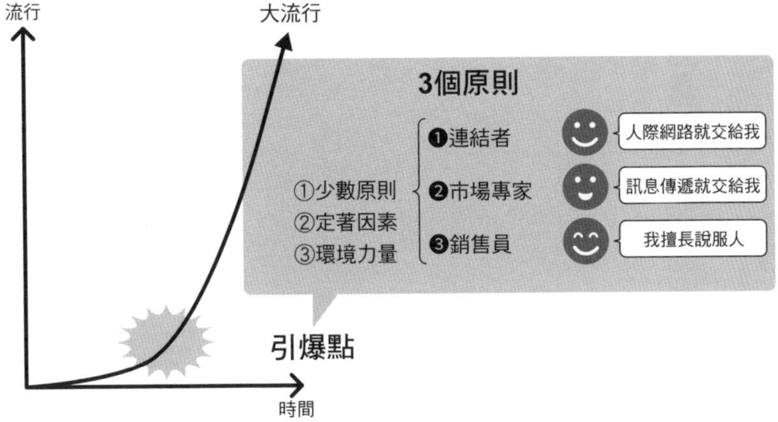

出處：《引爆趨勢》（經作者部分補充）

這3種類型的人物參與其中時，即能創造出流行。用個現代化的稱呼，他們就是大家口中的**網紅**。

這些人發出的訊息內容也是創造流行的重要因素，即為「定著因素」。

定著因素……誘發行動的訊息

帶動流行風潮的必要條件，是想辦法讓訊息駐留在人類的記憶中。行銷界流傳著一句話：「同一段廣告至少要重複播放6次，才能讓人留下印象」，但這需要花費龐大的資金。

在現實世界中，有個不花大錢也能強化訊息定著力的方法。

耶魯大學曾進行一項說服學生接種破傷風疫苗的實驗。他們把學生分成兩組，給一組看「可怕程度高的資料」（圖文並茂地說明破傷風的可怕之處），給另一組看「可怕程度低的資料」（沒附照片，用委婉的方式介紹破傷風）。乍看之下，大家應該會以為「前者的接種率較高」，其實不然。最終實際接種的比例只有3％，而且兩組的接種人數沒有太大的差別。因為**訊息都沒有定著力**，所以兩組人馬都沒有採取行動。

之後，耶魯大學稍微調整實驗內容，再度進行實驗。這次他們在資料上附註大學保健中心的地圖和接種時間，結果有28％的學生前往接種，而且兩組學生的接種率相同。光是添加具體訊息（地圖和看診時間），就把抽象的情報轉換成實質的醫療建議。

由此可知，煽動恐懼感得不到效果。在傳遞訊息的過程中稍微下點功夫，使訊息定著在接收者的記憶中，自然能誘發行動。Ｂｏｏｋ32《創意黏力學》會深入介紹能加強記憶中的訊息黏著度的方法。

環境力量……從小問題開始解決

流行的誕生，會受到時間與地點的條件及狀態影響，這就是所謂的環境力量。

1980年代後半，我首次前往紐約出差，當時紐約兇殺案頻傳，是個危險的犯罪城市，跟閑靜的郊外相比，著實令人不安。尤其地下鐵更是亂象叢生，隨處可見塗鴉，堪稱犯罪的溫床。我還被人警告說：「地下鐵很危險，絕對不要搭。」

不過，到了1990年代，紐約的犯罪率開始急速降低。

治安改善背後的功臣是「**破窗效應**」。此理論的觀點為：隨處可見碎裂玻璃窗的法外之地，會讓人產生「能在此處恣意妄為」的想法，誘發犯罪行為。

基於破窗效應理論，紐約地下鐵「將塗鴉視為地下鐵崩潰的象徵」，清除所有塗鴉。每當出現新塗鴉，他們便會連夜清除，把「絕對不能在此塗鴉」的強烈訊息傳達給大眾，並嚴格處罰逃票者。

之後，負責此措施的地鐵警察指揮官晉升為紐約市警局長，將此策略擴大到整個紐約市，成功讓犯罪率大幅降低。打擊險惡犯罪的引爆點，其實是嚴格取締看似不痛不癢的生活環境犯罪。

一般人在聽到「打擊犯罪」時，通常會從制度、失業、貧富差距等方面尋找問題。從此案例能得知，真正的問題其實只是枝微末節的小事。想打擊犯罪不一定要解決大問題，只要改變環境中的引爆點就可以了。

就像這樣，**引發潮流的關鍵，藏在出乎意料的細部環境中**。本書引用的案例，全是在有限的預算和時間內，絞盡腦汁得到的成果。攏絡少數特殊人士，適當調整訊息的傳遞方式，自然能引發潮流。

POINT

用「少數原則」、「定著因素」和「環境力量」引發潮流

Book
32

《創意黏力學》（大塊文化）
——將訊息烙印在顧客腦中的6大原則

奇普・希思、丹・希思

奇普・希思是史丹佛大學商學院教授，專門領域是組織行為學。曾為Google、GAP等全球企業提供顧問諮詢服務。曾任教芝加哥大學商學院及杜克大學福夸商學院。丹・希思是杜克大學社會企業成就中心（Center for the Advancement of Social Entrepreneurship, CASE）的高級研究員。於哈佛大學商學院取得MBA學位後，曾任該系所研究員。創新媒體教育公司Thinkwell的創辦人之一。

酒吧裡有位風姿綽約的女性靠了過來。「要不要再喝一杯？我請客。」接著我就不省人事了。清醒後，發現自己泡在飯店的浴缸裡，旁邊放著手機跟一張字條，上面寫著「快叫救護車」。用凍僵的手撥了電話後，接線員接了起來。不知為何，他似乎對這樣的狀況見怪不怪。

「有沒有一根管子從你腰上伸出來？」這麼說確實有管子。

「你有一顆腎被偷走了。這是我們城裡的器官竊盜集團的常見犯罪手法。救護車馬上會到，你先別動。」

靠6個原則破除「知識的詛咒」

要如何將創意黏著在人類的腦中？

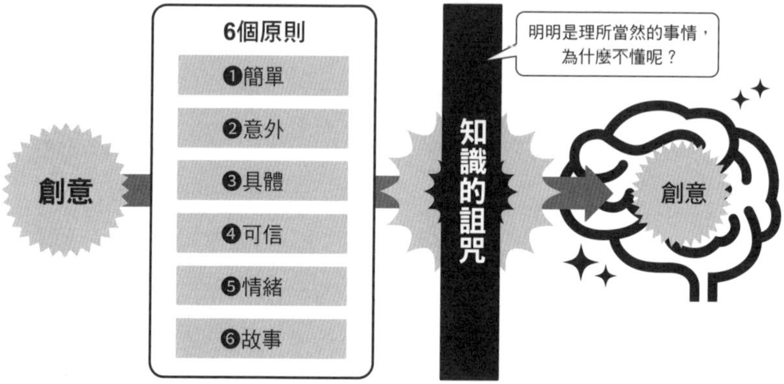

出處：作者參考《創意黏力學》製圖

這個盜腎故事只要聽過一遍就忘不了，會牢牢黏在記憶中。

當訊息黏在消費者的記憶中，行銷就能成功。本書深入探討Book31《引爆趨勢》提到的「定著因素」，獲選2007年全美最佳商業書籍。作者奇普是史丹佛大學教授，丹是諮詢顧問，兄弟倆長年研究將創意黏著在記憶中的原理。

成功的創意必須符合以下6個原則：❶簡單、❷意外、❸具體、❹可信、❺情緒、❻故事。

現實中能讓人留下深刻印象的創意很少，大多都是枯燥無趣的東西。造成此現象的犯人是「**知識的詛咒**」。

曾有過這樣的實驗。將實驗對象分為「敲打者」跟「聆聽者」，敲打者從25首曲子中選出1首，用手指叩叩敲桌，敲出旋律，讓聆聽者猜曲名。敲打者預期的正確率有50％，但實際正確率只有2.5％。敲打者的腦子裡聽得到旋律，因此認定聆聽者「應該知道這首歌」，當聆聽者答錯時，敲打者會質疑對方：「為什麼聽不出來？」無法理解「對方不知道答案的感受」，就是「知識的詛咒」。

以下6個原則，正是破除「知識的詛咒」的武器。

原則1 簡單

好萊塢的電影製作商，必須在企劃尚未成形的階段，就決定是否要投資七千萬美元製作電影。一旦劇本、導演、演員或預算稍有差池，電影的完成度和票房將有天壤之別。因此，好萊塢非常講求「明確的概念」。

電影《異形》的概念是「以宇宙為背景的《大白鯊》」，簡單明瞭。決定概念後，再來完成創意核心：「太空船破破爛爛也沒關係，在無處可逃的船上焦慮不安，最後只能聽天由命」。創意核心絕對不能敷衍了事。

如果《異形》的概念是「以宇宙為背景的《親密關係》」，不管請來哪位重量級名導，恐怕都救不了這部片。

原則2 意外

美國的某個電視廣告中，有輛休旅車在路面奔馳，車上載著和樂融融的一家人。當十字路口轉為綠燈，休旅車往前駛進的瞬間，突然有輛車高速衝向十字路口，直接撞上休旅車的側身，車窗應聲碎裂，車體金屬扭曲變形。接著畫面暗了下來，出現一段文字訊息：

「你應該沒想到吧？沒人能想得到。請繫好安全帶！」

這是美國廣告協會製作的廣告。只要能打破觀眾心中「接下來一定會是這樣」的預測，就能衝擊人心。鎖定訊息的核心，尋找意外之處，破壞觀眾的預測後，再修復預測。也就是說，結論非常重要。這段廣告的結論是「請繫好安全帶」。

讓人保持興趣也是重要關鍵。超人氣漫畫《鬼滅之刃》每集都會埋下新敵人登場的伏筆，在讀者好奇後續發展時結束。我在撰寫本書期間，把《鬼滅之刃》的動畫跟漫畫全都看完了。這部作品正符合**縫隙理論**。當自身知識出現縫隙時，好奇心將油然而生。「不知接下來會如何發展」的縫隙會引起痛苦，使人渴望資訊。出其不意的創意能形成知識縫隙，充滿誘惑，令人焦急難耐。

原則3 具體

小學老師在數學課上問學生：

「你有100元，買了70元的筆記本，你還剩多少錢？」

只要例子夠具體，就算是抽象的數學概念也能簡單說明。

在沒有具體形象的狀態下解釋抽象概念，彷彿在半空中蓋房子。

若把記憶比喻成魔鬼氈，具體概念就像魔鬼氈上的小鉤，大量的小鉤會牢牢鉤住另一面的小環。同樣道理，具體概念愈多，會讓人留下愈深刻的印象。

原則4 可信

現代的消費者不會輕信訊息。我們可以利用統計數據增加可信度。假設你是鯊魚保育基金會的負責人，你釋出的訊息不應該是「每年平均只有0.4人被鯊魚殺死」，而是「被鹿殺死的機率比被鯊魚殺死的機率高出300倍」，會更具說服力。

或者也可以利用**辛納屈關卡**（Sinatra Test）。這個概念源自法蘭克・辛納屈的名曲《紐約，紐約》的一段歌詞，描述在紐約展開新生活的心境：「如果我能在這裡功成名就，那麼到哪裡我也都無往不利」。例如：如果說這是「國防部採用的資安軟體」，那麼誰都會相信「這個系統值得信賴」。

原則5 **情緒**

人們不會對「有300萬人正在挨餓」的統計數字動容，但會對個人產生感情，起而力行。例如：「有一位名為洛琪亞的7歲少女過著極度貧苦的生活，正飽受飢餓之苦」。想促使人展開行動，必須先訴諸情緒，因為當人面對數據理性分析時，幾乎不會被情緒支配。

原則6 **故事**

正確的故事能促使人行動。在腦中模擬行動，能喚醒實際行動時腦內活動的部位。故事能讓人彷彿身臨其境，留下深刻的印象。

SUBWAY推出7款脂肪量低於6克的產品，舉辦「7 under 6」活動，但此活動的聲勢完全不敵同時登場的「賈爾德的故事」。

起因是一篇新聞報導。大學生賈爾德重達190公斤，肥胖導致他的身體狀況惡化，被醫生宣告「活不過35歲」，於是他下定決心減重。在得知「7 under 6」後，他試著吃SUBWAY減肥，結果成功減到82公斤。賈爾德說SUBWAY是他的「救命恩人」。廣告代理商將這段故事拍成廣告後，在全美引起轟動。

賈爾德的故事完全符合這6個原則。

❶**簡單**…吃SUBWAY的潛艇堡減重
❷**意外**…吃快餐大幅減重，不符常識
❸**具體**…大到無法再穿的褲子跟瘦下來的腰
❹**可信**…賈爾德的實際經驗
❺**情緒**…賈爾德在SUBWAY的幫助之下終於成功了
❻**故事**…突破巨大障礙獲得勝利的故事能帶給人勇氣

這則故事來自新聞報導。我們不需要自行催生出黏著性強的創意，只要隨時留意四周的資訊，磨練鑑別故事的眼力即可。

我讀了這本書後相當驚訝，因為我有很多著作都應用了類似本書的方法論，只是我介紹的是自己實際摸索、嘗試錯誤後得來的成果。藉此機會，我也把自己的方法論重新梳理了一遍。

本書的方法論也能在行銷溝通的領域派上極大的用場，請務必善加運用。

POINT

展現「簡單」、「意外」、「具體」、「可信」、「情緒」、「故事」

Book
33

《告別行銷的老童話》（大寫出版）
——社群媒體顛覆了行銷的傳統觀念

伊塔瑪・賽蒙森、埃曼紐爾・羅森
賽蒙森是史丹佛大學商學院的行銷教授。被譽為消費者決策領域的世界級權威，為「消費者選擇」、「影響買家決策的因素」、「大量客製化的極限」等行銷核心概念賦予全新的見解。羅森是暢銷書《Anatomy of Buzz（暫譯：口碑行銷的力量）》的作者，此書預見「口碑行銷」時代的到來，並因預測成真而備受矚目。

「最重要的是建立起具壓倒性力量的強大品牌。」

「應優先增進與老顧客之間的感情。」

本書全盤否定這些人們常有的想法，主張「**在社群媒體已成主流的透明時代，這些想法都已經過時**」，提倡新型態的顧客溝通方法。

美國各界名人也對本書讚譽有加。

Book15《策略品牌管理》的作者凱文・凱勒表示：「作者以深刻洞察力，提出對全新消費者世界的獨到見解。」Book32《創意黏力學》的作者奇普・希思表示：「這是每位行銷人員都應該讀的書籍。」《焦點》雜誌（Focus）稱「若想知道技術讓消費者變得多聰明，這本是必讀書」。

本書作者賽蒙森是史丹佛大學商學院的教授，羅森是曾信奉傳統行銷模式的廣告文案企劃員。兩人對傳統理論產生質疑，攜手展開研究，共同完成本書。

沒沒無聞的台灣電腦製造商躍升國際企業的原因

新冠肺炎疫情升溫，開始居家上班後，我添購了很多IT設備。用來錄製講義的投影機、布幕、白板，還有視訊鏡頭、大型螢幕、大型複合式彩色事務機。雖然下單前無法親眼確認實品，但我一定會先上網參考網友們的使用心得，最後也順利買到理想中的商品。

短短20年前，買東西就像賭博，就算事先參考型錄或雜誌報導，仍免不了踩到大量的「地雷」，現在已經不太會遇到這種問題。對消費者來說，現在已是個非常理想的時代。

這也是華碩（ASUS）崛起的原因。華碩原本只是一家沒沒無聞的代工廠，當他們剛表明要以自家品牌販售電腦時，周圍一片反對聲浪：「樹立品牌要花非常多錢，絕對會失敗。」然而，到了2012年，華碩的電腦出貨量攀升到全球第5名。華碩講究產品性能及規格，價格實惠，在網路上大獲好評，吸引許多人購買他們的產品。

現在就算是陳列在實體店的商品，消費者也能當場用手機搜尋使用心得，品質和使用感全都一覽無遺。而且消費者還能透過比價網站，得知哪間店賣得比較便宜。因而，行銷的常識也跟著出現變化。

學會理性思考的消費者不容易受騙

行銷人員的愛用的行銷手法之一是**誘餌效應**。當餐廳只有800元跟1200元的套餐時，大多數人會選擇800元的套餐，但若加入2000元的套餐，自然會有人選擇1200元的套餐。即使2000元的套餐乏人問津也無所謂，反正那只是吸引消費者選擇1200元套餐的誘餌。

不過，誘餌效應在網路時代失去了效果。

某研究者仿效網路購物的模式，給消費者看了各種價格資訊跟使用心得後，做了同樣的實驗，結果發現誘餌效應絲毫沒有生效。

現代消費者能夠純熟運用智慧型手機，不會輕易被行銷手段操控。這並非消費者的大腦進化了，而是拜科技進步所賜。評價網站整理了使用者親身體驗的性能、機能、規格等真實資訊，幫助現代消費者全面掌握資訊。儘管世間的資訊量不斷增加，消費者依然會想辦法消化，因此誕生出全新的決策模式。

我們學會**擺脫情緒化，理性思考後再購買**。

20世紀時，企業利用行銷煽動消費者情緒的手法，發揮了強大的成效，但時至今日，訴諸情緒已經不再有效。

品牌價值已經逐漸喪失

戴森（Dyson）在吸塵器市場具有壓倒性的品牌優勢。鯊科（Shark）雖然是個沒沒無聞的品牌，但網路評價非常好，價格也比戴森實惠。很多原本打算買戴森的人，到店裡比較後，當場變心改買鯊科。

Book16《30年心血，品牌之父艾克終於說出的品牌王道》的作者艾克，提出3個建構品牌的要素：品牌認知、品牌聯想、品牌忠誠度。其中，品牌聯想的價值正在逐漸消失。隨著評價網站興起，知名品牌不再獨占優勢。

品牌在現代同樣重要，戴森依然憑著強大的品牌力獲得銷售佳績，只是現在很少人會單憑品牌判斷品質。

就像前面介紹的華碩一樣，**現在就算是沒有品牌力的企業，也能輕鬆打入市場**。說到華碩，據說艾克也在友人的建議下買了華碩的電腦。就連品牌界權威，也不再受到品牌拘束了。

品牌忠誠度已經是過去式

自從筆者前著《全球MBA必讀50經典》Book11《顧客忠誠度效力》作者瑞克赫爾德提倡的顧客忠誠度概念普及後，行銷人員開始卯足全力維護跟客戶的長期關係。

不過，現在狀況不同了。

根據勤業眾信（Deloitte）管理顧問公司的調查，只有8％的人會「固定投宿同一品牌的旅館」。

不僅如此，有項針對全球電信業界行銷幹部的調查結果顯示，行銷幹部認定的最優先任務是「加深與老顧客之間的感情」，但自認是「忠實客戶」的使用者只有29％，多數使用者都認為「用哪家電信都無所謂，只要便宜服務又好，就會馬上跳槽」。

由此可知，企業一廂情願地認為「敝公司跟客戶結下山盟海誓」。

使用者的想法則是「我可不記得有跟你發過誓啊」。

要是出現比現在更快、更便宜的通訊服務，你應該也會考慮更換吧？

就像這樣，消費者會違背企業的期待，輕易轉移到其他公司。

為什麼會變成這樣呢？

20世紀的消費者無法獲取正確的資訊，不得不繼續購買曾得到滿意購物經驗的產品。消費者不會輕易換用其他品牌，顧客忠誠度自然顯得高。

到了現代，消費者能在購買前掌握正確的資訊。此時就不用在乎有無購買經驗了，看到好評才購買，看到差評就不買。**既然能獲得正確的資訊，當然沒必要拘泥於過去的經驗。**

若把行銷比喻成魔術，總結上述內容，就是20世紀的消費者對行銷人員的魔術深信不疑，但現在有一堆人會直接在網路上公開魔術的秘密手法。這種狀況下，行銷人員該怎麼做才好呢？

用「影響力組合」清楚確認

能確認自家公司是否陷入此狀況的方法是**影響力組合**。顧客會依照以下3個資訊來源的組合，決定是否購買。

P（Prior）……個人原始的喜好、信念、經驗

O（Other）……他人評價或資訊服務

M（Marketer）……市場行銷

以買手機為例，P是當事人買手機的經驗、O是朋友們的意見、M是廠商的宣傳。「POM」的比例會隨狀況改變，當O增加時，P跟M會減少。消費者會在斟酌POM的平衡後，做出購買決策。

關鍵在於依賴O的程度。對O的依賴程度依下列因素而定：

因素1 **決策的重要性……**購買高單價產品（汽車或電腦）時會依賴O，購買生活用品則不會花時間比較

因素2 **品質資訊的重要程度……**若產品性能和品質的差異過大，會依賴O

因素3 **風險與不確定性……**若有「產品會出問題」等風險，會依賴O

因素4 **品類變化的速度……**若是數位設備等經常推陳出新的產品，會依賴O

因素5 **是否為他人可見的產品……**汽車和手機會在他人面前使用，會依賴O

當P跟O都不重要時，市場行銷（M）才會產生影響力。

舉例來說，消費者在購買生活用品（牙膏等）時，不會刻意上網確認品質和價格，在店裡看得順眼就會購買。此時，M展現出的品牌、陳列方式和包裝特別重要。就像Book5《品牌如何成長？行銷人不知道的事》提到的，此時的關鍵是心智顯著性及購買便利性。

用「影響力組合」清楚確認消費者的行動

影響力組合

P（Prior）……個人原有的喜好、信念、經驗
O（Other）……他人評價或資訊服務
M（Marketer）……市場行銷

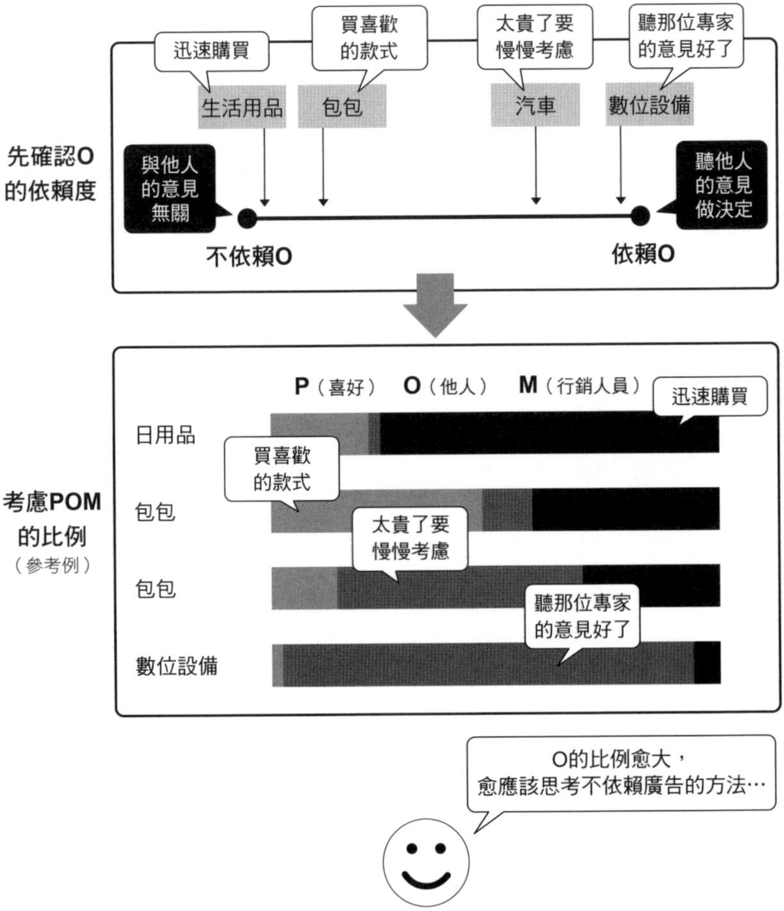

出處：作者參考《告別行銷的老童話》製圖

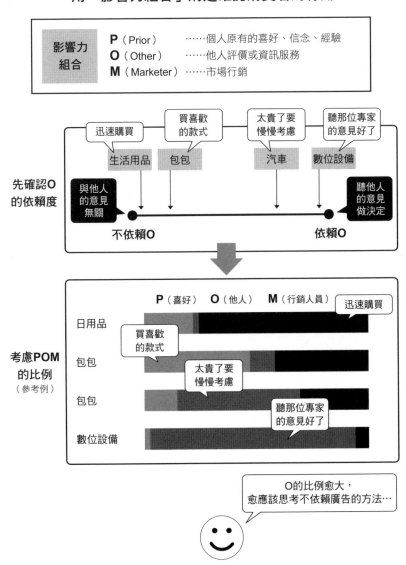

廣告的目的從「提升知名度」變成「激發興趣」

當消費者依賴O時，廣告的目的也會改變。此時的廣告既無法增加知名度，也無法說服消費者，業者**必須盡全力刺激消費者的興趣**。

三星（Samsung）的Galaxy Note在美國上市時，做了一段90秒的廣告。廣告中能看到NBA球星的兒子用觸控筆戳父親的臉，以及球星們用大螢幕視訊聊天的畫面。這支廣告的目的並非提升品牌名稱的認知度，而是用觸控筆、視訊交談和大螢幕吸引觀眾的目光，讓觀眾主動上網搜尋此產品。這段廣告在Youtube上的播放次數高達4千萬次，激起消費者的高度興趣，帶動業績成長。

就像這樣，比起追求品牌認知，廣告更應該要從消費者的角度出發，強調產品優勢，激發消費者的興趣。

在消費者依賴O的新世界中，也應該公開使用者與專家的意見。如Book29《啊哈！公關》的作者艾爾．賴茲所言，能蒐集專家意見的公關在此時特別重要。

此外，有不少行銷人員誤會社群媒體的使用方式，將之視為「說服手段」，一股腦地釋出大量的產品資訊，甚至有人以為「只要利用社群媒體，消費者就會成為品牌的粉絲，為品牌加油打氣」，這些都是**過時的想法，把原本該當成O來運用的社群媒體當成M在使用**。

至於牙膏等不依賴O的生活用品，熱賣關鍵則跟傳統的行銷一樣，取決於M跟P。

在社群媒體全盛時代，正確的行銷對策會依自家產品對O的依賴程度而有天壤之別。本書能為想尋找合適行銷對策的人指引大方向。

POINT

是否依賴「O」，行銷對策將產生天壤之別

第5章

「通路」與「銷售」

銷售即為行銷組合中的通路，
具有向顧客展現價值的重要功能。
銷售的重點並非產品本身，而是販賣顧客所需的價值。
銷售可分成零售銷售（B2C）及企業銷售（B2B）。
進入數位時代後，銷售方式也漸漸出現明顯的變化。
第5章將介紹通路策略、零售銷售、
企業銷售及數位時代銷售相關的11本名著。

Book

34

《通路的轉換策略》

（暫譯）*Transforming Your Go-to-Market Strategy*（Harvard Business Review Press）

——執行「通路策略」滿足顧客需求

卡斯徒里・藍根

哈佛商學院教授。於印度取得工程學位後，於西北大學凱洛格管理學院取得管理博士學位。赴美前曾任跨國企業的業務及行銷負責人，累積實務經驗。在哈佛商學院MBA教授全方位行銷課程，也負責執行專為經營主管設計的B2B策略、企業社會責任等相關計劃。

你做的衣服在朋友圈大受歡迎，於是開始想要怎麼賣才好。

參加戶外市集活動，一件件親手遞給客人也許不錯，還能親耳聽到客人的感想。問題是這種賣法太麻煩，而且擺攤時沒辦法做衣服。

在網路商店上架就能24小時販售，前提是要具備網路相關知識，還要花時間處理寄貨跟收款。

通路策略是行銷組合的關鍵要素之一

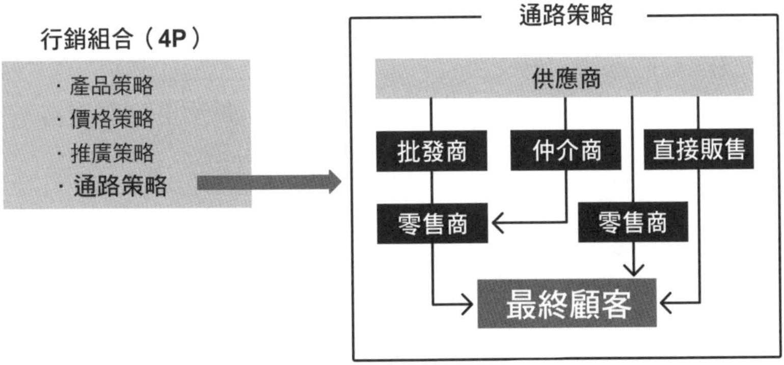

通路的使命是
「要如何提供最大的價值給顧客」

出處：作者參考《通路的轉換策略》製圖

找店面寄賣最輕鬆，但合作店家不好找。

若能跟批發商合作，把商品批發給大量店家，就能一口氣拓展通路，但如此一來，將無法親耳聽見顧客的心聲。

這些銷售管道統稱**通路**（channel）。思考通路建構與管理，稱為**通路策略**。通路策略是行銷組合（4P）的關鍵要素之一。

本書是一本深入解說通路變革策略的罕見理論書，也是一本實踐書。

作者藍根教授說：「**所有通路策略都源自顧客需求，應建構出能滿足顧客需求的通路！**」這段話聽起來很有道理，但多數人都做不到。

以下是我跟某食品製造業的業務部長見

面時的對話。

「永井先生，雖然您說要『靠價值一決勝負』，但這只是理想，實際上價值只會不斷降低而已。」

「請問貴公司產品的品質如何？」

「一級棒！現在的消費者不懂得真正的美味，大家吃了我們的產品後都驚為天人喔！」

「既然這麼好吃，為什麼要降價呢？」

「嗯？這麼說也沒錯……為什麼呢……」

仔細追問後，發現該公司的業務員幾乎接觸不到消費者。業務員平常洽談的對象是批發商。也就是說，業務員面對的顧客其實是批發商，所以他們無法理解，為何消費者稱讚「品質一級棒」但卻不買單。回頭跟批發商討論後，對方回答：「我知道你們的品質一級棒，所以你們能給多少折扣？」

絕大多數業務員都沒親眼見過消費者，有些搞不清楚狀況的業務員甚至以為「批發商和零售商就是顧客」。

藍根教授也感嘆：「**通路策略並沒有落實顧客導向的思維。**」批發商和零售商固然重要，但他們只不過是滿足顧客需求的中繼點，而非顧客。真正的顧客是認同商品價值，掏錢購買的消費者。通路上的相關人士，應該要齊心協力滿足顧客的需求。但實際上也發生不少忽視顧客的存在，彼此針鋒相對的狀況。

美國品牌NIKE跟鞋類零售商Foot Locker長年共同販售NIKE的運動鞋，攜手成長，但自從Foot Locker實施折價活動後，雙方開始針鋒相對。NIKE請Foot Locker「中止折價活動」，Foot Locker則以「不當要求」為由，取消上億美元的訂單，NIKE不干示弱，以停止供應人氣鞋款回擊。

NIKE和Foot Locker互不相讓，雙方的業績都掉得一塌糊塗。

「對通路上其他成員造成影響的能力」稱為**通路權力**（channel power）。擁有強大產品的NIKE握有**產品力量**，保有大量零售店的Foot Locker握有**市場力量**，這些力量都是強大的通路權力，但這兩間公司卻為了自己的利益濫用通路權力，導致業績惡化。這就是無視顧客的下場。那麼，怎麼做才是正確的呢？

通路託管的目的

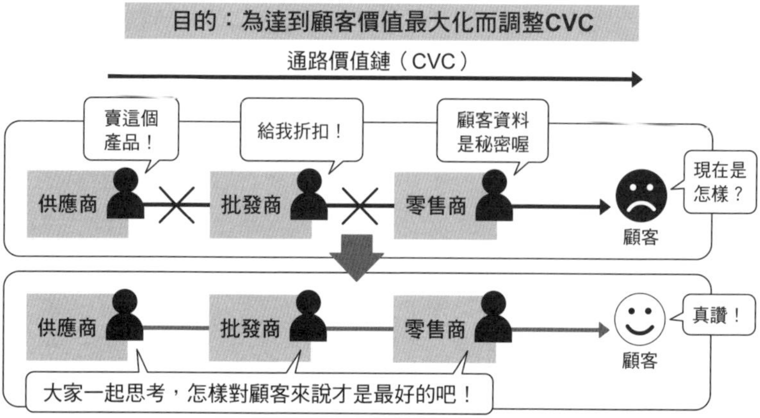
目的：為達到顧客價值最大化而調整CVC
通路價值鏈（CVC）
賣這個產品！
給我折扣！
顧客資料是秘密喔
供應商
批發商
零售商
顧客
現在是怎樣？
供應商
批發商
零售商
顧客
真讚！
大家一起思考，怎樣對顧客來說才是最好的吧！

通路託管的思維

出處：作者參考《通路的轉換策略》製圖

對顧客來說什麼才是最好的呢？

透過供貨業者將商品送往顧客手中的過程，稱為**通路價值鏈**（Channel Value Chain，CVC）。

CVC上的各路相關人士，以傳接棒的方式，將商品傳遞到顧客手中。如上圖所示，若相關人士之間未達成共識，顧客將會流失。

業者必須透過CVC傳遞「價值」給顧客。為此，藍根教授提出**通路託管**（Channel Stewardship）的概念。實施通路託管時，**通路管理者**（負責協調通路的公司）會號召相關人士，像上方下圖一樣，呼籲大家「一起思考對顧客來說什麼才是最好的」，共同調整CVC。

全世界最大的零售商沃爾瑪（Walmart），就是懂得活用通路託管的典範。沃爾瑪串聯起從門市到製造工廠的CVC，實現自動化。當門市庫存減少時，製造商會自行判斷後，直接幫門市補充商品。沃爾瑪免費提供販售資訊給製造商，這對製造商來說，是非常有益的產品開發情報。沃爾瑪的年營收約四百億美元，他們運用具壓倒性的通路權力，為顧客提供「便宜」的價格，同時與製造商共享利益。

如此這般，企業必須把自己想像成一束雷射光，直接聚焦在顧客身上，營造出有關成員全面理解「該如何滿足顧客需求」的狀態。順帶一提，Stewardship是「託管他人的資產」的意思，代表把CVC這個資產交給他人管理。

為顧客使用「通路權力」

製造商同樣能運用通路託管的概念。網路設備大廠思科系統（Cisco Systems，以下簡稱思科）活用經銷商通路，一路成長茁壯。美國網路泡沫化後，顧客需求大幅縮水，思科藉機全面修正通路策略。

最後思科決定「**協助能全方位支援顧客的經銷商**」。

原本思科會在斟酌營收後，給予經銷商適當的折扣，現在全面取消，改為依照新技術能力予以折扣。經銷商的技術能力愈強，就能用愈高的折扣採購商品，增加利潤。反之，沒有專業技術的經銷商，將無法繼續販售思科的商品。思科的經銷商數量因此減少一大半。

3年後，經銷商的顧客滿意度大幅提升，投資資本回報率大漲50％，思科為顧客提供的價值大幅增加，業績也直線攀升。

像這樣**徹頭徹尾站在顧客的角度出發**，**追求**CVC**的整體性能**，**是為通路上的全體成員提升價值的唯一方法**。

通路權力應用在顧客身上。思科為了提升顧客價值，利用通路權力迫使技術能力不足的經銷商退場，這才是通路權力的正確用途。反觀只想濫用通路權力壓制對方的NIKE和Foot Locker，則得不到任何好處。

只要善用通路策略，突破性策略將隨之增加。有些想進軍海外的日本企業，為了

POINT

重新檢視容易遭到忽視的通路策略，絕對會看到效果

強化銷售能力，會收購海外的銷售公司，但往往以失敗告終。就算尚未擁有自己的銷售通路，只要制定通路策略，依然能強化銷售能力。思科就先制定了優秀的通路策略，再與經銷商攜手合作，建構出自己、經銷商和顧客三贏的整合通路。

現實中，許多企業會為產品、價格、推廣制定策略，唯獨遺漏了通路。

通路策略容易遭到忽視，正因如此，重新檢視通路策略更容易看到效果。當重新檢視通路策略時，通路託管的概念絕對能派上用場。

Book

35

《富甲天下》（足智文化）

——「全球最大的零售商」是在腳踏實地、不懈努力之下誕生的

山姆・沃爾頓

全球最大零售商沃爾瑪（Walmart）創辦者。1918年生於美國奧克拉荷馬州的農場。畢業於密蘇里大學，27歲踏入零售業界，1962年開設折扣商店沃爾瑪商店（Walmart Stores）。是《焦點》（Focus）雜誌1985年至1988年評選的「全球最有錢的富豪」。設立獎學金制度等，積極參與慈善事業。1992年獲頒總統自由勳章。1992年4月辭世。

「便宜就賣得掉，賣不掉的話降價就好了。」很多零售業者把事情想得很簡單。這種想法其實是大錯特錯。價格戰的唯一贏家，是業界售價最低的那家公司，非常難以拔得頭籌。

而這場價格戰的世界冠軍，正是全球最大的零售商——年營收約四百億美元的沃爾瑪（Walmart）。

本書是沃爾瑪創辦人山姆．沃爾頓的自傳。他告訴讀者們，低廉價格的背後，是徹頭徹尾站在顧客的立場，發揮超凡的努力和毅力，一步一腳印地落實策略。

實際上，山姆在本書開頭也提到，自己成功的原因是「**孜孜不倦地朝著目標前進而已**」、「**沃爾瑪的故事，是一群平凡至極的人們攜手開創的非凡成果**」。

他並不是在謙虛。在現實生活中，朝著目標努力前進好幾十年，是一件非常困難的事情。若真有人能如此堅持，哪天成功也不意外。

每節省1美元，就領先對手1步

1985年，沃爾瑪的成功讓山姆成為全美國最有錢的富豪。

但他本人卻住在美國的鄉村地區阿肯色州，開著破舊的貨車，頭戴印著沃爾瑪商標的帽子，在鎮上的理髮店剪頭髮，過著非常樸實無華的生活。

從小隨著勤勉、正直、誠實的雙親長大的山姆，家境並不寬裕，在進大學前，他還得送報分擔家計。山姆親身體會到，每1分錢都得來不易，賺錢能獲得成就感，並領悟到最好的存錢方法就是不隨便花錢。

而這份體悟也反映在沃爾瑪的經營模式上。沃爾瑪的員工出差時，只能投宿便宜的旅館，兩人住一間房，在家庭餐廳用餐。山姆認真思考每1美元的價值，每節省1美元，就等於超前競爭對手1步。

附帶一提，目前跟沃爾瑪爭奪著業界龍頭寶座的亞馬遜（Amazon），企業文化也是「節儉」。亞馬遜的創辦人——全球身價最高的資產家貝佐斯（Jeff Bezos），長年來的愛車是一輛本田雅哥（Honda Accord），搭飛機出差國外時坐經濟艙，投宿便宜的旅館，徹底實行「不把錢花在無關顧客的事情上」的理念。

節儉無疑是折扣零售商邁向成功的必要企業文化。

雖然在1962年創辦沃爾瑪前，山姆已經累積了將近20年的零售經驗，但對零售業經營心法一無所知，反而讓他得到更多好處。當時的零售教學書籍沒有一本派得上用場，沃爾瑪哲學的基礎，是山姆開了第1家店後，從實際經驗中摸索而來的。將進貨價0.8美元的商品，用1美元的價格賣出，銷量會比賣1.2美元還多出3倍以上。雖然單品利潤減半，但總利潤會多出1.5倍。跟抬高價格相比，降低價格、增加銷量的總收益更高。他親身體會到，折扣商店靠**薄利多銷**獲利的精髓。

山姆在美國中部阿肯色州的鄉下小鎮展開零售業生涯。當時他既沒有資金援助，也無法申請融資。最早，沃爾瑪只是一間破舊的小店，在山姆堅持「用最便宜的價格販售」10年後，沃爾瑪跟顧客建立起良好的關係，業績節節高升。當地顧客只要一聽到「沃爾瑪」，就會聯想到「低價與滿意的保證」，這正是所謂的**品牌聯想**。之後，沃爾瑪開始慢慢拓展分店。

在小城鎮不斷展店，晉升全球最大的零售商

創業初期，沃爾瑪的經營者山姆會親自將女性內衣褲搬下貨車，捧著染有咖啡漬的黃色筆記本來回踱步，給人「在鄉下小鎮經營不怎麼樣的折扣商店」的印象。

事實上，山姆無時無刻都抱持著「有朝一日要創造出最棒的零售企業」的想法。他走訪全美各大店家及連鎖店總公司，學習建立折扣商店連鎖體系的方法。他雇用有管理經驗的人才，得知「就算掌握進貨跟銷售的紙本數據，也無法掌握遠距離門市的經營狀況，所以不能在太遠的地方開分店」，之後就開始學習電子化經營。

但物流問題遲遲未能解決。偏僻的鄉下小店訂貨之後，也無法確認到貨時間。

這讓想即時上架的山姆相當困擾。走訪各地的物流中心後，山姆找到了解決方法——建設專屬自家公司的物流中心，整合資訊系統。雖然這在現代已經是常態，但山姆早在進入電腦時代10年前的１９６０年代，就已經採取行動。

就這樣，沃爾瑪在１９６０年代後期，整頓好連鎖體制、專業經營團隊、輔助成長的支援體制等，打穩未來成長的基礎。

很多現代的日本企業，尚未整頓好分店支援體制就貿然展店，導致顧客流失，業績惡化。山姆則參考各零售商的經驗，從中吸取教訓，提前做足了準備。

沃爾瑪的展店策略，其實非常單純。

「在其他公司不屑一顧的小鎮裡，開展規模適中的折扣商店」

日本與美國對「城鎮」的概念有所不同。在人口密集的日本，城鎮與城鎮之間會緊密相連；但在美國，城鎮之間往往相隔數公里到數十公里，星羅棋布，所以每座小鎮都自成一個封閉的**商圈**。

當年的零售業霸主凱瑪（Kmart）不會在人口數不到5萬人的小鎮開店，因為商圈規模太小了。

山姆明白，只要在這些人口不到5萬的小鎮開折扣商店，就能寡占市場。而這種小鎮在全美各地多不勝數，進軍這些小鎮將能不戰而勝，商機無窮。

先開1間能寡占該城鎮的折扣商店，寡占該城鎮的商圈，接著在附近的城鎮展店，寡占該地區的複數商圈（**商勢圈**），然後繼續擴大區域，佔據其他不在對手目標內的商勢圈。

為了確保門市位於物流中心的管轄範圍內，店面應選在從本部和物流中心行車1天能抵達的範圍內（半徑560公里）。本部能掌握每間分店，運用資訊系統給予完善協助，大幅降低物流成本及管理成本。達成區域寡占後，經過口耳相傳，就算不打廣告顧客也會主動上門，即能省下廣告費用。

寡占物流中心半徑560公里內的區域後，再建設新的物流中心，重複以上的展店流程。這段期間，沃爾瑪的營收蒸蒸日上。

1970年　32間分店　總營收2千3百萬美元
1980年　276間分店　總營收9億美元
2001年　4414間分店　總營收160億美元
2019年　11361間分店　總營收4千億美元

沃爾瑪默默耕耘，反覆落實簡單的策略，成功獲得驚人的成長。

徹底奉行「顧客至上原則」

零售業成功的祕訣是「**提供顧客想要的東西**」。沃爾瑪始終兢兢業業地堅守本分。就像Book1《希奧多．李維特行銷論》介紹過的，沃爾瑪創業初期，下屬提議將定價1．98美元、進貨價0.5美元的商品以「1．25美元」的價格販賣。據說山姆這麼回他：

「**賣進貨價加3成的0．65美元就好了，把利潤回饋給消費者。**」

沃爾瑪的採購人員跟供應商砍價砍到最低，也是為了顧客著想。顧客有權用便宜的價格購買商品，因此沃爾瑪的採購人員會想盡辦法把進貨價壓到最低。

沃爾瑪曾經跟供貨商寶僑（P&G）進行一項困難的交易。「我們明明都秉持著顧客至上的原則，卻有太多不協調之處，造成許多不必要的浪費，建立全新的合作關係吧！」雙方的經營主管達成協議，透過電腦共享資訊。自此以後，寶僑能按照沃爾瑪店內的商品銷售狀況，制定生產及出貨計劃。最終，寶僑得以兼顧低成本與高品

沃爾瑪的展店策略

在競爭對手目標範圍外的小城鎮（人口不到5萬人）陸續展店，默默耕耘寡占商圈→商勢圈→區域，慢慢擴大範圍

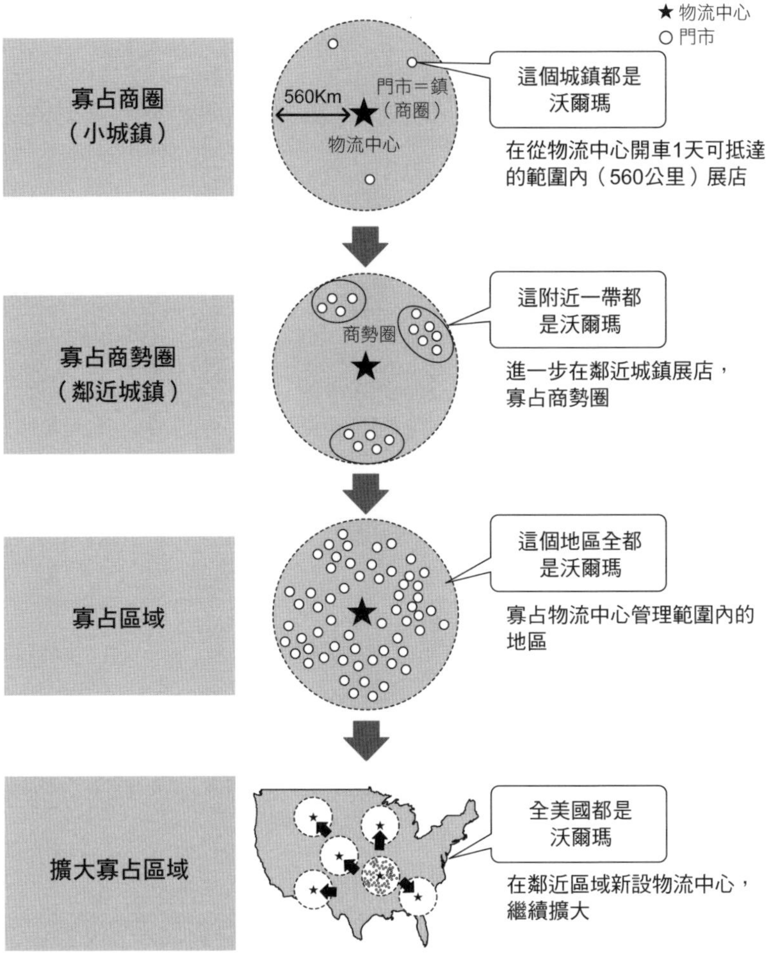

出處：作者參考《富甲天下》製圖

質，沃爾瑪也得以降低售價。

優點是「能捨棄過去、轉換方向的文化」

Ｂｏｏｋ36《21世紀的連鎖店》的作者渥美俊一將沃爾瑪視為學習連鎖店理論的最佳範本，本書也是由渥美負責監譯。

渥美曾與山姆面談數次。據說山姆曾向他表示：「我最自豪的是，我觀摩過的店比美國任何一家連鎖企業的經營者都還多。」他每說完一句話，都會補上一句「美國某連鎖企業在何時曾發生過何事」來印證。山姆說：「**我做的事情，幾乎都是在模仿他人。**」山姆徹底奉行現場主義，在整整半個世紀間，飢渴地吸收多方知識，帶領沃爾瑪成為全球最大的零售商。

之後，亞馬遜從沃爾瑪手中搶下零售商市值總和的冠軍寶座。為了跟亞馬遜對抗，沃爾瑪也開始佈局網路市場。

歷經長年苦戰，到了２０２０年，隨著新冠疫情升溫，沃爾瑪網路超市的營收開始有了起色。山姆在本書提到：「我們企業文化的優點，是能捨棄過去，轉換跑道。」

如今沃爾瑪是否真能靈活轉換到新跑道，即將見真章。

沃爾瑪的故事告訴我們，零售商低價出售，絕對不是落伍的想法，但**在低價出售前，必須先付出紮實的超凡努力**。輕易舉辦便宜特賣，只會引來「專挑便宜貨」的精打細算客，導致優質顧客流失。

POINT

決定要「低價販售」後，集中火力用最低的成本提供給顧客

Book

36

《21世紀的連鎖店》

——大量標準化店面，能發揮出超群的力量

（暫譯）21世紀のチェーンストア（實務教育出版）

渥美俊一

1926年生於三重縣。1952年自東京大學法學部畢業後，進入讀賣新聞社，擔任經營技術專任主任記者，獨立編撰「商店專欄」。1962年創立連鎖經營研究組織飛馬俱樂部（Pegasus Club）。成立連鎖經營專業顧問機構「日本零售中心」，將700多家中小企業培養為大型企業。專業領域為連鎖店的經營政策、經營策略及基礎技術論。

從現實層面來看，想跟Book35的沃爾瑪（Walmart）一樣順利展店、提升業績，其實是非常困難的。

很多零售業者趁著勢頭積極展店後，經營狀況反而一路下滑。

日本連鎖牛排店Ikinari Steak有段時間業績爆漲，業者趁勢在短短5年內新開設了400間分店，結果在2020年面臨破產危機；另一方面，也有像宜得利（NITORI）、

藏壽司一樣，長年逐步擴展門市、增加營收與利潤，穩紮穩打地成長，一帆風順的零售業者。

造就兩者差異的關鍵，在於是否忠於本書提倡的**連鎖店理論**。

對坐擁多間分店的零售業而言，連鎖店理論是必不可少的。各大超市也從1960年代開始實踐連鎖店理論，實現大幅成長。

本書作者渥美俊一為了「實現國民的豐饒生活」而提出連鎖店理論，是帶領日本零售業長年發展至今的功臣，在業界名聲相當響亮。

大規模力量將發揮壓倒性的威力

鎖鏈（chain）上每個環節的力量薄弱，依照一定的法則將多個環節串聯起來後，環節的力量增強，就能發揮出強大的威力。連鎖店理論的概念，正是如鎖鏈般「將多家分店用系統連結起來，發揮出更勝於單間分店的力量」。

連鎖店（chain store）指的是擁有超過11家分店，對分店進行集中管理及販售的零售商。

連鎖店擁有愈多分店，能產生愈強大的力量，當連鎖規模擴大後，連鎖店就能以低價提供優質的商品。「物超所值」的宜得利共有615家門市（2020年5月）。

不過，連鎖店不能只顧著展店，而是要採取一套**標準化流程**。首先，❶找出最適合該店的經營方法，❷培訓相關人員，❸進入能按照標準實行的狀態。接著，❹實行一陣子後**改善及修正規定**，❺重複步驟❶到❹，**降低發生意外的機率**。

沃爾瑪、宜得利跟藏壽司，都兢兢業業地反覆落實步驟❹跟❺，才得以穩定成長。有很多零售商忽視步驟❹跟❺，途中就陷入經營困境。

負責管理的團隊成員超過一定人數後，突然變得不聽使喚，大家有沒有類似的經驗呢？零售業也遇到同樣的問題。擁有5家以上的分店時，會感受到管理的極限。擁有20家以上分店時，命令會遭到無視。擁有30家以上分店時，現場人員的報告會變得無法信任。

連鎖店理論為各階段安排合適的運行模式，解決各階段的難題。此時最重要的是**大規模**的概念。此概念的意思是「突破一定數量後，將得到全新的性質，能展開全新的活動」。

建立起全新的管理模式後，能突破20～30家分店的障礙。不過，等到擴大到50～100家分店時，又會面臨下一道難題。此時必須慢慢累積經驗，設計出縝密且周到的新型系統。成功解決這道難題後，員工的觀念和行動都會出現變化，企業文化等級一口氣提升，在突破200家分店的瞬間，開始展現出連鎖店的威力，並在突破500家分店後，發揮出驚人的效果。

宜得利的似鳥昭雄社長也曾在訪談中提到：「擴展到200家門市後，我們的交涉能力倍增，能調度原料集中訂貨，所以我們有辦法把售價壓得更低。」（日經商業線上版《似鳥社長對坊間的「連鎖商店極限論」有話要說》，2015年）

零售商在大量展店後業績急轉直下，通常是無視建立新系統的重要性，急著拓展新店所致。這種行為簡直是自掘墳墓。

連鎖店理論提倡由總公司大量集中訂貨，降低成本，徹底執行門市的標準化作業，減少例外狀況，不斷追求**規模經濟**。如此一來，才能持續用低廉的價格供應品質恰當的商品。

「連鎖店理論」已經過時了？

曾任新聞記者的渥美，早在1950年代就有了「貧困生活是日本社會之恥，必須打造連鎖商店產業來克服此問題」的想法。這是渥美從沃爾瑪等歐美零售業者得到的啟發。長年以來，「將連鎖商店視為維護國民生活的基礎產業」的美國連鎖業者，分店數量基本上都超過4位數，直營店多，營收也高。

從歐美企業得到啟發的渥美，在日本國內尋找志同道合的零售夥伴，於1962年創設**飛馬俱樂部**（Pegasus Club）。當時的夥伴有永旺（AEON）創辦人岡田卓也（當時36歲）、大榮（Daie）創辦人中內功（39歲）、伊藤洋華堂創辦人伊藤雅俊（37歲）等年輕的零售業經營者。雖然這些集團現在一家比一家大，但當時都還只是門市不多的中小企業，年營收頂多才3～10億日圓而已。

「若零售業一直都只是中小企業，日本永遠無法脫貧。應該要孕育出日本的連鎖商店產業，豐富國民的生活。」這些懷抱著同樣願景的經營者齊聚一堂，每年舉辦美國視察旅行和相互觀摩活動，孜孜不倦地持續學習，攜手將零售業培育成日本的一大產業。

連鎖商店的體系，必須花時間一步步建構

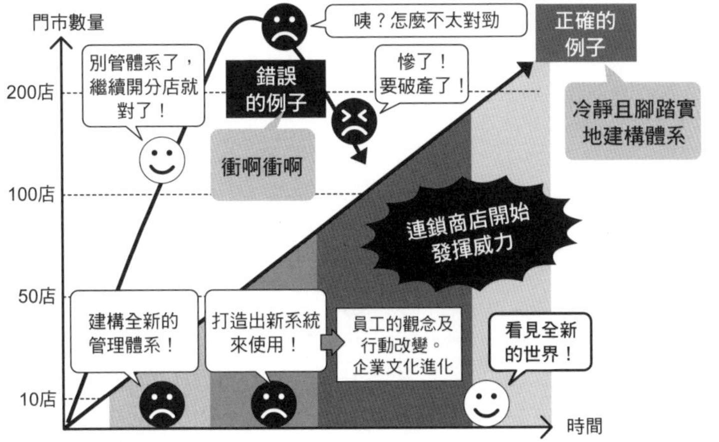

出處：作者參考《21世紀的連鎖店》製圖

半個世紀過去了，渥美對現在的零售業界有什麼看法呢？

2010年辭世的渥美，在2008年出版的本書中談到：

「現在達成的，只是當年理想的一部分而已，我們尚未掀起歐美國家實現的生活革命。」

零售業界的業績確實比以往提升了不少，但總收益仍只有美國的一半，規模擴大的速度也極為緩慢。

他毫不留情地指責：「愈是大企業愈容易自我滿足，喪失創新性，一味地追求業績，依賴人海戰術，沒有徹底執行標準化、大規模化及工程化（用數字掌握及分析狀況，改善系統）。經營者不能光是期待第一線人員的努力。」

另一方面，現在也傳出**連鎖商店極限論**的聲音。連鎖店理論的基本原則是總公司獨攬大權全面管理，否定開放進貨等權限給各分店的**個店經營**。

然而，唐吉軻德給予門市自由裁量權，朝著個店經營的方向前進後，業績持續攀升。2019年，唐吉軻德買下業績不振的綜合超市UNY，將UNY的門市「唐吉軻德化」，從連鎖經營調整為個店經營。唐吉軻德把進貨權限交給原本失去銷售熱忱的現場員工，由他們主動推銷，結果業績大幅提升。

UNIQLO同樣也將總公司的權限大幅授予都市地區的大型門市。

就像這樣，日本各大零售業者甚至開始討論是否該**跳脫連鎖商店**。

連鎖店理論有極限嗎？尊稱渥美為「人生導師」，學習其連鎖店理論並忠實執行，一步步壯大事業的宜得利社長似鳥，在前文提到的訪談中說到：「**就是因為還沒到極限，所以才會出現連鎖商店極限論的聲音。但連鎖店理論是正確的。**」

法政大學的矢作敏行名譽教授曾說：「依照門市所在地及環境調整商品種類和經

營方式，是再正常不過的事情。能掌握各類別、各門市、各區域銷量最佳的商品，是連鎖商店的優勢。各門市之所以能上架最適合自己的商品，也應歸功於此情報。個店經營並不是在否定連鎖店理論，而是此理論進化後的型態」。（《販賣革新》2015年11月號）

就像Book 37《花錢有理》提到的，現代的顧客到了賣場才會決定要購買哪些東西。把各項權限轉交給門市，由現場員工自行判斷，將如唐吉軻德般業績大幅成長。連鎖店理論進化成個店經營，是歷史的必然。

飢渴地吸收美國零售業的經驗，在日本進化成獨特體系，為日本零售業發展貢獻良多的連鎖店理論，至今依然奏效。只不過，現代社會已經不同於連鎖店理論發跡的年代。學習連鎖店理論，幫助其昇華蛻變，絕對能帶領日本的零售業更加蓬勃發展。

POINT

連鎖店理論至今依然奏效。利用大規模的優勢，幫助理論昇華蛻變！

Book

37

《花錢有理：新時代消費行為大預測》（時報出版）

——零售業者太不瞭解顧客了

帕克・安德席爾

行銷顧問公司安威羅賽爾（Envirosell）創辦人暨執行長。以紐約為據點，追蹤全球顧客在各業種、各型態店舖的購買行為，研究出開店竅門，受到許多一流企業青睞。在行銷顧問領域，確立了獨特的「顧客購買行為分析」手法，因此也被稱為「消費界的人類學家」、「消費界的福爾摩斯」。

我太太很討厭人擠人的大賣場，就算有想買的東西，她也會說「改天再買」，絕對不會踏入大賣場一步。本書開頭解釋了她這麼做的原因，這種現象名為**推擠效應**。

本書作者帕克・安德席爾發現，在百貨公司的領帶貨架選購領帶的消費者，被其他人碰撞到臀部後，就會放棄選購領帶。當業者把領帶貨架移動到遠離走道的位置後，領帶的銷量便大有起色。同樣現象也發生在其他賣場。受業績低迷所苦的商家不在少數，其實只要花點小心思，就能大幅提升業績，本書介紹了很多小秘訣。

本書原文版副標題為**消費科學**（The Science of Shopping）。其觀點是：調整店面狀態或商品內容，使消費者產生購買欲望。作者的公司接受企業的委託，派遣訓練有素的調查員進駐各店，小心翼翼地尾隨消費者，記錄及分析消費者的所有行動，找出能吸引消費者購物的關鍵。此調查屬於跨國型服務，在《財星雜誌》（Fortune）前百大企業中，有3分之1的企業是此服務的客戶。

過去企業會利用廣告使消費者產生「想購買此商品」的慾望，吸引消費者來店購物。現在這個方法已經不管用了，因為現代消費者會在入店後才決定要買哪些東西。

實際上，唐吉軻德的客人也是在踏入宛如叢林的店內後，才會決定要購買的品項。這種購物模式相當稀鬆平常，但零售業者卻意外地不瞭解消費者。

顧客逗留的時間愈長，買得愈多

接著來介紹幾個零售業者普遍不瞭解的消費者實態。

・作者調查顧客在店內逗留的時間後，整理出購物時間與銷售金額的相對關係。電器行的非購物者的逗留時間為5分6秒，購物者為9分29秒；玩具店的非購物者的逗留時間為10分鐘，購物者的逗留時間為17分鐘以上。另外也有很多店家的非購物者和購物者的逗留時間差了3、4倍之多。日本蔦屋家電的環境舒適，容易讓人流連忘返。蔦屋家電落實了「在舒適的空間裡陳列書本和流行商品，業績自然會提升」的理論。

- 訪客實際消費的百分比，稱為**轉換率**（Conversion Rate）。作者向某零售企業的主管打聽店面的轉換率後，對方回答：「客人來我們店裡都是為了消費，我們的轉換率將近100％。」然而，實際調查後發現，該店的轉換率只有48％。其實很多零售業者都沒注意到，自己錯失了大量的訪客。
- 店員與顧客接觸互動的百分比，稱為**截擊率**。截擊率愈高，業績會愈好。店員本來就應該積極跟顧客互動，但很多店家卻裁減人力，導致業績減少。

「空出雙手」會對消費行為產生怎樣的影響？

人類生物學上的特徵，也會影響到購物行為。例如：人類有兩隻手。若能創造出方便購物的環境，業績將有所提升。

・澀谷東急百貨本店的1樓，有能寄放行李的置物櫃台。多虧了這項寄放服務，訪客能夠兩手空空輕鬆逛街。這項服務雖讓百貨公司的業務量增加，同時也為店內業績帶來極大的貢獻。人類只有兩隻手，購物行程會在雙手塞滿東西的瞬間劃下句點。作者從某間店的購物記錄影片中，看見雙手捧著一堆東西的顧客，他心想「裝進購物籃比較好吧？」於是他建議店家「若看到手上拿超過3個商品的顧客，試著拿購物籃給他裝看看」，結果該店的業績明顯提升。商家盈利和虧損的關鍵，往往取決於微不足道的「順手購買」。最重要的是，當顧客產生「需要拿購物籃才能多買1個」的想法時，目光所及之處必須要有購物籃。

・很少人會順手拿放在店門口的購物籃或傳單，因為人在踏入店內後，通常會先不自覺地觀察店內模樣，集中精神分析店內的聲音、氣味和溫度。這段期間還不算真正進入店內，只是踏入了**適應區**。等客人往店內多走幾步後，才總算留意到購物籃和傳單的存在。縮小適應區，能更有效地利用店內空間，幫助銷量提升。在入口處裝設自動門固然看似便利，但客人的行走速度不變，反而會導致適應區擴大；裝設傳統手動門或拉門，迫使客人放慢

把「適應區」縮到最小

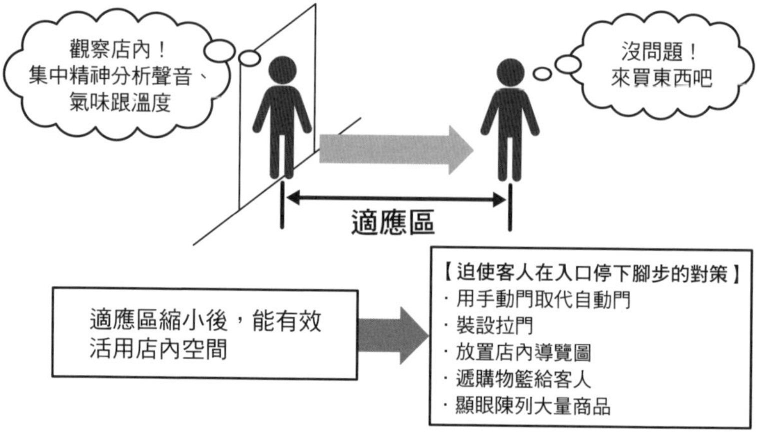
觀察店內！
集中精神分析聲音、
氣味跟溫度
沒問題！
來買東西吧
適應區
適應區縮小後，能有效
活用店內空間
【迫使客人在入口停下腳步的對策】
・用手動門取代自動門
・裝設拉門
・放置店內導覽圖
・遞購物籃給客人
・顯眼陳列大量商品

出處：作者參考《花錢有理》做成

行走速度，可望縮小適應區。也可以安排員工在入口遞購物籃，或像服飾店一樣在門口展示大量毛衣等，想辦法吸引客人駐足。

・多數消費者是右撇子，手伸到右邊比較容易拿東西。店家可以把想讓消費者購買的商品陳列在其站位的右側。

・很多商家自從擺放椅子後，業績瞬間暴增。當男性能坐下等待，不會打擾女性時，女性自然能毫無後顧之憂地輕鬆購物。

刺激消費者購物慾望的手段

我家附近的進口食品店「咖樂迪咖啡農

場（KALDI）」的店員會現場沖泡店內販售的咖啡，倒在紙杯裡請客人試喝，整間店瀰漫著咖啡的香氣，配上朝氣蓬勃的拉丁音樂。像這樣提供味覺、嗅覺、聽覺的多重享受，是為了刺激顧客的購物慾望。

百貨公司的女性內衣褲賣場，之所以大量陳列商品，就是想讓女性實際觸摸及試穿貼身衣物。顧客會在親自嗅聞、觸摸、觀察後，購買自己認可的商品。

現代消費者希望能「**在購買前先嘗試**」，視覺、觸覺、嗅覺、味覺、聽覺都會對消費行為造成極大的影響。商店的職責應該是讓顧客接觸商品，但許多店家卻不明白這個道理。幾乎沒有任何一家賣印表機的店，會讓印表機處於開機且裝有紙張的狀態。

服飾店的試衣間相當煞風景。會試穿的顧客通常有意願購買，多數店家卻讓機會白白流失。倘若在燈具下工夫，裝個能切換光源的燈具，供顧客確認各種場合穿起來的感覺，換一個品質好一點的大鏡子，再擺上鮮花，營造出天天打掃的清潔感，業績絕對會蒸蒸日上。

食品類新商品銷量不佳的原因，是因為從來沒有人吃過，重點在於提供試吃服務。過去龜甲萬醬油進軍美國市場時，美國人不曉得醬油是什麼味道，於是他們在全美設置試吃區，給客人試吃用醬油調味的料理。如今，有些美國人已經直接用「shoyu（醬油的日文發音）」來稱呼全世界的醬油產品。

好好利用顧客的等待時間

影響顧客評價店家滿意度的最重要因素是**等待時間**。等待時間短，顧客會給予高度評價；等待時間長，店家的一切努力都會化為泡影。等待時間超過90秒後，顧客的時間感會產生扭曲，心生煩躁。重點是要縮短顧客的知覺時間。其中一個方法是顯示出具體的等待時間。

等待中的顧客全朝著同個方向排隊，每個人都閒得發慌。聰明的零售業者會把等待時間當成「無形的財產」，趁此時提供菜單或其他引人矚目的訊息給顧客。當人在閱讀文字時，會有等待時間縮短的錯覺。此外，提供試吃品給等待中的顧客，也是活用等待時間的方法。

多數企業主管不曾主動造訪自家公司的門市。但親眼確認消費者跟店員之間的互動，其實非常重要。不光是店面，顧客的喜好跟行為無時無刻都在進化。消費行為隨時都會發生變化——我們必須先認清這個事實。

Book36《21世紀的連鎖店》介紹的連鎖店理論，之所以不得不從總公司全面主導進化成個店經營，也是因為消費者正在不斷進化。

一般人聽到行銷，總會聯想到大費周章的行銷策略，但實際上，**落實於銷售現場的各種行為，也經常會大幅影響經營成果**。拋開成見，理解零售業販售現場的實際狀況後再研讀本書，必將如虎添翼。

POINT

提升業績的關鍵是「銷售現場的真實狀況」

Book

38

《重建零售業》

——店面從「買賣的地方」進化成能讓人對商品產生興趣的「媒體」

（暫譯）*Reengineering Retail*（Figure 1 Publishing）

道格・斯蒂芬斯

國際知名零售顧問。零售先知（Retail Prophet）創辦人。憑藉人口動態、科技、經濟、消費者動向、媒體等大趨勢預測未來，影響沃爾瑪（Walmart）、Google、Salesforce、嬌生、家得寶（Home Depot）、迪士尼、BMW、英特爾（Intel）等國際品牌。本書以外的著作包括《The Retail Revival（暫譯：零售復興）》等。

前陣子，我學會查詢亞馬遜網路商店（Amazon）年度消費金額的小技巧，一查之下大吃一驚。這10年來，我的消費金額以每年20%的幅度遞增，尤其是新冠疫情爆發以來，天天居家辦公，截至2020年9月為止，我的消費金額已經達到去年的2倍。現在到實體店面購物的機會確實比以前逐漸減少。

網購在全球零售業的佔比年年上升，新冠疫情升溫後更是急遽加速。

本書描寫實體店面在當今情勢下應追求的未來樣貌，是美國媒體及零售業經營者推崇的「必讀好書」，作者是國際知名的零售顧問。

過去普遍認為「衣服放在網路上賣不掉」，但對多數現代人來說，在網路上買衣服已經是家常便飯。

在現代，無論是家庭食材還是家具，都能從網路上買到。汽車製造商特斯拉（Tesla）也全面轉向網路銷售，只保留提供試乘的展場。消費者能像買書一樣，用手機購買特斯拉的汽車。**網路無法觸及的銷售聖域並不存在**。

消費者能用亞馬遜的智慧音箱「Echo」聲控下單、透過VR（Virtual Reality）技術模擬在世界各地購物的體驗。研究人員也正在研發透過網路傳遞觸覺及味道的技術。至於配送方面，隨著Uber eats等新創配送公司登場，亞馬遜為了因應迅速配送的需求，急速展開無人機配送實驗、建構自動化物流中心、調度飛機等。

網路購物掀起一波波爆炸性進化浪潮，現代消費者無論有任何需求都能立刻下單。

實體店面完全追不上這波進化浪潮。在這200年間，時代發生了劇變，但實體店面的販售機制始終如一，消費者很難很快在實體店面中找到想要的商品。

計算零售業績的指標（賣場坪效、員工業績、現存店面的成長率、存貨周轉率等）也未曾改變，形成「業績惡化→合理化→業績惡化」的惡性循環，連百貨業也長年委靡不振。實體店究竟該如何求生存？

唐吉訶德為我們展現「實體店的未來」

在一片不景氣的零售業界中，唐吉訶德依然業績長紅。唐吉訶德的店內宛如叢林，到處都是堆積如山的商品。經營不善的UNY超市自從成了唐吉訶德的子公司，被改造成唐吉訶德風格後，業績瞬間回升。有項調查唐吉訶德秘密的實驗發現，關鍵在於控制快樂和慾望的腦內快樂激素**多巴胺**。

此實驗以猴子工作後給予獎勵的方式，尋找讓猴腦分泌多巴胺的條件。研究員在實驗開始前會先開燈。

結果發現，猴子分泌出最大量多巴胺的時間點，並非獲得獎勵的瞬間，而是看到燈亮的瞬間。對「獎勵」產生的期待，會使大腦感到愉快。

有趣的是，當得到獎勵的機率降低時，多巴胺的分泌量反而會上升，甚至能升到最高等級的50%；若保證能得到獎勵，多巴胺的分泌量反而會減少。

將此實驗套用在消費者身上：當消費者買到想要的商品的瞬間，多巴胺的分泌量最多，當有意想不到的收穫時，會分泌出更多的多巴胺。

也就是說，若像在亞馬遜購物時一樣，消費者處於一下子就能找到商品的狀態，多巴胺可能會減少。**在網路購物便利的時代，人類反而渴望實際體驗**。

像唐吉軻德一樣雜亂無章的實體店面，能激起興奮感。愉快的體驗就像合法的麻藥，會促使大腦分泌多巴胺。這種體驗只有在實體店才有機會獲得。在網路購物盛行的現代，消費者依然渴求實體店的體驗。

然而，現代的實體店大多沒有滿足消費者的需求。每間家電量販店都光鮮亮麗，一塵不染，播著氣勢磅礴的音樂。不管是Yodobashi Camera還是Bic Camera，招牌跟背景音樂都如出一轍。並不是亞馬遜殺死了實體店，而是一陳不變的實體店把自己逼進絕境了。

實體店面在提供「體驗」的過程中進化

就像Book37《花錢有理》介紹過的，蔦屋家電懂得為消費者提供體驗。柔和的店內燈光稍微偏暗，營造出沉著感。店內氣氛舒適，商品全是一時之選，有文具、戶外用品、精緻小物等豐富選擇，光用眼睛看就是一種享受，也可以坐在沙發上恣意放鬆。蔦屋家電創造出一個舒適的空間。

蔦屋家電的經營團隊CCC集團（Culture Convenience Club）的增田宗昭社長認為，「要發掘出只有實體店才能辦到的事情」。他勇於多方嘗試，蔦屋家電正是其中一環。

透過網路直接販售給消費者的**D2C（Direct to Consumer）**銷售模式，近年在新創企業間持續成長，其中也有不少D2C企業開設了實體店面。

美國超人氣網路眼鏡品牌**Warby Parker**，一開始認為眼鏡能在家試戴，所以「不需要實體店面」，但當他們訂單暴增，暫停在家試戴的服務後，接到許多顧客來電詢問「能不能直接到公司試戴」。他們在公寓裡騰出一間房間，實際接待顧客後，察覺到面對面建立顧客關係的重要性。如今，Warby Parker已經擁有不少實體店面。

家電廠商**Soros**詢問顧客從何得知自家的音響，多數人的回答都是「在朋友家聚會時知道的」。為了提供相同的體驗，他們設計了一間擺設精美、完全密閉的視聽房。在公寓風格的試聽房內擺放家具，將音響特性調整到最完美的狀態。訪客能在這個空間裡親身體驗產品。

某D2C服飾公司的執行長說過：

「跟只有網路商店的時期相比，開設實體店後，我們的區域認知度和業績都成長了4倍。」

在實體店購物已非首選的現代，商家應優先**提供體驗**。

「體驗型零售店」的時代

實體店已經從「買賣的地方」進化成「取悅顧客、激發顧客對商品的興趣」的場所。

位於美國西岸的**b8ta**，店內陳列著新創公司研發的機器人、無人機等新潮商品。b8ta的目的就是讓顧客體驗產品。他們會用攝影機等設備記錄及收集顧客的反應後，把這些資料賣給製造商。對製造商來說，這是能瞭解顧客對自家產品有何反應的極貴重資料。

日本的蔦屋家電也做了同樣的嘗試，推出名為**蔦屋家電+**的新時代展示空間。

位於紐約曼哈頓的**STORY**比照畫廊形式，每4到8週更換一批新商品，於店內展示販售。STORY就像一本雜誌，先決定主題後，再訴求品牌故事。吉列（Gillette）、奇異（GE）、家得寶（Home Depot）等公司，都在此處買下講述品牌故事的機會。該店也引進追蹤店內顧客動向的技術，各公司能透過追蹤資料掌握顧客對自家產品的感想。據說STORY的賣場坪效是美斯百貨（Macy's）的12倍。

媒體和店面的功能，正在逐漸互換。

行銷漏斗模型將消費者的心理變化喻作漏斗，流程依序是**關注**、**興趣**、**比較**到**購買**。

過去業者會先透過媒體打開產品知名度，再經由實體店販售。現代則完全相反，實體店成了宣傳產品的媒體，消費者只要利用手機，就能隨時隨地購入產品。

實體店面將成為媒體

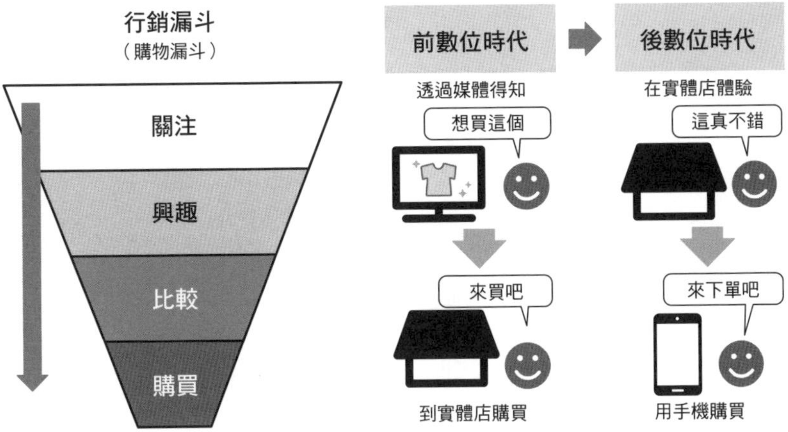

出處：作者參考《重建零售業》製圖

「進貨、賣給消費者、獲取利益」的零售業模型瀕臨瓦解，以販售為重的零售業已經跟不上時代。

體驗型零售店的時代來臨了。

零售商有必要持續進化，仿效b8ta、STORY、蔦屋家電+等模式，代替製造商創造及提供良好的顧客體驗，再跟製造商要求對等的品牌介紹費。

如此一來，店內員工又該何去何從呢？

店內員工將成為「品牌大使」

前陣子，我向某家電量販店的店員請教產品相關問題，只得到一句「我不知道」，我只好拿起手機用Google搜尋。現在比起問店員，直接用Google搜尋更快、更準確。

某庫存管理機器人會在店內自動巡迴，掃描貨架，確認及記錄數千件產品的庫存狀況，準確度近乎完美。若把同樣的作業交給人類，每週至少要安排25～40個人，而且準確度相當低。

現代的實體店員工，看似前途茫茫，但其實可以轉換到不同的跑道。我就認識一位模範人物，我家附近某名牌女裝店的銷售員——澤田小姐。

澤田小姐本身就熱愛這個品牌，她本人也是該品牌的愛用者。我太太很喜歡這個品牌，經常去店裡購物。澤田小姐對我太太的喜好瞭若指掌，每當有適合她的新品進貨，澤田小姐就會立刻聯絡她。從澤田小姐本人的工作態度，能清楚感受到她對這份工作的熱忱。

未來的實體店，需要像澤田小姐這種充滿人情味的店員，來**擔任品牌大使的角色，站在顧客的角度宣傳品牌的優點**。

20年前，音樂人的收入幾乎全來自唱片的銷售金額，但現在唱片的銷售金額只佔了總收入的6％，現場表演成了主要收入來源。同樣的變化也發生在零售業界——實體店提供類似現場表演的體驗。

在業者領悟到「實體店的重點不是把產品賣出去」的瞬間，將開拓出無限的全新可能。

有些日本的零售業巨頭，早已大幅轉往此方向發展。2019年5月，丸井發表**數位原住民商城**（Digital native store）的實體商場概念：「以網路販售為前提，提供產品體驗及顧客交流的場所」。用D2C銷售模式提供客製化襯衫的FABRIC TOKYO、首次登陸日本的b8ta、能試用Wacom手寫筆數位板的店家等「不以販售為主的商店」紛紛入駐，商家的評價基準也從「業績和毛利率」變成「來客人數和顧客終生價值」。不僅如此，丸井還成立支援D2C新創企業的新公司，積極朝著數位原住民商城的目標發展。零售業不會滅亡，而是處於蛻變階段。現代零售業界需要重新調整銷售模式。避開毀滅之路，主動破壞再造，零售業將開拓出自己的一片天。

POINT

強化實體店面提供的體驗，進化成「媒體」

Book

39

《銷售巨人：教你如何接到大訂單》

（麥格羅希爾出版）

——小型銷售的成功模式會成為大型銷售的致命傷

尼爾・瑞克門

成為英國雪菲爾大學的行為心理學研究員後，創立荷士衛研究機構（Huthwaite）。花費12年的時間調查及研究來自全球各地的3萬5千件個案，研發出獨門銷售秘訣。提供銷售相關的諮詢、訓練及研討會服務，協助多間公司成長為美國首屈一指的企業。荷士衛的銷售計劃傳遍全球23個國家，受到微軟（Microsoft）、IBM、奇異（GE）等過半數的財星500大（Fortune 500）企業青睞。

「產品賣不掉的原因很簡單，因為業務沒有認真賣。卯起來賣就對了。」

在事業部門召開的主管會議席間，業務部長充滿氣勢地這麼喊道。雖然所有人都露出認同的表情，但似乎哪裡怪怪的……具體來說要怎麼賣才好呢？業務部長完全沒提到。

銷售人員有兩種類型，一種是面向消費者的**零售銷售**，另一種是面向企業的**企業**

銷售。

後者也稱為B2B（Business to Business）銷售，本書的主角正是**B2B銷售**。我們平常在街上看不到B2B銷售人員的身影，因為他們的主戰場是各企業的辦公室。

在現實生活中，有不少B2B銷售人員像開頭的業務部長一樣，憑著一股衝勁和不屈不撓的精神推銷產品。在這樣的風氣之下，1987年出版的本書，帶動一股新風潮，催生出現代B2B銷售的新常識「顧問式銷售」。本書內容完全顛覆當年的認知，出版前甚至遭到5間出版社打回票，但到了2013年，本書不僅獲評為「將業務從藝術轉變成科學的必讀書」，更獲選為「最具影響力的商務書籍TOP10」。

B2B銷售人員會遇到小型銷售跟大型銷售

B2B銷售人員平時是如何推銷的呢？

鈴木先生是一名擅長上門推銷的銷售人員，他常用這樣的話術進行推銷：

「客人，您很幸運喔！這台剛進貨的電腦只要5萬日圓，7折價！而且只限今天喔！來來，快在訂單上簽名。」

鈴木先生的推銷方式雖然不太禮貌，也沒什麼格調，但他的業績非常好。「雖然這個業務很煩，但東西是真的便宜，反正以後不會再跟他打交道了。」客人這麼想，掏出5萬日圓買下電腦，趕緊打發鈴木先生離開。

鈴木先生想要「賣更貴的東西」，於是他換了工作，殊不知到了新公司後，雖然每天忙到昏天暗地，業績卻是吊車尾。因為他把原本那套推銷方式原封不動地搬了過來。

「請務必讓敝公司負責貴公司的新系統，1千萬日圓全套服務！現在還附免費導入服務喔！合約在這裡，來來，快簽約吧！」

結果，鈴木先生被前去拜訪的企業下達了「拒絕往來（禁止進入）」通牒。

本書作者瑞克門創立顧問公司荷士衛研究機構（Huthwaite），仔細調查3萬5千件銷售案例後，得到的結論是「**小型銷售的成功技巧，會成為大型銷售的致命傷**」。

B2B業務會遇到小型銷售跟大型銷售，兩者的銷售方式有天壤之別。

【小型銷售】商談1次就能結束，憑買家個人意願決定是否購買。產品價格低，即使虧損也在容許範圍內。銷售人員的產品知識能發揮作用，死纏爛打意外地有效。

【大型銷售】跟數名相關人員商談好幾個月。產品價格高，顧客必須承擔虧損的責任。銷售人員必須解決顧客的問題。一味地死纏爛打，只會像鈴木先生一樣遭到「拒絕往來」。

B2B銷售大獲成功的必要條件，是在大型商談取得成功。用鈴木先生那一套是行不通的。那要怎麼做，才能在大型商談取得成功呢？

掌握顧客需求的「提問」

業務必須考量顧客的需求。顧客需求主要分為以下兩種：

❶**隱性需求**……顧客說出口的問題。例如：「對機器性能不滿意。」

❷**顯性需求**……顧客說出口的需求。例如：「需要高性能的機器完成業務作業。」

瑞克門觀察實際商談過程後發現，當業務掌握顧客的隱性需求時，小型商談的成交機率會提升，而大型商談的成交機率不變。

當業務具體掌握顧客的顯性需求時，無論是小型商談還是大型商談，成交機率都會大幅提升。實際詢問老練的B2B銷售人員後，發現他們完全不信任隱性需求，只會盡心盡力滿足顧客的顯性需求。

成功的關鍵在於「**要如何將隱性需求轉化成顯性需求**」。

決勝負的分水嶺，即為提問。

分析B2B銷售的商談過程後發現，跟失敗的商談相比，在成功的商談中，銷售人員提問的次數更多。拋出問題誘導買家開口，使顧客需求更加明朗。但要注意的是，潛在顧客非常討厭賣方枯燥的提問攻勢，不能想到什麼就問什麼，顧客的時間非常寶貴，只能問有意義的問題。

常見的商談對話如下：

賣家：「貴公司有使用〇〇（競品）嗎？」

買家：「我們有3台。」

賣家：「會覺得不好用嗎？」

買家：「我們的3名負責人都已經學會怎麼用了。」

賣家：「若使用敝公司的××，每個人都能輕鬆上手喔！」

買家：「多少錢呢？」

賣家：「基本系統是1千萬日圓。」

買家：「啥？1千萬日圓？您在開玩笑吧。」→**在這裡自爆**。

用這套話術也許賣得了5萬日圓的電腦，但不可能搞定大型商談。這就像跟初次見面的人說「請以結婚為前提跟我交往」一樣，過於唐突。

作者將成功商談中實際出現的提問方式整理成4個問題「SPIN」。

❶**情境性問題（Situation）**……拋出「貴公司有哪些設備呢？」等問題收集事實，但不能濫用問題，以免造成顧客反感，應將問題精簡濃縮。

❷**探究性問題（Problem）**……拋出「貴公司滿意現在的設備嗎？」等問題發掘隱性需求。

❸**暗示性問題（Implication）**……拋出「舊設備的成本會不會很高？」等問題鎖定隱性需求遇到的問題，使隱性需求更加鮮明。

❹**解決性問題（Need-payoff）**……拋出「如果更換設備會如何呢？」等問題，讓潛在顧客主動說出解決之道能為他帶來怎樣的利益。

在前面介紹的失敗對話中，銷售人員詢問「會覺得不好用嗎？」後，立刻提出解決對策，直接接上一句「若使用敝公司的××……」這種話術不可能說服顧客，必須

若要將隱性需求培養成「顯性需求」必須這麼做

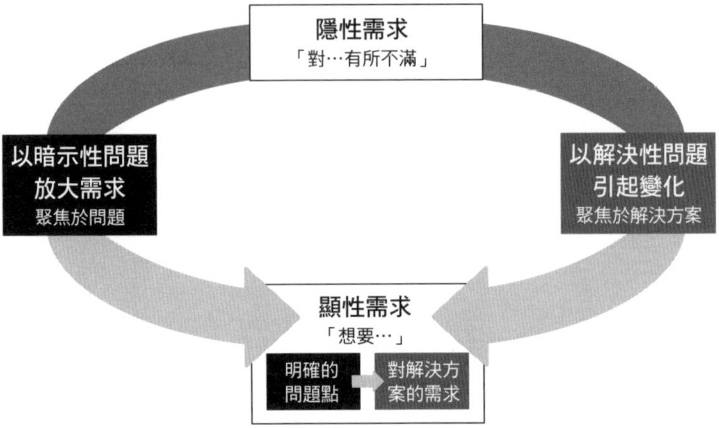

出處：《銷售巨人》（經作者部分調整）

用**價值方程式**來調整問題解決成本及問題嚴重性的平衡點，謹慎發言。

加入暗示性問題後，前述對話會變成這樣：

買家：「我們的3名負責人都已經學會怎麼用了。」

賣家：「只有3個人會使用，有遇到什麼麻煩嗎？」（**暗示性問題**）

買家：「就是他們辭職的時候啊！說到這個，之前有好幾個人都嫌『難用』然後就辭職了。」

賣家：「培訓應該要花錢吧？」（**暗示性問題**）

買家：「培訓費用1人50萬日幣，6個

隨時斟酌「價值方程式」

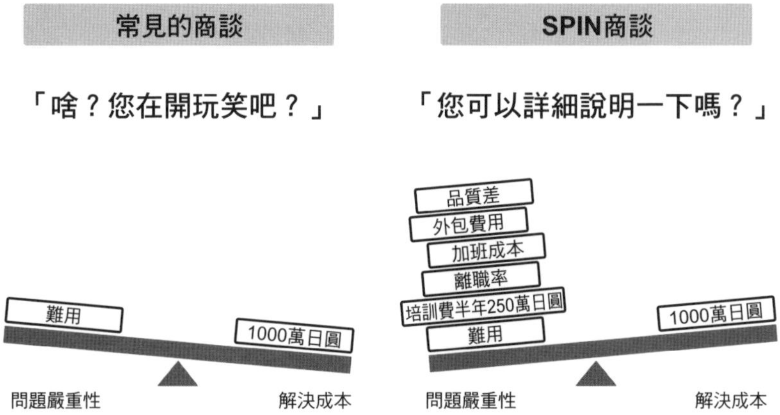

出處：《銷售巨人》（經作者部分調整）

月能訓練5個人。」

賣家：「這樣不能保證隨時都有3個人會使用吧？」（**暗示性問題**）

買家：「對啊，人手不足的時候就只能加班或外包，想辦法撐過去。這樣想想，我們花了很多額外的成本耶。」

賣家：「這樣完成的品質會好嗎？」（**暗示性問題**）

買家：「外包的部分，品質很不穩定。」

賣家：「也就是說，因為○○很不好用，導致負責人的辭職率上升，半年就得花250萬日圓的培訓費，人手不足時還得多花加班費或外包費，品質也會出問題，沒錯吧？」（**總結**）

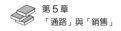

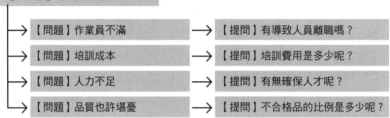

暗示性問題的關鍵是「商談前」

❶列出潛在顧客可能遇到的問題
❷思考有無其他相關問題
❸思考要如何針對各問題提問

【問題】〇〇很難用

- 【問題】作業員不滿 → 【提問】有導致人員離職嗎？
- 【問題】培訓成本 → 【提問】培訓費用是多少呢？
- 【問題】人力不足 → 【提問】有無確保人才呢？
- 【問題】品質也許堪憂 → 【提問】不合格品的比例是多少呢？

出處：《銷售巨人》（經作者部分調整）

買家：「沒錯……這問題很嚴重。」

賣家：「如果換成大家都能輕鬆駕馭的機器，會有怎樣的變化呢？」（**解決性問題**）

買家：「不需要培訓，能省下培訓費用，也不會遇到人員空窗期，所以不需要外包。」

賣家：「敝公司有提供1千萬日圓的基本系統服務喔！」

買家：「您可以詳細說明一下嗎？」

像這樣利用暗示性問題，將對話內容聚焦在問題點上，激發隱性需求，讓顧客產生「想要××產品」的顯性需求，接著提出著重解決對策的解決性問題，使「問題嚴重性」的重要程度超越「解決問題的成本」。

銷售人員在商談前必須先準備好暗示性問題。應先思考以下3點：**❶列出潛在顧客可能遇到的問題❷思考有無其他相關問題❸思考要如何針對各問題提問**。

右頁圖以前面的對話為例。老練銷售人員不會輕忽事前準備。

以下的練習對思考解決性問題相當有效。**❶請朋友或家人假扮成潛在顧客❷假設對方的需求❸讓對方親口說出滿足需求後能得到的益處**。

我們可以詢問想要新款iPhone的人「為什麼想要」。這會是個不錯的練習。

老練銷售人員也許會覺得「這些都是基本常識」吧！確實如此。本書介紹的正是觀察老練銷售人員的行動後，整理而成的大眾通用模式，是全球第1本歸納出此模式的書籍。因此，在現代B2B銷售人員的培訓過程中，本書介紹的方法論也被廣泛運用。透過本書也能瞭解B2B銷售的源頭，建議從事B2B銷售的相關人士研讀。

POINT

用「暗示性問題」和「解決性問題」將隱性需求轉換成顯性需求

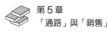

Book

40

《挑戰顧客，就能成交》

——B2B顧客已經膩了「解決方案型銷售」

（商業周刊）

馬修・迪克森、布蘭特・亞當森

迪克森為全球首屈一指的顧問公司CEB的執行董事，亞當森為該公司的常務董事。CEB結合數千家客戶企業的成功案例、先進的調查手法及人才分析，為經營團隊提供事業變革的見解及方案，獨特作風受到世界各地管理階層矚目。兩人合著作品另有《The Challenger Customer》（暫譯：挑戰型顧客）。

我在ＩＢＭ任職人才培訓部長時，培訓服務公司Ａ公司的銷售人員曾來拜訪我。我跟他開了好幾次會，提出我們遇到的問題，最後他給了個馬馬虎虎的提案。

後來我遇到Ｂ公司的銷售人員，跟他說了問題點後，他明確地回答我：「喔喔這個啊！問題出在這裡，要這樣做啦！」於是我立刻委託他安排員工培訓。這兩家公司的差別在哪裡呢？從本書能找到答案。

1970年代，瞭解客戶的問題、為其提供解決之道的**解決方案型銷售**的觀點成形。前述的A公司便是採用此方法，但現在此方法已經瀕臨極限。

本書的兩位作者在CEB公司提出新形態B2B銷售的法則，他們在這本2011年出版的作品中，全面闡述自身見解。

解決方案型銷售就像A公司一樣，掌握顧客的問題，逐一提出解決方案。不過，現代企業遇到的問題五花八門，光是想掌握問題，就得先費一番工夫，還會對顧客造成負擔。**最終，顧客甚至會「對解決方案感到疲乏」，導致業者白白浪費時間，交易隨之破局**。

但另一方面，也有像B公司一樣，不費吹灰之力就順利成交的業者。兩者的差別在哪裡呢？

銷售人員可分為5大類型

CEB公司調查全球6千名銷售人員後，將銷售人員分為5大類型。

類型1 **主動挑戰型……**不畏懼議論，向顧客主張自己的想法

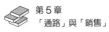

類型2　單打獨鬥型……信心十足，照著自己的想法走

類型3　勤奮努力型……比其他人打更多通電話、訪問更多顧客

類型4　問題解決型……保證會解決所有問題

類型5　關係維護型……為了客戶東奔西走

過去認為「關係維護型最理想」，但從次頁附圖能看出，此類型的業績最差。**業績鶴立雞群的是「主動挑戰型」**，占了高業績者的4成。這裡介紹的主動挑戰型銷售人員，正是本書的原文標題「The Challenger Sale」。

主動挑戰型銷售人員表現出「以上對下」的態度，為顧客提供個人想法，對顧客施加「應該這麼做」的良性壓力，製造出具有建設性的緊張氣氛，引導顧客前進；反之，關係維護型銷售人員表現出「以下對上」的態度，避免產生任何摩擦，想辦法增進跟顧客的感情，重視互相幫助。從製造緊張氣氛的角度來看，這兩者是完全相反的。

現代B2B銷售必須解決複雜的問題，解決問題的前提是顧客改變行動。主動挑戰型會引導顧客改變，因此能成功交易；關係維護型無法為顧客帶來變化，因此交易破局。

只要接受完整培訓，有公司組織當強力後盾，一般B2B銷售人員也能習得主動

各類型的「高業績者」與「平均業績者」

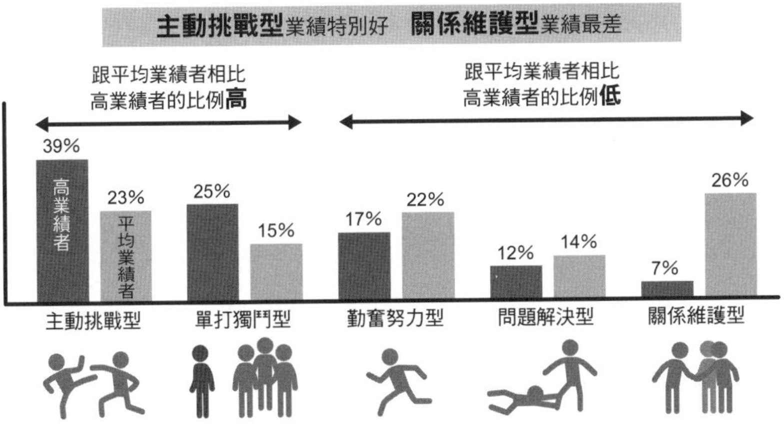

出處：《挑戰顧客，就能成交》（經作者部分調整）

挑戰型銷售人員的技能。為此，銷售人員必須先具備**指導**、**客製化**、**控制**這3大能力。

展現與眾不同之處的「指導能力」

「我要送禮物給你，告訴我你想要什麼。」「你想要的是這個對吧！」有些人會像前者一樣，要求收禮者親自決定，有些人則像後者一樣，當場拿出超棒的驚喜。

能讓收禮者感到興奮的是後者。現代的B2B銷售也是同樣道理。

多數顧客找不到自己的問題點，並為此苦惱，此時最有效的行動，正是幫顧客指出問題所在。

提供顧客不知道的見解（insight），改變顧客的想法。

顧客非常重視「自己不曉得的優秀商業手段」——也就是銷售人員的見解。雖然沒有說出口，但顧客其實默默期待銷售人員能顛覆自己的想法。最重要的並非讓顧客說出「如你所言」，而是讓他說出「**咦？我從來沒想過這點**」，引導他採取下一步行動。顧客需要的是具說服力的案例和見解。

不過，銷售人員的見解若跟交易扯不上邊，交易也無法成功，指出的問題必須是自家公司才能解決的問題。「**我為什麼一定要跟你們公司買，而不是跟其他公司買呢？**」銷售人員必須給出此疑問的答案。

固安捷（Grainger）是一家供應各類零件、工具等工業材料（稱為MRO產品【設備維護、修理和運作】）的大公司，客戶總數高達2百萬家，產品種類多達數十萬種。固安捷重視長期採購合約，但客戶只把他們視為單純的產品供應商，銷售人員天天都得應付眼前的價格交涉要求。

客戶每年花費數十萬美元購買MRO產品，如果管理妥當，肯定能省下大筆經費。於是，固安捷開始展開內部討論「為什麼客戶非得購買固安捷的產品不可呢？」

固安捷的產品種類非常豐富，但現有競爭對手的產品種類也毫不遜色；固安捷的門市多，現有競爭對手的門市數量也不遑多讓。討論才剛起頭，大家就已經迷失方向。

於是，固安捷訪問客戶並進行市場調查，深入討論，最後得到兩個結論。

結論1 幾乎所有的客戶企業都不曉得自己每年花費數十萬美元購買MRO產品

結論2 只有固安捷同時擁有這麼多的產品跟門市

也就是說，無論客戶身在何方，需要哪些產品，固安捷都保證能提供，可望結為策略夥伴，減少客戶的支出。於是，固安捷準備了提案資料，準備向顧客提出銷售方案，內容為「光是重新調整MRO管理方式，就有機會大幅削減成本」。

銷售人員依照6個步驟進行商談。以下依序介紹。

步驟1 **「暖場」**……銷售人員跟顧客初次開會時，要提出顧客日常遇到的各種麻煩。固安捷還會說明其他同業的已知現況。不直接詢問顧客的需求，而是提出「預先設想的需求」。

步驟2 **「重組」**……提出顧客未曾想過的見解。固安捷提出MRO採購分析圖，指出MRO採購有6成在預定內、4成在預定外後，顧客回道：「預定外竟然有4成？從來沒想過！」

步驟3 **「說理」**……提出具體數據證明預定外採購的成本。雖然預定外採購的次數不多，但每次都需要額外的手續費，累積起來也是一筆不小的費用。額外採購一隻17美元的槌子，加上人力成本後，內部總成本會暴增到117美元。顧客開始思考：「這些成本竟然佔了整體的4成？全部加起來還得了。」

步驟4 **「共鳴」**……讓顧客感受到這是每個人都會遇到的問題。舉出「社長室的舊冷氣在大熱天故障」等逼真的例子，「型號實在太舊了，怎麼找都找不到零件，這樣會很困擾吧？一定要先把備用零件買起來，以備不時之需。」用類似的例子讓當事者產生共鳴。

步驟5 **「新方法」**……展示能改善問題的具體新方案。管理整間公司的MRO支出，即能減少不必要的預定外採購支出及成本，大幅節省成本。

步驟6 **「解決方案」**……證明這項方案只有自己才能提供。固安捷的產品種類豐富，門市數量多，還能簽訂長期採購契約，能提供獨一無二的解決方案。

就這樣，固安捷從「販售17美元鎚子的公司」成了「能避免花費117美元購買槌子的策略夥伴」。重點是必須「**把自己的產品留到最後才介紹**」。

很多銷售人員一開口就大肆宣傳自家產品，導致交易破局，因為顧客只對自己遇到的問題有興趣而已。

引發共鳴的「客製化能力」

過去大家常說：「銷售人員必須說服顧客的**決策者**（經營主管）。」

但根據CEB公司的調查，現代的決策者相當重視自己在公司內部的聲望，公司裡的**影響者**會大幅影響決策者判斷。影響者指的是商品服務的使用者，或決策者依賴的專家。對現代的經營主管來說，影響者的影響力遠勝過銷售人員。

主導銷售方向的「掌控能力」

銷售人員必須引導顧客行動，不避諱談論價格，取得整個銷售過程的主導權。

主動挑戰型銷售人員會針對顧客的問題提供獨到的見解，建設性地自我主張，不

銷售人員的影響力改變，取勝模式也跟著改變

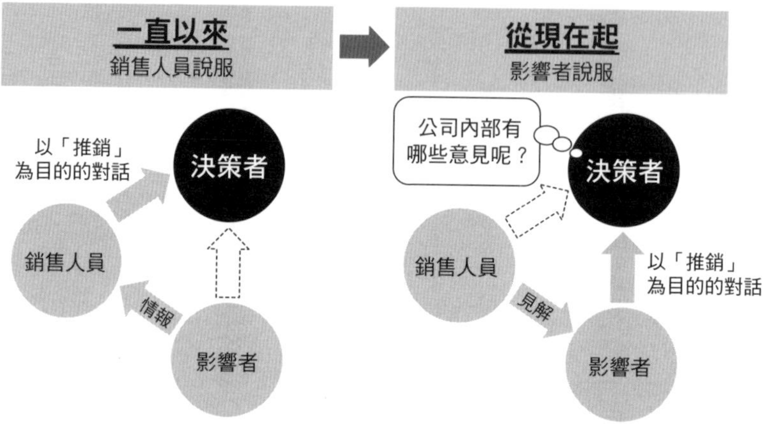

出處：作者參考《挑戰顧客，就能成交》製圖

改變假設，語氣偶爾會不太客氣。他們會主導整個銷售過程，使整個流程更加精簡，成交率相當高。

一般的銷售人員總是被動接受客戶的要求，配合客戶的問題提出鉅細靡遺的解決方案，但這麼做不僅耗時，成交率也很低。杜邦公司（DuPont）為了讓銷售人員順利取得交涉主導權，製作了「交涉管理流程圖」，一步步指導銷售人員在哪個階段該跟顧客進行怎樣的對話。銷售人員能藉此制定對策，分析自己的案件狀況。

Book39《銷售巨人》的作者瑞克門，也在本書開頭談到：「這10年來，關係維護型銷售人員的績效遲遲不見增長。現在大家更喜歡能引導顧客思考，用創新手法協助顧客的銷售人員。」

雖然本書對創造見解的**指導能力**做了詳細的說明，但對**客製化能力及掌控能力**的著墨並不多。本書的續作Book41《挑戰型顧客》有針對這兩種能力深入解說，請務必同時閱讀。

POINT

B2B銷售人員別問客戶有什麼問題，而是要主動提出問題，把客戶帶往自己的優勢主場

Book
41

《挑戰型顧客》
——B2B銷售無法順利進展的原因在於「顧客的購買過程」

（暫譯）*The Challenger Customer*（Portfolio）

布蘭特．亞當森、馬修．迪克森

亞當森為全球首屈一指的顧問公司CEB的常務董事，迪克森為該公司執行董事。CEB結合數千家客戶企業的成功案例、先進的調查手法及人才分析，為經營團隊提供事業變革的見解及方案，獨特作風受到世界各地管理階層矚目。本書與尼克．托曼、帕特．史賓納合著。

20多年前，我在IBM擔任銷售人員時，有一句大家心照不宣的話：

「在客戶的公司內部，尋找對IBM有好感的關鍵人物！拉攏他就等於拉到訂單。」

但現代的B2B銷售光靠這樣還無法成交。

本書分析背後原因，教大家提升勝率的對策。本書是Book40《挑戰顧客，就能成交》的續集，原文書名是《The Challenger Customer》，內容同樣是基於作者們任

客戶公司內部的B2B採購流程

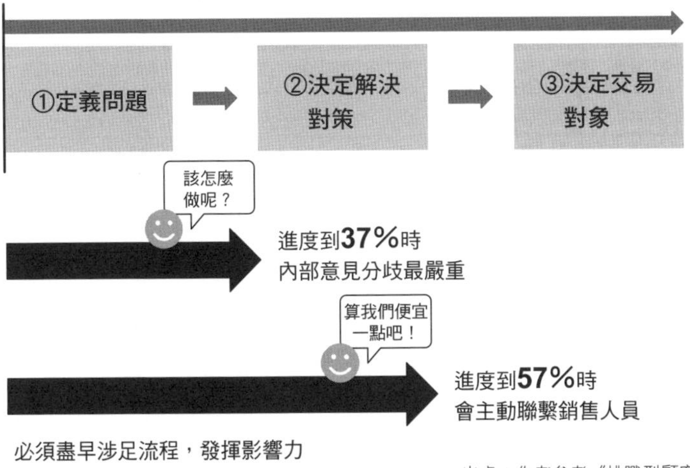
①定義問題
②決定解決對策
③決定交易對象
該怎麼做呢？
進度到37%時
內部意見分歧最嚴重
算我們便宜一點吧！
進度到57%時
會主動聯繫銷售人員
必須盡早涉足流程，發揮影響力

出處：作者參考《挑戰型顧客》製圖

職的CEB公司的豐富調查及分析成果。

現代B2B銷售的決策人數平均多達5・4人。

決策關係人與成交率的關係為：1人81%、2人降到55%、6人驟降到31%。

現代的決策者不會獨自做決定，他們想迴避風險，重視公司內部的共識。銷售人員跟這幾名決策者單獨見面，試圖說服全員，但每個人都有自己的立場，重視的層面完全不同。管理部門看重「降低成本」、業務部門看重「提升業績」、行銷部門看重「增加市場認知度」，大家的想法分歧，很難同時說服所有人。銷售人員簡直像在馬戲團裡表演雜耍一般，忙得團團轉。

就算成功說服所有人，也不見得能成功簽約。一對一討論時，銷售人員會重點介紹與該關係人有關的部分，等所有關係人齊聚一堂準備簽約時，大家才會得知銷售人員沒說明的其他部分，「怎麼跟說好的不一樣？這樣我沒辦法簽約。」**一對一討論會擴大關係人的認知落差，導致簽約時全員意見分歧**。

問題還沒結束。當顧客的採購進度到37%「②決定解決對策」時，內部意見分歧最為嚴重。等顧客主動聯繫銷售人員時，採購進度已經到57%「③決定交易對象」的階段了。一旦進入此階段，顧客關心的就只有「要選擇哪間公司」，因此會提出降價要求。銷售人員必須趁早涉足顧客的採購流程，幫助顧客鎖定問題及制定解決對策。

CEB公司調查700名決策關係人後，把他們分成7種類型。

❶**進取型**……追求組織進步，做出成果

❷**教育型**……熱愛分享見解，同事常徵詢他們的意見，有熱情和說服力

❸**懷疑型**……重視正確性，要求舉證責任。有他們的支持就能得到大家的信任

❹**指南型**……願意提供外部無法取得的資訊

❺**朋友型**……容易接觸，會介紹其他人給銷售人員認識

❻攀附型……支持有助於個人升遷的專案

❼阻礙型……追求維持現狀，拒絕變化

CEB進一步詢問銷售人員「認為哪個類型最關鍵」，並依照業績分類調查結果。

傳統銷售手法是跟指南型和朋友型打好關係，但分析結果卻顛覆大眾的認知。

重視跟指南型、朋友型、攀附型建立關係的人，都是**業績平平的銷售人員**。

指南型、朋友型、攀附型固然健談，但沒有改變組織的能力。這3種類型合稱為**健談者（Talker）**。B2B銷售最大的敵人並非競爭對手，而是**客人只想維持現狀**。業績平平的銷售人員向健談者推銷，客戶公司不會有任何改變，所以才無法順利成交。

業績好的銷售人員重視跟進取型、教育型、懷疑型打好關係。進取型、教育型、懷疑型會推動組織，關注成果，這3種類型合稱為**動員者（Mobilizer）**。

B2B銷售販售的是解決問題的對策，解決問題的前提是顧客願意改變，而動員者正是改變顧客的原動力。成功銷售的流程是：**指導**動員者如何學習，為每位關係人提供**客製化**的銷售方式，誘導顧客讓自己**掌控**共識決策的過程。

各類型客戶對組織行動帶來的效果

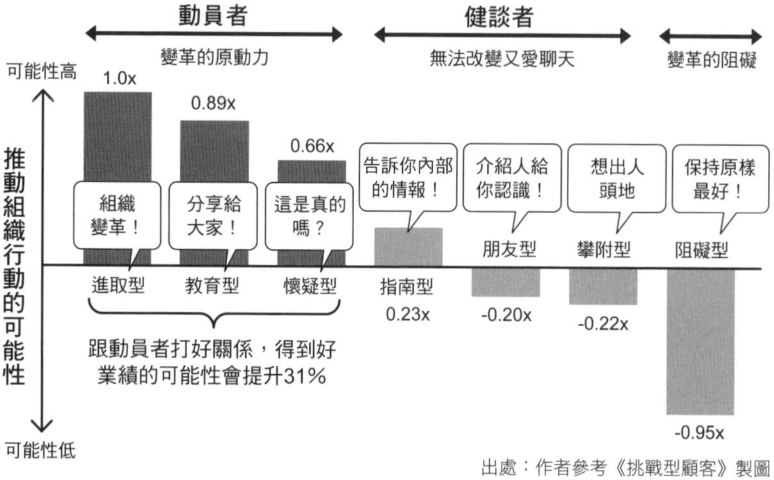

出處：作者參考《挑戰型顧客》製圖

第1階段 提供見解，進行「指導」

要展開此階段，得讓動員者明白「必須嘗試新挑戰才能改變現狀」。

並且由動員者親自說服其他人。此階段必須改變客戶的**心智模型**（根深柢固的想法和偏見）。如次頁上圖所示，當客戶認同「**必須把現在的想法跟行動（A）調整成更理想的想法跟行動（B）**」時，其心智將隨之改變。此時銷售人員必須跟客戶詳細說明A的缺點。

根據CEB公司的調查，與客戶眼前問題息息相關的意外情報，最容易對其購買行為產生影響。就像Book 40《挑戰顧客，就能成交》提到的，固安捷（Grainger）向

客戶心智模型的轉換形象

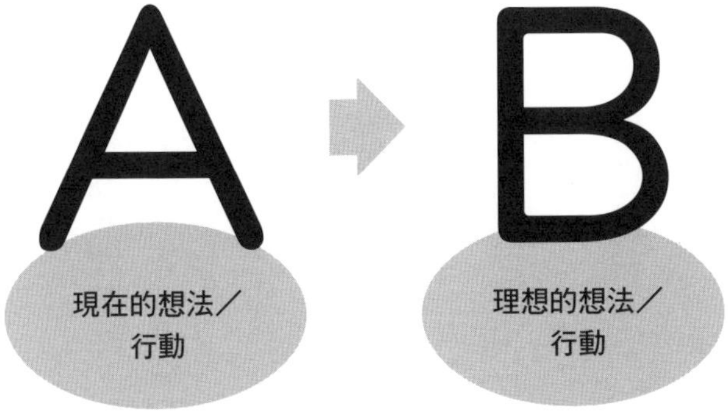

出處：《挑戰型顧客》

客戶提出「貴公司現在的做法是錯誤的」之見解，並利用此見解，將客戶引導到自家公司獨佔的優勢。

但是，**銷售人員必須在客戶的採購流程進展到57%，也就是客戶主動連絡銷售人員前，搶先向動員者提供見解，促使他們行動**，在他們心中埋下「渴望推動改革」的種子。

隨著社群媒體普及，比起賣方釋出的資訊，動員者更重視立場中立的專家或其他客戶的意見。利用社群媒體的力量，讓動員者對自身觀念產生質疑，促使其做出改變，並把所有資訊都包裝成與「見解」有關。此時需要3個步驟。

❶**刺激……**向動員者提供見解，激發出「以

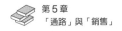

前都不知道，想再多查一下」的慾望。

❷**導入……**仔細說明。提供影片和詳細資料，讓動員者評估「是否要跟這家公司交易」。

❸**面對……**直接挑明問題點。利用線上測驗等方式，幫助動員者瞭解自家公司正面臨多麼嚴重的問題，讓他們產生「不能再這樣下去了，要趕緊找到解決方法」的危機意識。

透過社群媒體，能傳播顛覆常識的意外訊息。可參考Book33《告別行銷的老童話》介紹的社群媒體活用方法。

第2階段 為每位關係人提供「客製化」見解

當銷售人員想跟動員者搭上線時，必須區分眼前的客戶是動員者（進取型、教育型、懷疑型）還是健談者（指南型、朋友型、攀附型）。比起慢慢尋找動員者，用刪去法排除健談者會更容易。

❶此人對新見解有何反應呢？對新見解沒興趣的人，屬於「指南型」、「朋友型」或「阻礙型」。他們不願意改革，自然對新見解毫無興趣。

❷若此人對新見解有興趣，繼續觀察他對該問題的看法。只顧著聊自己的人屬於「攀附型」，聊到組織整體問題的人即是動員者。

❸接著觀察此人的說話風格。講求具體性的是「進取型」，闡述意見的是「教育型」，重視事實的是「懷疑型」。

第3階段 「掌控」客戶公司內部的共識決策

對客戶決策有強大影響力的動員者，是銷售人員的珍貴資產。多虧有他們，銷售人員才能掌控客戶的採購行為與流程。

此階段需要的是**集體學習**。客戶公司裡的決策關係人互相交流、學習，打破公司內部的隔閡，尋找新的共識點，共同決策，於組織內達成協議。銷售人員應協助決策關係人互相理解。

當客戶完成集體學習後，銷售人員獲得高品質案件的機率將提升20%。不僅如此，若各方關係人在採購前先共同學習，「花大錢也無妨」的意願會提升70%。

傳統B2B銷售的觀點是「別讓客戶有討論的機會，否則個人意願會遭到破壞」，但實際上，透過討論達到集體學習才是最重要的。客戶公司內部的工作坊

（workshop）是最有效的集體學習手段，能讓客戶們直接體會到關係者意見分歧的事實，產生「不能放任這個隔閡不管」的緊張感。

若客戶拒絕開工作坊，這案子就幾乎不可能成功。

為了促使客戶集體學習，比起報告能力，銷售人員更應該強化**引導能力**（活絡討論內容，協助眾人達成共識的能力）。若客戶間傳出不安或質疑聲浪，有必要鼓勵他們敞開心胸好好談一談。

B2B銷售的錯誤「常識」

傳統B2B銷售的常識，現在看來錯誤百出。以下介紹幾個典型例子。

【創造需求】原則上會借助BNAT工具（預算、權限、需求、時期），尋找做好購買準備的客戶，但等到這個時間點才接觸客戶，早就為時已晚，在討論階段就應該接觸。

【行銷人才】最近的行銷部門過度重視數位技術，但數位技術只是一種手段，最重要的能力是早客戶一步創造出有價值的見解。

【社群媒體】以為「只要有把訊息擴散出去就好了」。事實上，沒有價值的訊息就算擴散出去，也只是雜訊而已。必須把社群媒體視為跟動員者分享見解的媒介。

【阻礙者的對應】「無視阻礙者」是錯誤的行為，他們擁有相當大的影響力，能在暗中擊潰案件。應該要善用工作坊，由關係人說服阻礙者。

本書從頭到尾都強調「**該思考的不是要怎麼賣，而是要怎麼幫助顧客發動成功的變革**」。這個道理看似理所當然，但在現實世界中，多數B2B銷售人員都只顧著跟容易攀談、無法改變組織的「健談者」交流。透過本書能汲取到豐富的智慧。

POINT

拉攏顧客中的「進取型、教育型、懷疑型」，幫助顧客發動變革！

Book

42

《訂閱經濟：如何用最強商業模式，開啟全新服務商機》（天下雜誌）

——與顧客直接接觸的「訂閱制」將大幅改變企業經營

左軒霆等人

祖睿公司（Zuora）的創辦人暨執行長。為Salesforce初期員工，曾任該公司CMO（行銷長）及CSO（策略長）。早一步預見「訂閱經濟」的流行趨勢，於2007年創辦祖睿公司，提供SaaS業務模式，將傳統商品銷售模式轉為訂閱經濟模式，帶動利潤成長，合作客戶超過1千家。本書與蓋比．偉瑟特合著。

「今後我們公司也要朝向訂閱制發展。」

最近常聽到類似的故事。**訂閱制**（subscription）是當今最受矚目的商業模式，但很多企業誤解訂閱制的本質，最終以失敗收場。本書是談論訂閱制的世界級經典作品，作者是幫助各企業轉型為訂閱制的祖睿公司（Zuora）的創辦人。

訂閱制是**與客戶建立長期持續消費關係的商業模式**。廣泛來說，定期購買報章雜

轉型成訂閱制的蘋果公司（每季的營收變化）

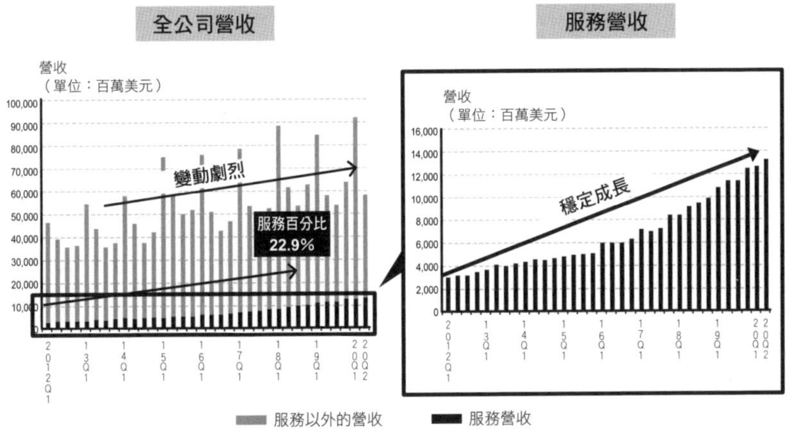

出處：作者參考蘋果各季財務報告製圖

誌，以及天然氣、自來水、電氣的定期契約，都屬於訂閱制。

訂閱制興起的契機是網路技術進步，企業能透過大數據掌握及分析客戶的詳細使用狀況，投其所好調整服務細節，達到最佳化服務。

訂閱制已經進化到全新的階段，能抬高收益，穩定銷量，降低新客戶的購買門檻。

訂閱制能強化對抗不景氣的力量

蘋果公司（Apple）逐漸朝向訂閱制發展。雖然蘋果只有Mac、iPhone等少數主力產品，但新產品的人氣會大幅影響全公司的業績，而且每到聖誕商戰等季節性活動時，公司的業績都會產生巨幅變動。有鑒於此，蘋果開始擴大雲端及APP商店等服務，而這類訂閱服務的營收，也在近8年間穩定成長4倍。經濟不景氣時，購買硬體的消費者會減少，但無形服務的使用者並不會因此解約。

以產品銷售為中心的企業，無時無刻都必須持續販售產品，遇到不景氣時，業績也會跟著直直落。以訂閱服務為中心的企業，至少能確保合約份量的收入。實際上，**訂閱制營收占總營收比重高的企業，在新冠疫情影響之下的不景氣期間，依然氣勢如虹**。

訂閱制能降低購買門檻

選購高級名牌包是女性的一大煩惱。砸30萬日圓買下憧憬的包包後，若發現「跟想像中不太一樣」，會受到很大的打擊。對這些女性來說，LAXUS是個充滿魅力的訂閱制平台，只要月付6800日圓的租金，3萬款要價30萬日圓的女用高級名牌包任君挑選使用，此服務也帶動LAXUS急速成長。其實在服務上線初期，女性用戶們曾向LAXUS抱怨：

「找不到我想要的包包……」

平台上的包包實在太多，用戶找不到喜歡的款式。於是LAXUS導入能鎖定個人喜好的AI配對系統，幫助用戶利用手機輕鬆找到理想中的包包。

像LAXUS一樣以實惠價格提供高單價商品，降低購買門檻，能吸引顧客續購。如此一來，顧客人數即會增加，帶動業績成長。

但就像一開始提到的，很多企業想著：「既然訂閱制這麼好，我們公司也來轉型吧！」奉勸大家不要衝動，光是把現存業務轉型成訂閱制，並不能成功。

某家電製造商推出月租金數千日圓的大型電視租借服務，但大型電視降價的速度非常快，調查後發現，大型電視上市幾個月後，量販店的售價已經比3年的租金總額還便宜好幾萬日圓。這樣就失去訂閱的意義了。

AOKI西服曾推出固定費用制的西裝租借服務。自從推出此服務後，AOKI西服的會員人數不斷攀升，但此服務的系統構築成本意外地高，業者判斷會虧損後，立刻中止了此服務。

訂閱制的成功鐵則包括：讓顧客產生「**無論如何就是想使用**」的顧客體驗、便利性或划算感。持續強化顧客體驗，讓顧客**有心想繼續使用**。**收穫利潤**得以續存。

訂閱制的門檻其實很高，但只要突破這些障礙，就能將訂閱制運用在各行各業。接著來介紹本書引用的美國企業案例。

支付固定費用即能「搭到飽」的航空公司

學彈電吉他的難度很高，有90％的初學者學不到1年就放棄，只有10％的人會繼續學習。老牌電吉他公司芬達樂器（Fender）評估：

「若想辦法把初學者的放棄率降到80％，留下20％的人，業績就會倍增，成為終身顧客。」

於是，芬達推出費用固定的網路教學影片服務Fender Play。

芬達還研發出免費的調音專用APP「Fender Tune」，並利用此APP收集到龐大的使用數據，掌握有多少人使用哪個機種花幾分鐘的時間調音成功，順利降低初學者的放棄率。芬達不把顧客視為「吉他持有人」，而是將之視為「吉他演奏者、終生熱愛音樂的人」。

Surf Air是一家總部位於美國加州的航空公司。

該公司推出每月固定支付1400美元的飛機暢搭服務。若是傳統航空公司，起飛日前臨時訂票通常相當昂貴，登機手續也相當繁瑣耗時。轉型成訂閱制後，會員只要打一通電話，就能預約想搭的航班，抵達機場後立刻登機，便利程度絲毫不輸給私人噴射機。

有了訂閱服務後，手續繁瑣的搭機流程變得更加輕鬆簡便。

《紐約時報》有6成的營收來自訂閱服務

雖然大家常說「免費的網路新聞興起，報紙沒有未來了」，但《日經》電子報的訂閱人數已經在2019年突破70萬人，可見消費者會心甘情願掏錢訂閱數位媒體。

從紙本時代開始，報社就有一半以上的營收來自廣告，自從有了訂閱模式後，報社的收入才總算趨於穩定。《紐約時報》（The New York Times）面臨廣告大減的危機，轉向訂閱模式發展，結果營收的廣告比例從62%降到29%，現在有6成的收入都來自訂閱服務，有4%的網路讀者是付費會員。《紐約時報》同時利用免費增值商業模式及訂閱商業模式來獲取利益。

就像這樣，無論在哪個業界，都有無數的企業成功轉型成訂閱制企業。不過，現行企業在轉型成訂閱制企業的過程中，必定遭遇以下阻礙。

吞下這條「魚」

老牌設計軟體Adobe過去將定價數百美元的軟體灌進CD，裝在盒中販售。自從2008年雷曼兄弟破產引發金融海嘯後，光碟銷量驟減，Adobe的經營團隊預測「盒裝販售沒有未來」，決定朝向訂閱制發展。不過，當時尚無老牌軟體商成功轉型訂閱制的例子，因為在轉型訂閱經濟的過程中，會遭遇下下頁上圖的「魚形曲線」，沒有一家公司敢挑戰。

原本賣1片光碟能賺數百美元，改成訂閱制後，每個月只能賺10～20美元，還必須投資訂閱制的產品、財務、銷售機制等新產能，導致成本增加，利潤相對減少。如果重視短期利潤的經營團隊不願面對此狀況，持續維持現狀，就無法轉型成訂閱制。

但是Adobe的經營團隊做好吞下這條「魚」的心理準備，下定決心朝向訂閱制發

轉型成訂閱制的《紐約時報》

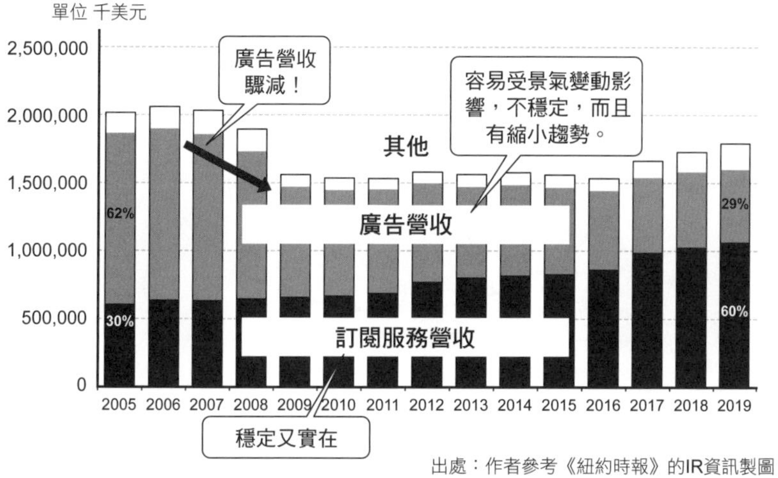

出處：作者參考《紐約時報》的IR資訊製圖

展。

從此以後，Adobe的業務內容出現了極大的變化。原本只需要統計店鋪銷售額，轉型成訂閱制後，每個月要向300萬名用戶請款。銷售人員也不能光看短期業績，而是要想辦法拿下長期訂單。

Adobe在2011年決定轉型成訂閱制，當年的營收只突破30億美元，撐過3年的低潮期後，到了2019年，營收順利突破60億美元。

透過決定年度經常性收入成長的公式（次頁下圖），能算出訂閱制的未來營收。

將當年的**年度經常性收入（ARR）**減掉**Churn（客戶流失）**加上**ACV（年度合**

會在轉換成訂閱制的過程中現身的「魚」

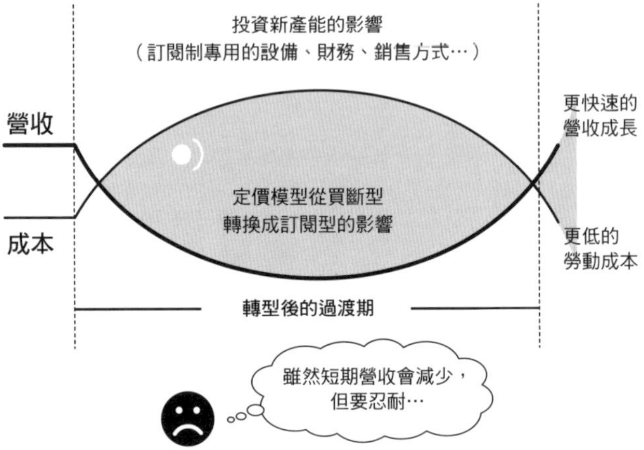

出處：《訂閱經濟》（經作者部分補充）

掌握訂閱制年度經常性收入成長的公式

$$ARR_{n+1} = ARR_{n} - Churn + ACV$$

n+1年度（隔年）開始時期的年度經常性收入	N年度開始時期的年度經常性收入	客戶流失（Churn）	年度合約價值
	為訂閱制事業持續投資一定比例的ARR	必須降低客戶流失率，防止ARR減少	新合約的金額。ACV增加後，ARR也會增加
		❶防止**顧客流失**	❷獲得**新合約**

ARR：Annual Recurring Revenue（年度經常性收入）
ACV：Annual Contract Value（年度合約價值）

出處：《訂閱經濟》（經作者部分調整）

同價值），即能算出下一年的ARR。由此可知，訂閱制企業能透過❶防止客戶流失，以及❷獲得新合約這兩大對策，讓年度經常性收入持平甚至增加。接下來會在Book 43介紹的**「客戶成功」**（customer success），便是能防止客戶流失的具體方法論。

因為訂閱制能掌握客戶的使用狀況，所以客戶好像突然近在眼前。在當今時代，企業已經能得到高準確度的顧客洞見（customer insight）。因為Netflix能直接收集1億2千萬名用戶的觀看數據，知道用戶有興趣的節目內容，所以才有辦法每年斥資數十億美元，製作用戶想看的節目。而且Netflix還知道宣傳對收視率沒有太大的幫助，所以不會刻意宣傳。

持續轉往服務化發展的現代環境，正朝著本書描述的方向急速變化。無論是任何業界的商務人士，肯定都能從本書中獲益良多。

POINT

吞下與客戶直接連結的「魚」，將現行事業轉型成訂閱制

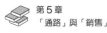

Book
43

《絕對續訂！訂閱經濟最關鍵的獲客、養客、留客術》（商業周刊）

——「賣出」不是結束而是開始

尼克・梅塔等人

Gainsight的執行長。Gainsight是一家販售客戶成功軟體的公司，招攬優秀人才，建立完善體制，幫助客戶、合作夥伴、員工及家人獲得成功。梅塔深信「己所不欲、勿施於人」的黃金法則，抱持著同理心與人互動。本書與丹恩・史坦曼（Gainsight客戶長）及林肯・墨菲（顧問公司創辦人）合著。

「敝公司將為客戶竭盡全力。」

每家公司都會如此掛保證，但讀完本書的人應該會發現，公司該做的事情還多到數不清。

Book42《訂閱經濟》提到的訂閱制成功關鍵，是**防止客戶流失**。至於防止客戶流失的具體方法，正是本書介紹的**客戶成功**（customer success）。客戶成功的理念是**早一步解決客戶使用服務時會遇到的問題，確保客戶能得到價值，以防客戶流失**，簡單來說就是幫助客戶（customer）獲得成功（success）。執行此任務的人就稱為客戶成功專員。

本書是一部講解客戶成功思維及落實方法的聖經，作者是販售客戶成功軟體的Gainsight公司的執行長，對客戶成功領域的最新現況相當熟悉。《訂閱經濟》的作者左軒霆也大力推薦本書。

為防止客戶流失而誕生的「客戶成功」

客戶成功是Salesforce公司提出的概念。

Salesforce以雲端訂閱的方式，提供能輔助企業進行銷售活動的系統。使用Salesforce平台的企業無需自行設置網路系統，登入即能使用，也能從其他平台輕鬆轉移過來。這項便利的服務帶領Salesforce自1999年創業後穩定成長，但在創業5年後，Salesforce發現自家的商業模式藏著致命缺陷，若置之不理遲早會走向毀滅。

訂閱模式中的**客戶解約率**稱為**客戶流失率（churn）**。Salesforce的缺陷就藏在解約率裡。

當時Salesforce的解約率為每月8％（每年96％），等於在這一整年間好不容易確保的客戶幾乎全數解約，任憑銷售人員再怎麼努力推銷，業績依然零成長。Salesforce發現，自己彷彿正在「拼命把水舀進底部破了個大洞的水桶裡」。

於是，執行長馬爾克・貝尼奧夫下達了兩個指示：

「計算全公司的解約率，並徹底降低！」

「成立客戶成功團隊！」

Salesforce親身體會到，「如果不盡全力協助客戶得到成果，自己就沒有未來可言」，於是創造出名為「客戶成功」的體系。

工作內容是「細心關懷客戶」

客戶成功專員的工作是協助使用者積極使用服務，從中得到成果。就像日式高級溫泉旅館的服務人員一樣，無微不至地細心照顧客戶。

Salesforce提供能輔助企業進行銷售活動的系統。若客戶想得到的成果是增加成交

決定訂閱制成敗的「客戶成功」

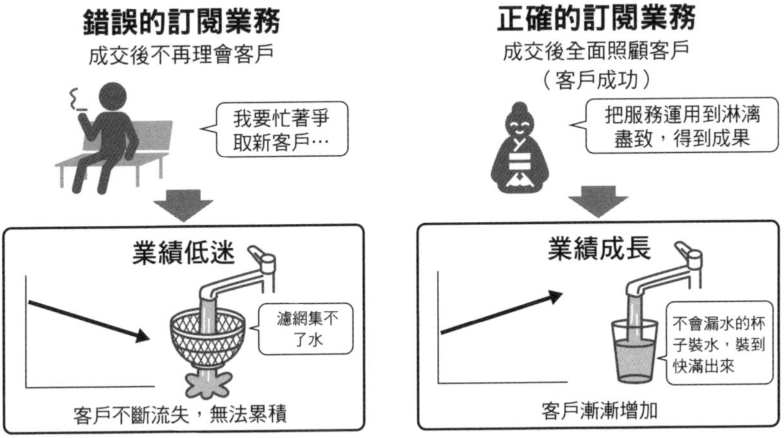

錯誤的訂閱業務

我要忙著爭取新客戶…

濾網集不了水
客戶不斷流失，無法累積
正確的訂閱業務

把服務運用到淋漓盡致，得到成果

客戶漸漸增加

出處：作者參考《絕對續訂！》製圖

量，Salesforce的客戶成功專員會先制定「成交率」等目標，協助客戶利用能達成目標的軟體。不過，只要客戶不主動使用服務，就不可能達成目標，而且客戶還會在停用一段時間後解約。

有鑑於此，Salesforce的專員會無微不至地關懷客戶。

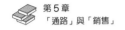

例如：隨時監控使用者的登入次數和數據更新頻率，追蹤使用狀況。掌握使用狀況，即能發現使用者遇到的問題，因此能搶先提出完美的解決方案。

搶先一步關心使用者，引導其純熟運用服務，不僅能防止客戶流失，還有機會展延合約或獲得額外訂單。**懂得純熟運用服務的使用者增加後，業績自然會水漲船高**。把水慢慢滴入不會漏水的杯子，總有一天會裝到快滿出來。

失敗的訂閱制企業成交後就不再理會客戶，導致客戶解約。此狀態就像水從濾網滲出一樣。這類企業完全沒留意到舊客戶一一離去，只顧著猛拉新客戶，最後才煩惱：「明明每天都忙得要命，為什麼業績反而減少了？」

Ｂｏｏｋ42《訂閱經濟》介紹的高級名牌包租借訂閱制平台LAXUS，最重視客戶保持率。他們增加產品款式、導入ＡＩ配對系統，協助使用者找到合適的包包等，不遺餘力地追求顧客滿意度。據說使用LAXUS服務9個月以上的使用者，客戶保持率高達95％以上。

附帶一提，有個跟客戶成功很相似的詞叫做**客戶支援**（**customer support**），其實兩者完全不同。客戶支援專員負責「修復破損之處」，被動解決問題及回應要求。專員們重視效率，靠有限的人力應對問題。

客戶成功專員負責「**帶領顧客獲得成功**」，主動預測可能發生的狀況，促使客戶行動。專員們重視顧客的成功，經常追蹤合約展延率及額外購買率，分析客戶每日的狀況，預測流失率，早一步預防客戶流失。

找回日本該有的「款待」形式

在導入客戶成功體系前，企業必須先改變傳統觀念。**傳統銷售的終點是售出產品**。優秀的銷售人員在售出產品後，會立刻思考開發新客戶的推銷方案，但**在客戶成功的領域中，售出產品後才算踏上起跑線**。銷售人員必須全面照顧客戶，盡全力引導客戶持續使用產品。

企業必須將「重視客戶成功」的企業文化推廣到企業整體上下。

將業務部門的傳統觀念「再賣再賣多賣一點」進化成新觀念「賣給長期下來能獲得成功、擁有高度顧客終身價值的客戶」。

將製造部門的傳統觀念「開發出能勝過競爭者的產品」進化成新觀念「追求簡便性及好用程度，以維持舊客戶為最優先事項」。

將服務部門的傳統觀念「等客戶簽約後才提供服務」進化成新觀念「迅速解決客戶的問題，實現下次續約」。

為了達成此目標，企業領導者必須給出明確的指示。有某公司僅用「新客戶獲得率和續約率」兩種指標來評價主管，促使主管們積極防止客戶流失。

網際網路普及後，客戶能夠自由選擇及輕鬆切換想要的服務，無法回應客戶期待的企業，立刻就會遭到淘汰。

這下客戶真的成了神。此現象在各業界都層出不窮。

但企業無須畏懼，因為現在同時也是能透過數位工具追蹤神明一舉一動的時代，追蹤的方法正是顧客成功。

正確的款待方式是提供恰到好處的服務，協助客戶取得成功。

理解客戶真正的需求，活用技術，幫助客戶取得成功，才是所謂的客戶成功。

POINT

客戶真的成了神。無法實現客戶成功的公司會遭到淘汰

Book
44

《成交密碼：數位時代的成交knowhow》

（暫譯）*The Conversion Code*（Wiley）

——單憑數位行銷無法順利成交

克里斯・史密斯

Curaytor公司共同創辦人。活用轉換碼（Conversion Code），不靠創業投資的資金，不到3年就帶領Curaytor成長為年度經常性收入超過5百萬美元的大公司。利用社群媒體、數位行銷及銷售指導，協助事業加速成長。創業前曾任職市值約10億美元的上市企業，以及收購價1億8百萬美元的新創企業。

我們公司接到一通推銷電話。

「請讓我們協助貴公司招募人才。」

但我們公司沒有在徵人，因此婉拒了對方。這類推銷電話不僅會剝奪接聽者的寶貴時間，成功機率也非常低。我經常想：「難道不能消滅世界上所有的推銷電話嗎？」

現代的主流推銷手段是利用手機廣告挖掘潛在客戶的**數位行銷**，但此方法並非萬

現代化行銷運用數位媒體及電話，量產高品質合約

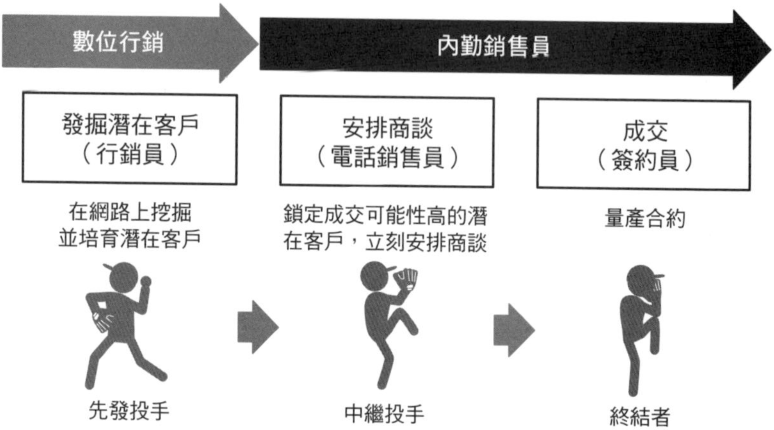

出處：作者參考《成交密碼》製圖

能，少了推動潛在客戶的最後一波攻勢，很難成功簽約。本書作者表示：「此時就輪到電話出場了。」透過數位行銷，找出「當下就有需求」的潛在客戶後，直接打電話推銷，有相當大的機率能拿下訂單。

本書詳細介紹連結數位銷售與傳統銷售的具體方法。

作者建立起書中介紹的方法論「轉換碼（Conversion Code）」，獲得成果後，成立Curaytor公司，為無數企業提供支援。只要研讀本書，自然能學會靠數位行銷取得成果的訣竅。

現代銷售人員必須「分工合作」

多數銷售人員會獨立完成「**挖掘潛在客戶→安排商談時間→商談成交**」的整段流程，但各階段需求的技能都不同，單打獨鬥其實效率不佳。

集中心力在擅長的業務上，工作效率自然會提升。這跟棒球的「先發投手→中繼投手→終結者」是一樣的道理。

行銷員就如同先發投手，利用數位行銷挖掘並培養潛在客戶。

電話銷售員就如同中繼投手，安排與潛在客戶商談的時間。**簽約員**就如同終結者，與潛在客戶通電話討論，量產合約。

電話銷售員跟簽約員不需要跟客戶面對面，他們會透過電話或網路會議等方式，與潛在客戶商談。這些人又稱為**內勤銷售員**（inside sales），也就是「待在公司裡的銷售人員」。

那麼，具體流程該如何進行呢？

由於現代企業必須透過網路挖掘潛在客戶，因此要先從製作網站開始。

如果網站內容寫得不清不楚，你看了會不會想馬上關掉呢？

作者調查搜尋引擎的使用者後發現，網站給人「**不信任感**」的原因，**有94％是因為設計，內容只佔了6％**。

在現代，優秀的網頁設計會直接影響銷量，因此，哪怕需要投資一筆經費，也應該要請專業設計師來製作網站。作者也說，在他請專業網頁設計師重新設計網站後，瀏覽人數整整多出3倍。網站的成本效益非常高。

另一個關鍵是**著陸頁面**（landing page）。著陸頁面指的是點擊網路廣告後到達的第一個頁面。潛在客戶會在此登錄資訊、購買產品。早一步獲得潛在客戶的捷徑，便是改善著陸頁面的網頁設計。

若此頁面需要登錄的項目太多，潛在客戶恐怕會打退堂鼓，有必要把問題項目精簡到極限。用簡潔易懂的文筆，把希望客戶完成的事情寫成簡單的語句。比起「請試用〇〇」，改成「現在就能免費下載」會更吸引人。別忘了配上色彩鮮明的大按鍵。

現代人普遍沒有耐心，近年的調查指出，**若沒有在8秒內吸引人注意，人的注意力就會轉移到其他事物上。此調查結果比2000年還少了4秒**。大腦處理圖像的速度比文字快上6萬倍，網頁設計絕對不能輕易妥協。

行銷員利用Facebook培養潛在客戶

現代人習慣長時間使用Facebook，如今**Facebook**幾乎已經成了網路本身。Facebook的廣告能指定詳細的目標客群，並用極為自然的形式，鎖定目標顧客投放廣告。目前還沒有任何廣告媒體能做到這種程度。

具體來說，應該要像次頁附圖一樣，把3個階段的廣告，投放在3種目標顧客眼前。

第1階段 內容廣告

目的是讓潛在顧客認識品牌，博得信任。此階段應以量取勝，將廣告投放在大量潛在顧客的眼前。Facebook的廣告能設定地區、年齡、學歷、收入、資產、家庭結構、興趣等詳細內容，鎖定廣告的目標客群，也能掌握目標客群的大致人數。第1階段的規模從數十萬人到百萬人不等。

用Facebook廣告追蹤、鎖定潛在客戶

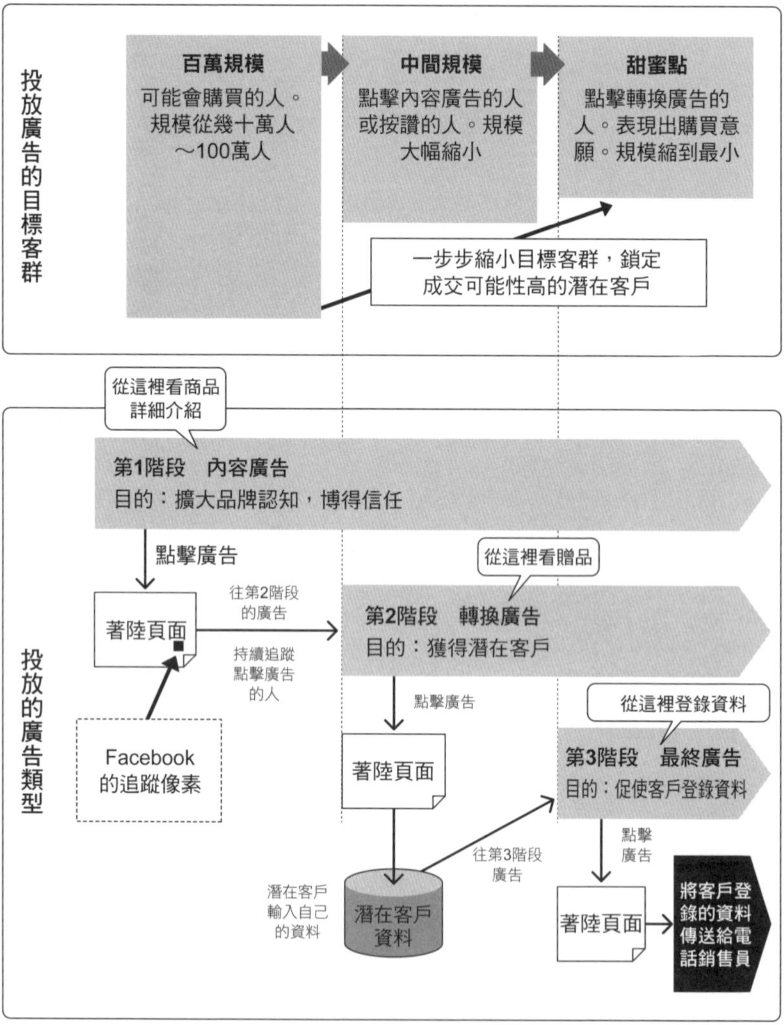

出處：作者參考《成交密碼》製圖

話說回來，在某個網站瀏覽商品後，Facebook就一直跳出該商品的廣告。你有沒有過類似的經驗呢？

其實這是一種非常簡單的追蹤機制。

只需要事先在廣告的著陸頁面埋好Facebook提供的追蹤像素（tracking pixel）。瀏覽著陸頁面的人都對商品有興趣。追蹤像素會持續追蹤（tracking）這些人的足跡，將廣告投放到他們眼前。

第2階段 轉換廣告

目的是捕捉有興趣購買的潛在客戶。利用小冊子或影片等贈品，吸引潛在客戶登錄資料，獲取客戶資訊。將第1階段的目標客戶範圍縮小。先鎖定有點擊第1階段內容廣告的人，以及為此商品「點讚」的Facebook用戶。

第3階段 最終廣告

目的是促使顧客採取購買、諮詢、參加座談會等具體行動。只投放給在第2階段的廣告中有登錄資料、位於甜蜜點（sweet point）上的目標客戶。為了維持此類客戶對產品的興趣，在其實際下單、諮詢前，必須持續投放內容廣告、轉換廣告及最終廣告。

像這樣**架起3張網子，等待潛在客戶主動登錄資料**。等潛在客戶登錄資料後，再轉交給內勤銷售員。

收到登錄資料後，在「5分鐘內」打電話

收到潛在客戶登錄的資料後，電話行銷員必須進行聯絡，安排好商談時間，將客戶轉交給專門的簽約員。此時最重要的是**迅速應對**。**收到潛在客戶登錄的資料後，5分鐘內**聯繫跟30分鐘後才連繫，兩者相較之下，前者成交的機率比後者高出**100倍**。

不輕易放棄，反覆聯繫也很重要。初次聯繫通常只有48%的潛在客戶會接電話，聯繫6次則能接通93%的人。光是接通電話，成交件數就會多出兩倍。

第1次沒接電話，1分鐘後再撥，10分鐘後再撥，30分鐘後再撥，3小時後再撥，不然就隔天再撥。話雖如此，根據作者的調查，平均下來，大部分企業在收到潛

在客戶登錄資料3小時8分後，才會進行初次聯繫，甚至直接忽視47%的潛在客戶，等於白白浪費了一座寶山。貴公司又是如何呢？

另外還有一個有效的方法，是在潛在客戶登錄資料後，自動傳送簡訊，內容類似：「○○先生／小姐，您好。您登錄了○○，請問現在方便通話嗎？」很多人的信箱收件匣已經爆滿，簡訊的能見度比較高。

一定要抓住這些已經登錄資料的潛在客戶，安排好商談時間，帶領他們與簽約員進一步接觸。

等到成交前再來「深入追問」

接著總算輪到負責簽約的銷售人員登場了。電話那頭是已經提供個人資訊、正在等你聯絡的潛在客戶。這種狀況跟打電話推銷完全不同，成交率非常高。

根據作者的調查，簽約員拿到合約的平均通話時間約為40分。用最快的速度搶先與潛在客戶長時間對話，就能順利成交。為此，必須深入追問對方。

作者也說：「沒有深入追問，就不可能成交。」

純粹對對方的現況抱持興趣，認真傾聽並做筆記。

透過對話連結產品特徵與對方的**利益（benefit）**。例如：「我們的產品服務是如此這般，能為您帶來這樣的利益喔！」

最重要的是要充滿熱忱。真心誠意「想為對方盡一份力」，言談間自然會洋溢著熱情。專業的內勤銷售人員會一步步加深對方的期待，在期待高於價格的瞬間拿下合約。感情是推銷的重要關鍵，正因如此，我們才不能只依賴數位行銷，還必須靠電話輔助。

本書讓我受益良多。原本我打算自己重做我們公司的舊網站，看了這本書後，我決定「交給專家處理」，也因此發現了許多該改善的地方。

雖然本書以電話銷售為主，但其中也不乏能套用在網路銷售及面對面銷售的技巧。

本書於2016年寫成，現在的大環境已經不可同日而語。在數位行銷的世界中，天天都有新手法誕生，而且很多現代人對追蹤像素的觀感不佳，覺得「在其他網站瀏覽的商品廣告一直窮追不捨，令人感到很不舒服」。雖然Facebook依然擁有大批用戶，廣告效益也很高，但社會上的批評聲浪也有愈來愈高的跡象。

儘管如此，提出「將傳統銷售與數位銷售連結」的本書，依然是一本知識寶典。身處變化劇烈的數位行銷領域，更有必要好好掌握本書的觀點。

POINT

透過數位行銷培養潛在客戶後，轉手交給內勤銷售員精準收割

第6章

「市場」與「顧客」

21世紀已經過了20個年頭，世界徹底改頭換面。
但實際上，人類至今尚未理解世間的真理。
畢竟人類的認知能力有限，
而且任何意外都有可能對現代環境造成劇烈影響。
未來依然會持續大幅變化。
第6章將介紹6本作品，
幫助讀者們瞭解未來的市場與顧客。

Book
45

《真確》（圓神出版）
——無法基於事實看世界，是人類的「本能」

漢斯・羅斯林等人

醫師、全球公衛教授、教育家。曾擔任世界衛生組織（WHO）與聯合國兒童基金會（UNICEF）的顧問，於瑞典成立無國界醫生，創辦蓋普曼德基金會（Gapminder Foundation）。其TED大會演講影片的瀏覽次數超過3千5百萬次。獲選《時代》雜誌「全球百大影響力人物」。本書與奧拉．羅斯林及安娜．羅斯林．羅朗德合著。奧拉是漢斯的兒子，安娜是奧拉的妻子。

即使我們提醒自己要基於事實思考，也難免會犯下錯誤。

本書作者漢斯在演講時詢問聽眾：

「現今全球有20億個15歲以下的兒童，根據聯合國的估算，到了2100年全球會有多少個兒童？」

(A) 40億人　(B) 30億人　(C) 20億人（後面會公布答案）

哪怕是丟給猴子隨便亂選，正確率也有33％，但此問題的全球平均正確率卻只有

9%。就連出席達沃斯世界經濟論壇的聰明人們，正確率也只有26%。其他問題的正確率也大同小異。再怎麼偉大的政治人物、經營者、經理人，也會試圖用錯誤的認知來解決問題。本書說明人類無法基於事實看清真相的根本原因，攻佔全球各地的暢銷書榜。

作者漢斯以醫師身分在非洲的醫療現場對抗傳染病時，發現先進國家的支援對策根本沒有掌握事實，讓他產生「這世上很多問題的發生，都是因為人類缺乏知識」的想法，因此開始推廣**基於事實的世界觀（factfulness）**，並與兒子奧拉及媳婦安娜聯手，將推廣活動的成果整理成本書。

人類無法基於事實看世界的原因，並不是因為才疏學淺。

而是人類的直覺惹的禍。我們的腦中還保有祖先在狩獵時代必備的直覺。多虧了這些直覺，我們能夠迅速判斷並迴避危險。直覺在現代社會中也是必要的能力，**但過度縱容直覺，將會無法看清世界的真實樣貌**。

本書介紹人類的10大直覺偏誤及扭轉法。行銷人員同樣必須基於事實瞭解市場與顧客，但有很多人因理解錯誤而導致失敗。接下來將從10大直覺偏誤扭轉法中選出4

個有助於行銷的方法，搭配行銷案例進行說明。

想一分為二的「二分化直覺偏誤」

「這世界上就只有好人跟壞人而已。」

就像這樣，**人傾向把各種事物分成截然不同的兩類**，這就是**二分化直覺偏誤**。

當我們在考慮目標客群時，二分化直覺偏誤也會顯現出來。例如：我們覺得「針對中低所得者的流行服飾」＝高所得者不會購買，但也有很多高所得者愛穿平價衣服。市場上形形色色的人都有，每個人都是獨立的個體。數字固然重要，但若只依照收入等平均值來歸類，將錯失顧客的多樣性。必須仔細觀察市場的真實狀態。

精釀啤酒大廠Yo-Ho Brewing為新啤酒「星期三的貓」刻劃出具體的顧客人物誌（persona）。

「30歲前後的女性，有責任感，勤奮工作，單身或已婚，沒有小孩，住在東急東橫線或東京Metro日比谷線沿線，講究穿著打扮和隨身物品，回家後會透過小酌切換回最自然的自己，積蓄明天的動力」

他們模擬出彷彿會在資生堂TSUBAKI洗髮精廣告登場、時髦獨立女性憧憬的管理階層女性形象，將產品概念設定為「**TSUBAKI廣告類型的女性，下班後洗滌心靈的啤酒**」。

實際詢問TSUBAKI廣告類型的女性喜歡在什麼時候喝酒後，她們的回答是「在一週的正中間稍微放鬆」，再加上她們喜歡的動物是「貓」，因此決定了「星期三的貓」的產品名稱。

這項新產品沒人會討厭，但也沒人會「超級喜歡」。就算有褒有貶，依然有2～3成的「死忠粉絲」，這樣的產品才會受人喜愛。在上市數年後的今日，「星期三的貓」的業績依然持續攀升。

誤以為會呈直線增長的「直線型直覺偏誤」

二次大戰後數十年間，人們深信「日本的土地價格會永遠上漲」。

豈知，不久後土地價格暴跌，導致日本陷入長期經濟困境。

就像這樣，多數人都以為「**趨勢會呈直線增長**」，這就是所謂的**直線型直覺偏誤**。

導向錯誤的直覺①

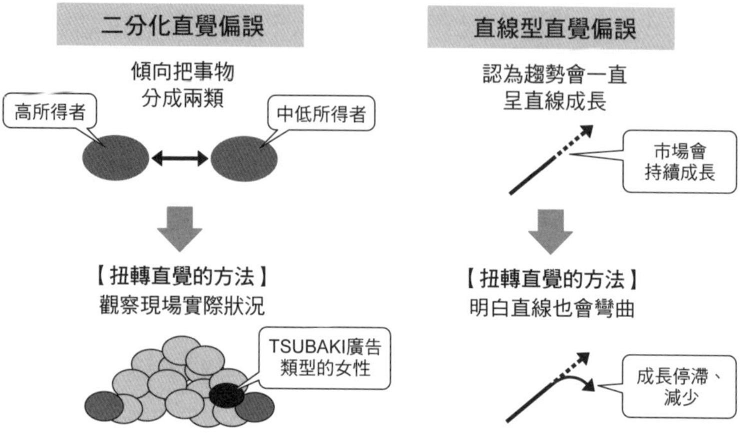

二分化直覺偏誤
傾向把事物分成兩類
高所得者
中低所得者
【扭轉直覺的方法】
觀察現場實際狀況
TSUBAKI廣告類型的女性
直線型直覺偏誤
認為趨勢會一直呈直線成長
市場會持續成長
【扭轉直覺的方法】
明白直線也會彎曲
成長停滯、減少

出處：《真確》（經作者部分調整）

最開頭提到的問題：「現今全球有20億個15歲以下的兒童，根據聯合國的估算，到了2100年全球會有多少個兒童？」此問題的答案是「C 20億人」。人們容易誤以為人口會爆炸性成長，實際上在近20年間，全球的兒童總數幾乎沒有變化。人口問題專家估算，世界人口會維持在100～120億人之間。這是聯合國公布的事實，並不是什麼秘密。

在現實世界中，**幾乎不會有直線增加的趨勢**，無論任何趨勢都會在某處進入S型彎道，攀升到顛峰後開始下降。這在思考市場成長策略時也很重要。

我在IBM擔任行銷主管時，負責客服中心市場，近10年間皆維持年利率數10%的高成長。但自從某天開始，幾乎所有的銷售案件不是突然延期，就是遭到終止。因為大企業全面重新審視投資報酬率，導致市場停止成長。直到半年後，市場調查公司才發表「市場成長遲緩」的事實。

幸好我早其他公司一步察覺到市場變化，搶先制定及執行新行銷策略，才順利取得理想的成果。隨時仔細檢查現場狀況，及早發現變化，就能反手抓住機會。

以偏概全的「概括型直覺偏誤」

很多人會覺得「政治人物都愛說謊」、「千禧世代年輕人都是草莓族」，但事實上仍有很多誠實的政治人物，也有很多吃苦耐勞的年輕人。

儘管如此，人卻不會深入思考，**將事物一概而論，以偏概全**，這就是所謂的**概括型直覺偏誤**，也就是偏見。概括型直覺偏誤有助於提升思考的速度，但錯誤的概括會害人無法做出正確的判斷。

2000年，嬌聯（Unicharm）開始在印尼販售嬰兒尿布。一開始推出的高級尿布銷量還不錯，但市占率遲遲不見增長。嬌聯的售價是當地廠商的兩倍，過於昂貴，

導向錯誤的直覺②

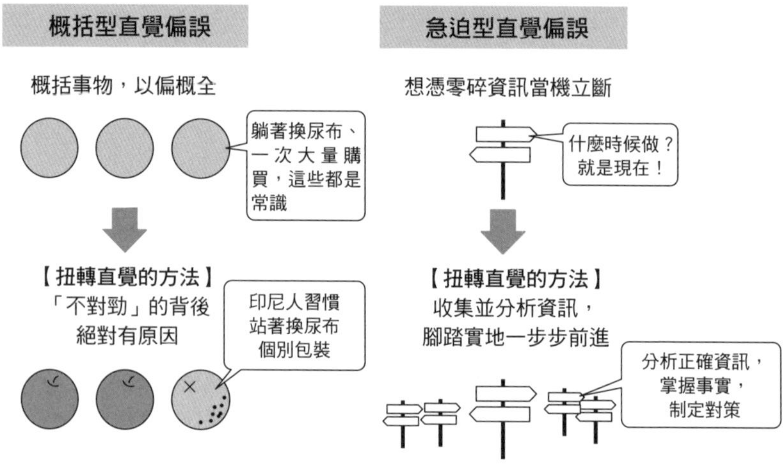
概括型直覺偏誤
概括事物，以偏概全
躺著換尿布、一次大量購買，這些都是常識
【扭轉直覺的方法】
「不對勁」的背後絕對有原因
印尼人習慣站著換尿布個別包裝
急迫型直覺偏誤
想憑零碎資訊當機立斷
什麼時候做？就是現在！
【扭轉直覺的方法】
收集並分析資訊，腳踏實地一步步前進
分析正確資訊，掌握事實，制定對策

出處：《真確》（經作者部分調整）

於是嬌聯決定推出中低所得者也負擔得起的低價尿布，但高品質與低價格互相矛盾。難道沒有解決的辦法嗎？

嬌聯的產品負責人親自走訪200個普通家庭，觀察印尼人使用尿布的方式，結果發現日本人的常識在這裡完全不管用。

當時印尼人的家中很少有能躺著換尿布的乾淨地板，家長們都讓孩子站著穿布尿布。於是嬌聯研發出只有基本功能的低價褲型紙尿褲。而且印尼人偏好個別包裝，不像日本人一樣習慣一次買一大包紙尿褲。若店裡有賣個別包裝的紙尿褲，媽媽就能先買1個，方便出門在外時使用。

最終，印尼的紙尿布使用率從30%提升到50%，嬌聯的市占率也上升到65%。此結果應歸功於嬌聯實際走訪現場，徹底調查顧客，跳脫概括型直覺偏誤。

發現「不對勁」時，必須先認定「**對方絕對有非這麼做不可的理由**」，保持好奇心深入調查，接近顧客的真相。

只憑零碎訊息就下決定的「急迫型直覺偏誤」

「什麼時候要做？就是現在！」、「當機立斷」……這些想法都會引出**急迫型直覺偏誤**。急迫型直覺偏誤已經深植在人類的腦中。當森林裡出現一頭巨熊時，若先思考才準備逃跑，恐怕小命不保。

不過，現代商業社會的問題錯綜複雜，若光憑零碎的分析就當機立斷，決定付諸實行，可能會蒙受嚴重的損失。

ZOZO在2017年盛大發表能詳細測量身體尺寸的「ZOZOSUIT」，以及依照身體尺寸數據設計、符合個人體型的全新自有品牌「ZOZO」。

ZOZO認為，「準備更精準的尺寸，省掉購買前試穿的麻煩，能開拓新市場」。他們對使用者進行調查，驗證顧客需求。

・購買衣服時，尺寸合不合很重要↓98％
・曾因為擔心尺寸不合而放棄網購衣服↓89％
・曾按照尺寸建議購買SML款式，卻因實際尺寸卻不符合而感到不滿↓89％
・討厭試穿↓58％

ZOZOSUIT獲得極大的迴響。ZOZO採集到100多萬人的試穿數據，全新自有品牌ZOZO也接到大量的訂單，但此時卻出現了意想不到的阻礙——生產程序發生狀況，品質出問題，導致交期遲延，損失125億日圓。ZOZO一口氣擴大事業規模，打造全新自有品牌、推出海量尺寸、贈送ZOZOSUIT，結果卻以失敗告終。

ZOZO從這次的失敗中學到「追求高風險、高回報的滿貫全壘打會損失慘重，應該先打安打，追求收支平衡」。他們採取的具體行動之一，是贈送能測量腳部尺寸的ZOZOMAT。ZOZO會依照尺寸數據，從網站有販售的品牌中，找出適合的鞋子推薦給使用者。「只需要一張紙跟手機，就能輕鬆又準確地測量，超厲害！」、「買了ZOZO推薦的鞋子，走起路來完全不會痛！」此服務大受消費者好評。

就像這樣，**控制急迫型直覺偏誤的方法，是腳踏實地一步步前進**。

POINT

察覺遭到直覺支配，承認錯誤，真相將慢慢顯現在眼前

基於事實瞭解世界的前提是保持謙虛及充滿好奇心。當人保持謙虛的態度時，心情也會跟著放鬆。充滿好奇心的人，會積極探索新資訊，接納與自身觀點不符的資訊。若對自己犯的錯誤感興趣，自然能頓悟未曾發現的事實。

現代的觀念只要過個十幾二十年就會落伍。多數商業人士在職場上仍不改舊觀念，其實學習新觀念意外地容易。

當自身觀念與世間現實相反時，無論再怎麼努力，都不可能得到成果。先學會謙卑，保持好奇心，瞭解事情的真相，才等於踏出了第一步。

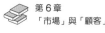

Book 46

《大本營參謀的情報戰記：無情報國家的悲劇》

（廣場出版）

——現代的日本企業也繼承了「輕視情報」的體質

堀榮三

1913年生於奈良縣。日本陸軍軍人，陸上自衛官，階級為陸軍少校、陸將補（相當於少將）。不同於忽視準確的情報收集和分析的大本營，堀透過情報分析，精確預測美軍的入侵模式，因此有了「麥克阿瑟參謀」的別名。戰時的山下奉文陸軍上將，以及戰後的海外軍事歷史研究家，皆對其能力讚譽有加。戰後加入陸上自衛隊。曾任大阪學院大學德文講師，以及故鄉西吉野村的村長。1995年辭世。

「為什麼日本人那麼不擅長基於事實思考呢？」

每當我跟外資企業的跨國團隊合作時，都會產生這個疑問。

本書徹底分析了背後的原因。

本書作者曾是大本營情報參謀，他在書中揭露了舊日本軍情報戰的真實樣貌。許多人認為日本的敗因是「國力跟美國有壓倒性的差距」，但作者指出「**決定性的敗因**

日本企業繼承了日本軍的敗因

日本陸海軍情報部門不完善的原因
（美軍指出的問題）

❶誤判國力
❷喪失制空權
❸組織不統一
❹輕視情報
❺誇大的精神論

→

現代的日本企業…

❶′誤判市場與顧客
❷′沒有IT策略思考
❸′全體員工沒有共享資訊
❹′輕視與隱匿事實
❺′誇大的製造業幻想

作者參考《大本營參謀的情報戰記》製圖

其實在於情報能力的差距」。

舉個例子，美國早在戰爭開打19年前，就設想了美日開戰的可能性，開始收集日本的情報。反觀日本，則是在戰爭開打半年後，才設立針對美國的情報部門。所謂「知己知彼，百戰百勝」，日本理所當然地吞下應得的敗仗。本書生動地描寫了日軍輕視情報、節節敗退的完整過程。

令人無奈的是，現代的日本企業也繼承了舊日本軍輕視情報的體質。

正因如此，對身為商業人士的我們來說，本書的透徹解析格外珍貴。畢竟制定商業策略的重點之一，**就是要明白自身觀念的缺陷，找出解決對策**。

戰後，美軍對舊日軍的情報部進行分

析，精準指出5個導致日本陸海軍情報貧瘠的原因，這些原因都能反映在現代的日本社會上，成為我們必須面對的課題。接著來透過這5個原因，思考當年與現代的共通點吧！

原因1 誤判國力→誤判市場與顧客

【二戰時】日本相信「盟國不會說謊」，對盟國德國提供的情報深信不疑。情報本來就不該加以輕信。由希特勒掌權的德國提供的情報錯誤百出，日本卻深信「德國會獲勝」，而誤判戰爭局勢。再加上日本完全沒有掌握美國的情報，輕忽美國壓倒性的國力。

反觀美國，早已全面收集日本的情報，而且在戰爭開打後，美國相信「滯留美國的日裔美國人當中絕對有間諜」，將所有日裔美國人送往收容所強制隔離，導致日本完全無法從美國國內獲取情報。日美對情報敏感度的差異，成了日本吞敗的主因之一。

【在現代】許多技術人員完全沒有收集市場和競爭者資訊的打算，也不跟顧客見面。在不瞭解顧客的狀態下研發產品，才會一直敗給積極向顧客學習的亞洲新興製造商。日本對情報的敏銳度之低，始終如一。

原因2 喪失制空權→沒有IT策略思考

【二戰時】太平洋上有數千座島嶼。戰爭開打後，日本軍攻佔這些島嶼，在島上配置守備部隊，但每座島上能配置的兵力有限。面對在廣大太平洋上佈陣的日本，美國思考作戰計劃，最後制定了名為**跳島戰術**的策略。

日本死守無數個島嶼（**點**），但就算佔領了塞班島，面積也不過才122平方公里。於是美國想出了「利用空中力量，以**面**壓制」的戰術。戰爭後期，美軍戰鬥機的行動半徑是1千公里。也就是說，只要佔領機場，就能以機場為圓心，壓制半徑1千公里內的空域（314平方公里）。此面積是塞班島的2萬6千倍。日軍艦艇一侵入此空域就會被擊沉，一艘也進不來。美軍只要持續佔領空域內的新機場，就能拓展空域。

像踩著石頭跳過河一樣，只要從1千公里遠的島嶼一個個推進，慢慢跳向日本本土，最後直接轟炸本土，即能戰勝日本。決定戰略後，美國穩健地進入準備階段。

具體戰術為：美軍出動軍艦包圍日軍鎮守的島嶼，展開激烈砲擊，用每平方公尺1發砲彈的密度朝島上射擊。這相當於1棟獨棟住宅的院子裡會落下10發砲彈。接著用戰機全面徹底轟炸，最後派出比日軍守備部隊多5～6倍的兵力登陸。少數奇蹟倖存的日本兵，在糧食跟彈藥短缺的險況下，手握殘存的武器，吼著：「天皇陛下萬歲！」向兵力雄厚的美軍發起突擊，下一秒直接陣亡。美軍以此模式不斷攻佔島嶼，佔領機場，掌握其半徑1千公里內的制空權。

日本的戰略策劃者眺望太平洋海面，眼中只有水面和波浪；美國的戰略策劃者抬頭仰望天空，心想「只要壓制這片天空，就不怕這片海洋被奪走」。

【在現代】「制空權」換成現代說法就是「IT策略思考」。日本企業只把IT視為「提升作業效率及收集、分析資訊的手段」。如Book47《思考》所述，日本企業完全沒留意到，自己的**架構互聯技術**已經落後了50年。GAFA（Google、Apple、Facebook、Amazon）爆炸性成長的背後，也有IT策略思考的功勞，有必要好好學習。光是模仿產品和服務，是不可能獲勝的。

原因3 組織不統一→全體員工沒有共享資訊

【二戰時】看似無關的零碎情報，拼湊起來也能成為重要關鍵。因此，外國的情報機構（美國的CIA、英國的MI6等）會在特定場所統一分析國家級情報。

但是，日軍並沒有能分析國家級情報的體制。舉個例子，當時日軍的情報部門能透過空襲本土的B-29轟炸機上發出的電波，探查到敵機的準確動向。某天，情報部門發現一支神秘的小規模B-29部隊，懷疑該部隊「在執行特殊任務」，便開始收集情報，但最後卻只以「美國進行了某種新實驗」的報導程度不了了之。

8月6日，情報部門探測到這支B-29小部隊正在接近廣島，並朝廣島投下原子彈。事後才得知，其他部門其實有掌握到「美國的新實驗內容是原子彈」的情報。若有事先整合情報，預測到美國準備投下原子彈，也許有機會減少傷亡人數。**這是情報未能統整所引發的悲劇**。

【在現代】公司爆出醜聞後，高層召開記者會道歉，表示「自己完全不知情」。這般光景大家早就見怪不怪。有些最高管理階層認為「讓下屬知道自己掌握著下屬不知道的資訊，才能樹立權威」，導致關鍵資訊無法傳給全體員工。公司必須建立共享資訊的體制與企業文化。

原因4　輕視情報→輕視與隱匿事實

【二戰時】隨處都能感受到日本軍隊輕視情報的態度。日軍曾派遣航空部隊，在台灣近海攻擊美軍的大艦隊。雖然當地人員回報取得了重大戰果，但作者抱持著「懷疑」的態度。實際調查後發現，當地部隊連戰場最基本的「確認戰果」都沒做到。機組人員返回基地報告說：「起火的應該不是我們的飛機，而是敵人的航空母艦。」就被認定為「我們擊沉了一艘航空母艦」。於是，作者立刻向大本營發了緊急電報，提醒「不要相信這些重大戰果，我們頂多只擊沉2～3艘」，但這封電報卻遭到無視。

數日後，大本營發表了「美軍大艦隊全滅」的重大戰果，讓瀰漫在濃濃戰敗感中的日本人欣喜若狂，認為「這下我們贏定了」。作戰參謀也以「反攻的絕佳時機」為由，變更作戰計劃，派遣大批兵力出海，殊不知，美軍艦隊根本毫髮無傷。結果，大半的運輸艦遭到擊沉，犧牲了無數條人命。

戰爭結束前，日軍曾有負責破解敵軍密碼的部隊，但不知從哪裡傳出「破解密碼的相關人員都會被處死」的謠言，於是破譯部隊連夜燒毀了所有資料。戰爭結束後，在追究日本戰爭罪行的國際軍事法庭「東京審判」上，某位日本律師表示：「若能證明開戰是美國設計的圈套，日本就能規避引發戰爭的責任。」他積極尋找美國策劃戰爭的證據，但破譯部隊手中的證據（美方電碼的破譯資料）早已全數遭到燒毀。最終，日本敗訴，多名日軍將領遭到處死。若當時留下了資料，戰後日本的立場也許會跟現在有所不同。**看似無意義的資料，其實有重要的價值**。

【在現代】業務部長看了銷售報告後，沉吟了一陣，對下屬說：「這種數字我沒辦法往上呈報，組織的士氣也會遭到打擊，你調整一下吧！」就這樣，數字不斷遭到竄改。應該有很多人在公司裡親眼見過類似的場面吧？日本人習慣無視、隱匿不利的事實。別逃避事實，必須基於事實深入思考。

原因5 誇大的精神論→誇大的製造業幻想

【二戰時】在與美軍交戰前，日軍先跟中國軍交手。當時的中國軍隊相當弱，但日軍等到跟美軍交手後，卻發現簡直是天壤之別。美軍在這場戰事中也以「面」壓制，日軍則採取跟中國軍交手時同樣的戰術，積極衝鋒，結果節節敗退。

日本軍會從敵軍前方5、60公尺處，趁敵軍射擊的間隙高喊「突擊！」衝鋒，結果被美軍用自動步槍左右來回掃射。一把自動步槍每分鐘能射出350發子彈，而每個連有162把。於是在槍林彈雨的彈幕之下，日本士兵紛紛被擊倒在地。

早在十幾二十年前，美國就預料到會與日本交戰，早已做好萬全的準備。

【在現代】「日本是製造業大國」的認知，只是無憑無據的幻想。產品開發的本質是「開創顧客」。過去SONY就用Walkman隨身聽開拓出「在外聽音樂的人」的客群。光靠產品製造，絕對贏不了懂得用邏輯思考，開拓顧客需求的海外製造商。

人人都能成為「情報專家」

我們還有一線希望。舊日軍也不是從頭到尾都被壓著打。

作者分析美軍的戰略，製作「敵軍戰術一看就懂」的小冊子，分發給最前線的部隊。他分析美軍的戰鬥模式，並提出解決對策。他提到，必須在戰鬥部隊的據點周圍堆起厚於2公尺的土堆，才足以抵禦艦砲射擊。就算趁美軍登陸時衝鋒突擊，也只是白白送死，應該在洞窟中構築陣地，打持久戰，有必要加大美軍的兵力損耗。

之後，日本軍在沖繩戰役與硫磺島戰役中，跟美軍打得難分難解。

駐守呂宋島的山下將軍，也在1945年1月到8月間，與美國的十萬大軍纏鬥到戰爭結束。若呂宋島在1月就被攻陷，美軍勢必會在6、7月將這批大軍用於登陸日本本土，造成更大的傷害。**正確的情報避免了巨大的犧牲**。

作者準確預測到美軍登陸呂宋島、第1次日本登陸計畫、第2次日本登陸計畫的時期、地點及兵力。這是他將零碎的美軍情報東拼西湊，同時深入分析美軍將領的思考模式後得到的成果。據說，由於作者的預測太過精準，美軍甚至懷疑「機密情報是否遭到洩漏」，因此在戰後還特意審問了作者。

其實作者在擔任情報參謀之前，從來沒接觸過情報參謀的工作，而且日軍也完全沒有培養情報參謀的教育體制。作者透過現場學習，把自己鍛鍊成一名優秀的情報參謀。我們每個人都有機會成為情報專家。

不過，放任個人行動，人並不會成長，企業必須建立起正確運用資訊及培養人才的體制。資訊的投資報酬率本來就很高。舊日本軍在二戰中損失了3百萬條人命，其中許多人死於飢餓、疾病，或在海運時隨船遭到擊沉，等於還沒上戰場就丟了性命。若當時有依照情報制定戰略，這些人命都是能保住的。

「**日本啊！未來也不能輕視情報。**」作者留下的這句話，聽起來格外沉重。

POINT

建立起重視情報、全員共享、基於情報判斷的體制

Book

47

《思考 幫助日本企業重生的商業認知論》

（暫譯）思考日本企業再生のためのビジネス認識論（學研 PLUS）

——從認清「日本的科技落後了半個世紀」開始

井關利明、山田真次郎

井關是慶應義塾大學名譽教授、社會學博士、慶應義塾大學文學部教授、同校綜合政策系主任、千葉商科大學政策情報系的首任系主任。大學改革典範慶應大學SFC的主要創設成員。專攻行為科學、科學方法論、社會行銷等。山田是BRAINBUS股份有限公司的執行董事，工學博士（機械）。創立INCS股份有限公司，擔任執行董事暨執行長。小淵惠三首相的私人諮詢機構「製造懇談會」的成員。

「要求細節、盡善盡美才是日本人的做事態度」、「給人舒適和安心感的款待」。本書直截了當地告訴我們，這些大家深信不疑的「日本優勢」，其實是「日本最大的弱點」，並指出多數日本人未曾留意到的，日本企業的問題本質。

人們總是高喊「日本以技術立國」、「日本以製造聞名」，眼看失落的20年已經成了失落的30年，日本的景氣絲毫沒有回升的跡象。兩位作者指出：「**日本的技術落**

後了半個世紀，但日本人從未留意到這點。日本人對細節的堅持也阻礙了創新發展」。

幕末黑船來航，以及二戰的戰敗，日本迫於外界壓力而產生變化。儘管如此，戴著老舊眼鏡看世界的日本人，卻看不見被「現代」這艘黑船大幅改變的世界。我們必須先意識到「現代」這艘黑船的存在，瞭解自己的問題所在。

本書透過慶應義塾大學的井關利明名譽教授與知名經營者山田真次郎的對談，讓讀者們明白日本究竟發生了什麼問題。

「對細節的堅持」會阻礙創新發展

日本人講究細節、盡善盡美的態度，是世界出名的。

日本旅館也秉持著帶給人舒適、安心感的服務精神，款待訪日的旅客。

然而，過度講究細節會導致社會封閉，眾人皆追求舒適感的社會，無法孕育出能顛覆現狀的巨大突破創新。

從戰後的荒廢期到1980年代為止，日本誕生了許多足以登上全球經營教科書的劃時代創新發明，但到了1990年以後，日本的創新發明變得少之又少。結果，早已跟世界脫軌的日本，至今仍持續逃避變化。

事實上，**日本企業攀上世界第一的領域，是美國早在第二次世界大戰前就奠定基礎技術，但現在早已撤出的領域**。日本只不過是在過氣的領域裡自詡「世界第一」罷了。

3段「發明期」

本書將日本自工業革命後的技術革新分成3段發明期。

【第1次發明期】 18世紀中葉到19世紀前半的工業革命期。本質為手工作業機械化。紡織機、織布機的出現，幫助纖細的手工作業轉為機械化。蒸氣機問世後，人類獲得了水車以外的動能，發明出蒸汽火車及蒸汽船。

【第2次發明期】 19世紀後半到20世紀初期。動力小型化、個人化。發電機、馬達、內燃機的出現，幫助個人也能得到動力。飛機也在此時期登場。日本攀上世界第一的汽車及家電領域，是第2次發明期的產物，美國幾乎已經全面撤出。

3段發明期

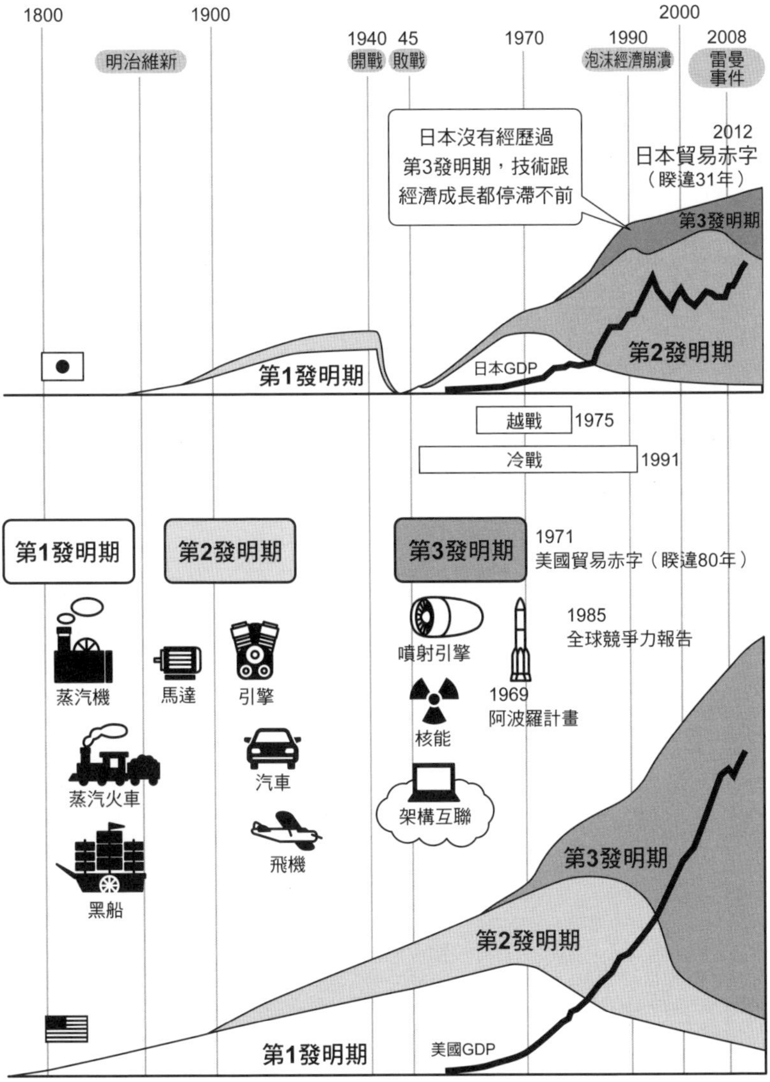

出處：《思考》經作者部分調整

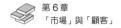

【第3次發明期】從第二次世界大戰後的1945年起。能大量輸出、集中控制動力。主要發明為核能、噴射引擎、火箭、電腦、電子迴路。另有一項無形的重要技術，是連結各技術架構、帶動個體聯動的**架構互聯技術**：將人類聯絡及合作的過程自動化。

美國的「架構互聯技術」

架構互聯技術的集大成之作，是1960年代的阿波羅計畫。以「讓人類站上月球表面」這項**任務（使命）**為主要前提，受電腦控制的自動火箭、指揮艙、登月小艇、追蹤雷達、救援船隻等設備與人力、資訊產生聯繫，互相交換資訊，串聯起整體架構，成功完成任務。**以達成任務為目的的架構互聯思維與技術**，經阿波羅計畫實踐後趨向純熟。

1972年，阿波羅計畫結束後，改由美軍強化架構互聯技術。例如：美軍探查到「北韓準備發射飛彈」後，派出電子偵察機、偵察衛星、神盾艦、戰鬥機、航空母艦及核子潛艦，聯手收集情報，將所有情報回傳到位於科羅拉多州的北美空防司令部整合分析，即時判斷是否要迎擊。

參與阿波羅計畫後，學會架構互聯技術的大批電腦技術員，也轉職到民間企業，繼續精進相關技術。你我都熟悉的iPhone就是個很好的例子。

iPhone連接通話線路後能成為電話、連接網路後能成為顯示器、連接社群媒體後能成為螢幕及輸入裝置。當iPhone與架構連接的瞬間，即能成為架構的一部分，與架構同步作業。考量的重點並非個體性能，而是在整個架構中的必要性能，以此追求整體性能的提升。

美國在戰後25年間（到1970年為止），穩固架構互聯技術的基礎，力求進化，技術更上一層樓；同一時期，日本為了從戰敗中復興，不得不集中心力在第2發明期的家電和汽車上。**日本未曾親身體驗第3發明期，至今仍對架構互聯技術的存在毫無概念。**

新冠疫情紓困金發放速度緩慢的真正原因

2020年，為了發放10萬日圓的新冠疫情紓困金給全體國民，日本政府投入1千5百億日圓的經費，耗費好幾個月的時間和勞力。反觀美國，在紓困法案拍板定案後，短短兩週就開始給付。美國政府依照每位國民的社會安全號碼，直接把錢匯入戶頭。

儘管媒體批評日本政府「推行數位建設的速度過於緩慢」，但**問題的本質其實在於日本的架構互聯技術尚未純熟**。

美國政府與原有的架構聯繫，輕鬆迅速對應。不理解架構同步概念，又疏於準備的日本，耗費過量的時間和人力，依然不明白為何無法向美國看齊，只好用「數位建設不成熟」這種抽象的說法來總結，而非對症下藥。2020年，日本政府公布增設數位廳的方針。不過，光是將各省廳的資訊部門整合成單一組織，提升國民個人編號（My Number）的普及率，其實還遠遠不夠。必須先決定任務內容後，建立起能達成任務的架構：排除一切人力，使各省廳系統的架構能夠毫無阻礙地同步運作。否則當危機再次來臨時，依然會陷入同樣的混亂狀況。

架構互聯技術尚不純熟的日本，在商業領域也大幅落後。

由伊隆・馬斯克率領的特斯拉汽車，能透過網路更新軟體。特斯拉的車輛能連接自家的充電站網路「超級充電站」，進行充電。其自動駕駛系統也是業界先鋒。要說車輛本體就是特斯拉系統的一部分也不為過。特斯拉實現了龐大的架構互聯技術。

GAFA（Google、Apple、Facebook、Amazon）也是架構互聯技術的集合體。Google的搜尋引擎、G-mail、Google地圖、Google月曆都能互相聯動，Amazon的商城、電子書、影片同樣能互相聯動，創造出更優質的顧客體驗。

現代消費者重視的並非產品本身，而是整體服務的經驗價值。然而，多數日本企業卻只在意產品本身的性能和機能。雖然有業者推出智慧型手機跟冰箱的互聯功能，忘記關冰箱門時手機會出聲提醒，但這只是單純把兩個個體連結起來，只能算是一種即興功能。

像達成「讓人類站上月球表面」這項任務的阿波羅計畫一樣，**「為了達成某項任務，使原有架構互相聯動，將整體架構調整到最佳狀態」**的想法，在日本根本不存在。

日本的技術如此落後歐美國家半個世紀，日本人必須有自知之明。幕末時期，日本人親眼目睹巨大的黑船來航，折服於歐美國家強大的技術之下。明治維新後，日本也曾虛心接受這巨大的技術鴻溝，積極超英趕美。請先打破「日本技術是世界第一」的幻想，虛心承認日本在第3發明期的不足，勇於挑戰。接下來該怎麼做才好呢？

把創新誤譯成「技術革新」的日本

日本把創新（innovation）一詞誤譯成「技術革新」，誤解創新真正的意思。

就像筆者前著《全球MBA必讀50經典》Book17《什麼是企業家？》提到的，創新並非技術，而是既有知識與既有知識新結合，創造出新價值，為人類提供全新的生活體驗。iPhone並沒有使用全新的技術，而是將「iPod、手機、網路通訊裝置」這3種設備合而為一的創新產物。

創新的必備要素是**創發**。跟志同道合的夥伴廢寢忘食地研究，竟然共同完成超乎想像的新產物。大家有沒有這樣的經驗呢？兩種異質之間交互作用，孕育出意料之外的全新產物，就是創發。創新也能從創發中誕生。

不過，也有經營者認為，「叫員工發表自己的創意，給他經費，就能坐收創新」。重視天馬行空的創新跟架構嚴謹的主管會議，本來就水火不容。**創新不僅不會誕生在管理制度之下，還會遭到領導階級扼殺**。經營者應放手讓擁有決定權的團隊自由發揮才對。

新時代的棟樑，是3種沒有傳統先入為主觀念的人。

【年輕人】數位原住民。擅長建立關係，是引領創新的人才。

【女性】女性慣用右腦思考，也具備管理能力。很多公司的男性主管在妻子面前抬不起頭來，就是因為女性擁有強大的管理能力。

【外國人】能一眼看穿日本人視為理所當然、未曾在意的侷限與框架。

這些人能為組織帶來多樣性（diversity），開鑿創新的源頭。

如Book8《領導與顛覆》所述，創新必定伴隨著風險，但若只會墨守成規，公司將在遭遇變化的當下破產。隨著新冠疫情升溫，長年堅守傳統的老牌服飾店和百貨公司紛紛破產。不敢勇於挑戰創新的企業，絕對沒有未來可言。日本失落的30年，也是企業迴避挑戰創新的30年。

POINT

重新認識「架構互聯技術」，思考該做的事情

Book

48

《統計學，最強的商業武器》（悅知文化）

——沒有「統計素養」恐在不知不覺間吃大虧

西內啓

生於1981年。畢業於東京大學醫學系（專攻生物統計學）。曾任東京大學研究所醫學系研究科醫療傳播學領域的助理教授、大學醫院醫療資訊網路工程研究中心副主任，現參與各種以數據資料為基礎的社會創新專案，提供研究調查、分析、系統開發及策略規劃等諮詢服務。著作包括《サラリーマンの悩みのほとんどにはすでに学問的な「答え」が出ている》（暫譯：上班族的煩惱幾乎都有學術性的「解答」）》等。

布萊德．彼特主演的《魔球》是一部相當有意思的電影。

故事講述美國的貧困球團研究出全新的統計方法後，利用此方法尋覓能帶來貢獻但身價被低估的低年薪選手，用低預算一決高下。讀寫能力稱為素養（literacy），具備**統計素養**的人，可望提升商場交易的勝率；反之，缺乏統計素養的人，則容易吃虧。

統計素養的第1步，先從「理解誤差」開始

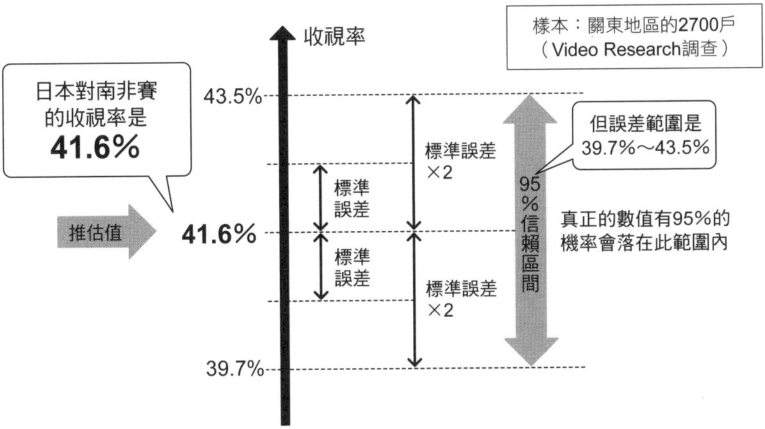

出處：作者參考《統計學，最強的商業武器》製圖

在行銷領域中，習得統計素養，懂得運用Excel，也能成為極大的助力。

相較於坊間晦澀難解的統計學書籍，本書淺顯易懂，內容全面，創下統計學書籍罕見的暢銷佳績。本書作者曾任教於東京大學醫學系，為該大學研究所醫學系研究科的助理教授，現於提供分析服務的公司任職董事，在業界相當知名。

數個百分比的收視率誤差並沒有意義

2019年世界盃橄欖球賽「日本對南非賽」盛況空前，至今仍讓我記憶猶新。這場賽事的關東地區收視率高達41．6%，但我相信絕對沒人被直接詢問「是否

有收看這場比賽」。收視率的統計方式並非全面調查，而是隨機抽選家戶的**抽樣調查**。

關東地區的樣本數為2700戶。也許你會想「關東總人口有4千萬人，樣本數也太少了吧？」但實際上，在統計學的世界裡，某種程度的**誤差**也在容許範圍內，就算只有2700件樣本，依然能推算出準確的收視率。誤差範圍的指標為**標準誤差**及**95%信賴區間**。如前頁圖所示，95%信賴區間的意思是「真正的數值有95%的機率會落在此範圍內」。

「日本對南非賽」的95%信賴區間為39.7%～43.5%，範圍意外地廣。由此可知，比較僅有數個百分比之差的收視率，其實毫無意義。

若想縮小誤差範圍、提升準確度，只要增加樣本數即可。當樣本數增加4倍時，準確度將會翻倍。以關東地區為例，等於需要1萬零800戶的樣本，但同時成本也會增加4倍。習得統計素養的第1步，便是理解「誤差」的概念。

「不知意義何在」的無意義分析

在商業領域中，經常會出現「不知意義何在」的沒用分析。

有位行銷員提出「促銷活動的評價報告」的分析數據。

你在過去1個月內，有看過本公司〇〇活動的廣告嗎？

有……8%　應該有……38%

不知道……41%　沒有……13%

（消費者問卷統計）

「部長！我們獲得了46%近半數的認知率，這個促銷活動成功了。」

這般常見的行銷光景，正是所謂的「不知意義何在」。多數消費者「儘管有看過自家商品的廣告，平常仍會選購其他廠牌」。就算促銷活動廣為人知，若消費者沒有「購買」意願，就沒有任何意義。

從以下例子不難看出，這類單向切入的單純統計究竟多麼沒意義。

「因心肌梗塞死亡的日本人，有95%以上生前都吃了這個食物。有7成以上的兇惡罪犯，犯案前24小時以內都吃了這個食物。此食物應該遭到禁止嗎？」

此食物是「白飯」。若採用這類單向切入的單純統計，說不定真的會導出「禁止食用白米」的愚蠢結論。最重要的是「**要用完整的數據進行適當的比較**」。

能透過「隨機對照實驗」推敲因果關係

請思考以下例子，分析「廣告效果」。

你在過去1個月內，有看過本公司的廣告嗎？

購買商品者（100名）　有…62%　沒有…38%

未購買商品者（200名）　有…21%　沒有…79%

此分析能推敲出「因為注意到廣告，所以購買商品」的**因果關係**。因果關係指的是「先發生A後發生B」的前後關係。此分析同時也能推敲出「因為買了商品，所以才注意到廣告」的逆向因果關係。

我們能透過**隨機對照實驗**，分析事物間是否存有因果關係。此實驗即為Book30《如何增加廣告黏度》介紹過的**A／B測試**。

有「現代統計學之父」之稱的費雪，在1920年代做了全球首例隨機對照實驗。正當數名英國紳士和女士在享受紅茶時，有位女士說：「**『先加入茶的奶茶』**跟**『先加入牛奶的奶茶』**，**兩種奶茶的味道截然不同，我一喝就知道。**」因為現場的紳士們都認為「紅茶跟牛奶混在一起不會產生化學變化」，所以大家都當她在說笑。

此時費雪提議：「不如來做個實驗吧！」他擺放一排茶杯，在該名女士看不到的地方用兩種沖泡方式分別沖泡4杯奶茶，總共準備8杯。

接著他讓女士隨機試喝8杯奶茶，請她寫出答案，結果竟然完全正確。從8個選項中選出4個選項的方法有70種，全數正解的機率為70分之1，約1.5％。從此機率能看出，「**她應該擁有辨識奶茶的特殊能力**」（數字出自費雪著的《實驗計畫法》）。

2003年英國皇家化學學會發表的文章《如何泡出一杯完美的紅茶》提到，「當溫度超過攝氏75度時，牛奶裡的蛋白質會變質。必須先倒入牛奶再倒入紅茶，才能避免牛奶變質」。從科學的角度來看，前例中英國紳士們的觀念似乎不太正確。

此方法也能應用在商業領域。

某通信銷售公司的負責人想出「**買兩台縫紉機打9折的促銷方案**」。若以常理來推論，大家都會一笑置之，因為「**1個家庭有1台縫紉機就夠了，這個方法不可能成功**」，但該公司在舉辦促銷活動前，先用A／B測試做了隨機對照實驗。

與其在會議上七嘴八舌地討論，不如「先行」一試，不行頂多放棄」，這樣進展速度會更快，也更合理。實際進行A／B測試後，發現每位顧客的購買金額增加了3倍，此促銷活動大獲成功。顧客在得知此促銷活動後，為了「**以9折的價格購買想要**

的縫紉機」，會特地邀約鄰居或朋友一起購買。

現代企業只要懂得利用網站資源，就能降低隨機對照實驗的成本。無論如何，先決定隨機內容，定期給予評價，就有很大機會能用迅速且節省成本的方式，獲得準確的答案。

統計學並非萬能，但能避免無意義的討論

前面針對本書的統計基礎概念做了介紹。本書還從使用者的角度出發，簡單解釋了回歸分析、多元回歸分析等統計學方法。

不過，統計學並非萬能。舉例來說，在A／B測試中，A跟B以外的條件必須一致，但在現實世界中，這樣的狀況極為罕見，A／B測試很難做到精準無誤（若能像網站一樣得到數量龐大的樣本，A／B測試依然有效）。

還有人批評統計學是「只能在有限的條件內生效的方法」。這點在Book49《黑天鵝效應》會再詳細說明。

儘管如此，統計學在有效條件內依然能發揮強大的力量。

POINT

只要具備統計素養，就能穩健又有效率地找到正確答案

正如Book46《大本營參謀的情報戰記》所述，日本有輕視情報的傾向，也經常出現單憑經驗和直覺的無意義討論。例如：電視上的新聞評論家在談到失業問題時，會脫口說出「應該要創造出努力向上的人能得到回報的社會」等情緒化發言，但現在早就有很多跟失業問題有關的統計分析數據，若能培養統計素養，上網搜尋公開論文，應該不難明白「職業訓練、就業協助、給企業雇用補助金都是有效的雇用對策」。只要稍微查詢一下，就能讓討論過程更具建設性。

為了培養正確運用資訊的基礎能力，請務必掌握本書的內容。

Book

49

《黑天鵝效應》

——該如何面對「意料之外」的重大衝擊呢？

（大塊文化）

納西姆・尼可拉斯・塔雷伯

文藝評論家、實證主義者，有時還是個無情的衍生性金融商品交易員。生於黎巴嫩的希臘正教家庭。擁有華頓商學院的MBA學位及巴黎大學的博士學位。在執行交易的同時，於紐約大學柯朗數學科學研究所教機率理論在風險管理之應用。擔任麻州大學安默斯特分校的客座教授，研究不確定性科學。著作《隨機騙局》十分暢銷，已經以30種語言發行。

聽到有人說「有隻白烏鴉」時，多數人應該都會笑回：「怎麼可能。」

若白烏鴉真的存在，我們的認知將會遭到顛覆。以前的人認為「天鵝是白的」，結果卻在澳洲發現了黑色的天鵝。這就是所謂的「**不可預知**」。

行銷員的工作是預測未來，預先做好準備。不過，現代經常發生無法預料的事件，導致預測失準，就像新冠肺炎對全球造成出乎意料的嚴重衝擊一樣。

本書將跳脫認知、無法預料的衝擊事件命名為「**黑天鵝（Black swan）**」。少數黑天鵝會對社會造成劇烈的影響，而且影響力會愈來愈大。**現代人在思考策略時，必**

火雞的命運

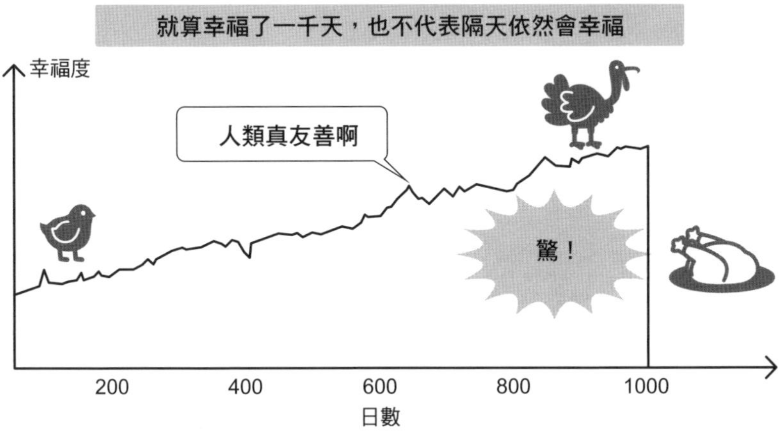

出處：《黑天鵝效應》（經作者部分調整）

須**「預知」不可預知的黑天鵝**。

人們憑過去的經驗跟知識並無法預知黑天鵝的存在，因此不能指望統計學派上用場。

本書作者塔雷伯是黎巴嫩出身的交易員，正在研究**不確定性科學**。

快樂的火雞某天突然遭到宰殺

每天都不愁吃的火雞，始終相信「友善的人類天天都會給我東西吃」，但牠出生一千日後，感恩節的前一天，牠被人類砍斷了脖子。過去的經驗能幫助我們預測某種程度的未來，但此預測的正確性稍嫌不足。然而，光是這個「稍嫌不足」，未來的走向就

有很多短期看似直線，長期看來並非直線的例子

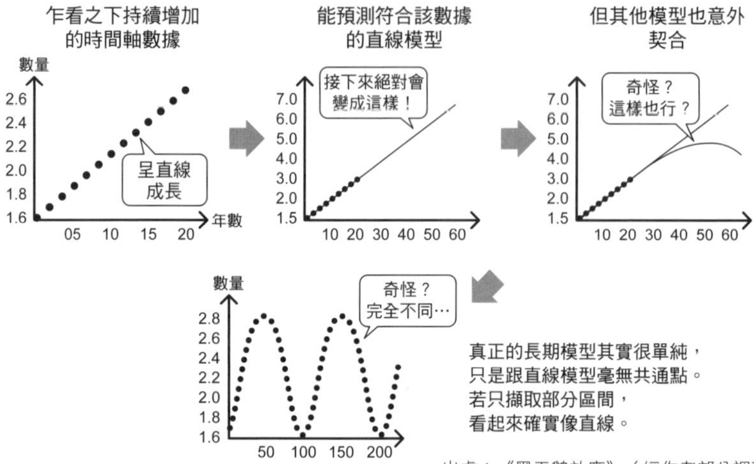

出處：《黑天鵝效應》（經作者部分調整）

會完全不同。

我們也像火雞一樣，想循著以往的經驗找出合理的結論。用這種方法得到的知識稱為**歸納性知識**。Book48《統計學，最強的商業武器》介紹的統計學，同樣屬於歸納性知識導出的方法，但歸納性知識也有極限。用過去的經驗進行分析，意外地容易失準。這稱為**歸納問題**。

在行銷業界中，也有很多行銷人員會像上圖一樣，站在過去時間軸的延長線上預測未來。但預測不一定準確，長期下來可能跟現實截然不同。

偏誤導致「黑天鵝」消失在視線中

某實驗找來女性當實驗對象，請她們從12雙絲襪中選出喜歡的款式，問她們選擇的原因，她們提到了材質、觸感、顏色等各種要素，但這12雙絲襪其實一模一樣，女性們是在做了選擇後，才開始思考選擇的原因。

我們會**在無意識間尋找能支撐觀點的事實，將之解釋成有意義的證據**。

不過，能支撐觀點的事實，不一定能成為證據。就算找到數百萬隻白天鵝，也無法證明「世界上沒有黑天鵝」。

不僅如此，有很多看似有因果關係的事物，其實根本毫無關連。

例如：成功富豪的共通點是勇氣過人、勇於承擔風險、樂觀主義，失敗者的共通點同樣也是勇氣過人、勇於承擔風險、樂觀主義，雙方的特徵完全相同，造就雙方差異的關鍵，其實**純粹只是運氣**。

多人猜拳時，總會有連贏10次的人。此人並沒有猜拳的天賦，只是運氣好罷了，但我們卻容易在腦中拼湊出根本不存在的因果關係，認為「他很會猜拳」。

就像這樣，人類經常以為自己「無所不知」。因為人類無法想像「無法預知的未

「平庸世界」與「極端世界」

平庸世界	極端世界
依照機率，順著鐘形曲線分布	無法預測分布。取決於黑天鵝。遭到偶然支配。

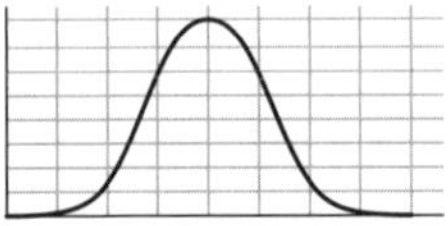

例 身高、體重、車禍、賭場收益
- 典型人物為平均值
- 勝者只得到一小部分。平等
- 大多能在祖先居住的環境中發現
- 不會被黑天鵝影響
- 能用過去的資訊做出一定程度的預測（統計學有效）

例 財產金額、所得、知名度、受災程度、企業規模、價格、經濟數據
- 沒有典型人物。只有巨人或矮人
- 贏者全拿。不公平
- 大多能在現代環境中發現
- 會被黑天鵝影響
- 無法用過去的資訊做出預測（統計學無效）

出處：《黑天鵝效應》（經作者部分調整）

知世界」，也就是**未知的未知**，所以才會發生預期之外的事件。

「平庸世界」與「極端世界」

這個世界可以分成**「平庸世界」**跟「**極端世界**」。

全世界最胖的人重達635公斤。不過，從世界上隨便選1千人，加上這名635公斤的人，平均體重也幾乎不會受到影響。這就是所謂的「平庸世界」。以圖表橫軸表示體重、縱軸表示人數，會發現體重位於平均值的人最多，超出平均範圍後，人數急速減少，呈現**鐘形曲線**。雖然不能否定體重1公噸的人存在的可能性，但基本上不會有這種人，因此我們能利用鐘形曲線計算各式各樣的機率。在「平庸世界」中，統計學是個有效的方法論。

另一方面，２０２０年的全球首富——亞馬遜公司的創辦人傑夫・貝佐斯，身價約１３８０億美元。從世界上隨便選1千人，加上貝佐斯後，99・９%以上的總資產將會被貝佐斯佔據。貝佐斯存在與否，會讓資產平均值有天壤之別。這就是所謂的「極端世界」。此世界的懸殊極大，超出平均範圍的單一個案會對整體造成壓倒性的巨大影響。

在平庸世界中，樣本數量愈多，預測會愈準確。就像Ｂｏｏｋ48《統計學，最強的商業武器》提到的收視率調查一樣。

但在極端世界中，即使樣本數量增加，預測的準確度也只會微幅提升而已。就算收集大量的資料，算出平均年薪，只要加入一個貝佐斯，平均值就會產生劇烈波動。單一事物能帶來非常強烈的影響。黑天鵝正是生活在這個「極端世界」中，與現代的多數事物密切相連，使得「極端世界」的領土不斷擴張。正因如此，不可預知的黑天鵝才會頻繁地在世界各地現蹤。

看似捉摸不定的賭場，其實屬於平庸世界。賭場的勝率皆經過計算，規則和分期利率也固定不變，而且分期的金額也有上限。賭客愈多，鐘形曲線算出的收益愈準確，賭場經營者絕對能獲利。不過，現實中的商業世界既無法計算勝率，規則也經常變動。賭場世界跟商業世界完全不同。

本書作者曾在紐約大學教機率理論，精通統計學，但他仍嚴苛地表示：「統計學是一場大規模的知識騙局。統計學者是一群自以為『住在平庸世界』的可憐人。統計學的分析基礎是經過消毒的人造產物。統計學只有在犯罪統計、死亡率統計等極少數的平庸世界中才派得上用場。」明明身處極端世界，卻誤以為自己處在「平庸世界」的人，不會有好下場。

例如：修斯和莫頓提出了全新的金融理論，獲頒諾貝爾經濟學獎。他們的理論以「平庸世界」的鐘形曲線分布為前提，但現實世界的金融市場，每10年就會發生一次不可預見的金融危機，是典型的「極端世界」。

兩人成立能實踐自身金融理論的長期資本管理公司（LTCM），早期業績一路長紅，幾年後爆發俄羅斯金融危機，公司倒閉，大幅震盪金融市場。

因為他們的理論忽略了可能發生的嚴重意外事件。

統計學無法預測「未知的未知」。那該怎麼做才好呢？

把「不可預測」當成武器

現實世界的人類並不聰明，不必為了「自己是個無知的人」而感到羞恥。既然無法預測，那就反過來利用這些不可預測的事件。

作者推薦大家的方法，是他從交易員時期使用至今的**槓鈴策略**。槓鈴策略結合極保守投資跟極積極投資。將85～90％的現金投資到極度安全的資產（美國短期國債等），將剩下的10～15％賭到極度危險的投機交易（選擇權等）。如此一來，無論飛來了怎樣的黑天鵝，安全資產都會受到保護，不至於被傷到體無完膚。

此思維也能應用在商業活動中。首先要分辨出**壞黑天鵝**跟**好黑天鵝**。

壞黑天鵝是當意外發生時，有可能遭到重擊、受到嚴重傷害的既有事業。要以近乎被害妄想的態度面對壞黑天鵝，全面保護珍貴的既有事業。

好黑天鵝是勝率較低但有機會一飛衝天的新事業。要對好黑天鵝盡心盡力，積極參與，就算虧損也不怕損失太大，一旦成功將收穫巨大利益。黑天鵝原本就無法預測，所以不必花太多心思在它身上，不明白黑天鵝的不確定性構造也無妨。

世界各地新發明的背後功臣，幾乎都是**偶發力**（serendipity，偶然遭逢幸運的能力）。治療勃起障礙的藥物昔多芬（Sildenafil）原本是高血壓藥，研究員在研發過程中偶然發現對勃起障礙有治療效果。由此可知，**未知才是最大的機會**。

為了尋找好黑天鵝，我們必須決定投資上限，正面迎接風險，將偶然抓住的機會強化到極限，積極抓住機會或貌似機會的事物。粗略分析負面影響和正面影響後，將負面影響降到最低、正面影響升到最高即可，不需要縝密計算機率。

此思維與Book8《領導與顛覆》介紹的**知識深化與知識探索**有所共通。

本書提倡的觀念，乍看之下跟Book48《統計學，最強的商業武器》恰恰相反，但我們該掌握的重點其實很簡單，只要在依機率分布的平庸世界（收視率等）採用統計學、在黑天鵝支配的不確定性世界採用本書的思維即可。

今後，我們會愈來愈有機會遇到黑天鵝。

正因如此，我們更有必要將作者推薦的「槓鈴策略」（於極保守投資將壞黑天鵝的影響降到最低；於極積極投資增加遇到好黑天鵝的機會）引進商業活動中。

POINT

將「壞」黑天鵝的影響降到最低；增加遇到「好」黑天鵝的機會

Book 50

《物聯網革命：共享經濟與零邊際成本社會的崛起》（商業周刊）

——在後新冠世界求生的必要手段是什麼呢？

傑瑞米・里夫金

社會評論家。擔任歐盟、德國總理梅克爾等各國元首及政府高官的顧問，也是TIR諮詢集團的總裁，為協同分享的IoT基礎設施建設做出貢獻。賓州大學華頓商學院（The Wharton School）高階主管教育計畫資深講座教授。著作《The European Dream（暫譯：歐洲夢）》獲頒國際科林書獎（Corine International Book Prize）。以廣闊的視野、敏銳的洞察力及明示未來構想的能力獲得高度評價。

不可思議的事情發生了。GAFA的4家公司：Google、Apple、Facebook、Amazon總市值高達4兆美元（2020年9月撰寫本書時的數字），幾乎等同於日本的GDP，而且在新冠肺炎疫情升溫的半年間，竟成長了50%以上。

解開此謎團的關鍵，是本書提倡的**零邊際成本**的概念。

我選擇介紹本書的原因，是因為現代人有必要理解零邊際成本的概念。美國媒體對本書的評論是：「展現驚人結局，內涵豐富的一本書」、「催促眾人重新定義生存方式」。

邊際成本指的是每增加1單位產量所增加的成本。

假設有一間麵包店，每月店租20萬元，1個麵包的材料費10元。不管做1個麵包還是10個麵包，店租都維持不變，但做2個麵包成本會增加到20元、做3個麵包成本會增加到30元。多生產1個麵包，需要多花費10元的成本，這就是邊際成本。

在現代，許多業界的邊際成本都已經趨近於零。假設你投資製作費和管理費，完成了一個網站。無論該網站新增多少使用者，你花費的成本都不會改變。也就是說，你的邊際成本幾乎是零。

瞭解邊際成本的構造前，必須先理解「**指數成長**」的意思。

未來位在「指數成長世界」的延長線上

如果可以得到一筆錢，你會選擇哪種提領方式呢？

❶每天增加100萬元，累積365日後提領

❷1萬元每天增加3%，累積365日後提領

比較30天後：為3千萬元、為2萬4272元

比較90天後：為9千萬元、為14萬3005元

但365天後：為3億6500萬元、為4億8482萬元

順帶一提，過了2年後：為7億3000萬元、為23兆5057億元

❷就是指數成長的世界。指數成長初期幾乎看不到變化，時間一拉長就會產生極為顯著的差異。現代有愈來愈多指數成長型的變化。

在IT世界中有個「**摩爾定律**」，內容為：積體電路上可容納的電晶體數目，每兩年會翻1倍。積體電路是電腦的心臟部位，其運算能力取決於電晶體的數量。因此，每過兩年，電腦的性價比（CP值）就會折半。

1984年，我在IBM上班時，性能最強的電腦要價20億日圓。

時至今日，運算能力比當時的電腦更強大的手機，搭配方案只要0元。電腦的運算成本呈指數衰減。就算使用人數增加，成本也不會上升。現在電腦運算的邊際成本費用已經趨近於零，因此Google才有辦法為幾十億用戶提供免費服務。

Book47《思考》介紹了這樣一段故事：1993年，美國把軍用GPS開放

給民間使用後，美國某研究所研發出裝備軍用GPS的汽車，這是史上第一款汽車導航系統。日本的資深汽車技術人員見狀後說：

「美國的軍事技術人員真是蠢蛋，裝在那輛車上的GPS比車子本身還貴，怎麼可能會有人買。」

在車用GPS導航廣為普及的現在，誰才是真正的蠢蛋呢？歷史已經為我們證明了。

美國技術人員早已預見未來GPS的成本會呈指數衰減；日本技術人員則短視近利，完全看不見未來成本會大幅降低的指數成長世界。

在指數成長世界中，未來並不存在於現在的直線上，而是位於指數成長的延長線上。別像次頁左圖一樣，將圖表縱軸數值定為10、20、30、40的同等間隔，而是要像右圖一樣，將縱軸數值定為1、10、100、1000，以10倍增長的觀點來思考。順帶一提，像次頁右圖這樣的圖表，稱為「**半對數圖**」。

在指數成長的世界中，隨著時間流逝，性價比將會飛躍性提升，邊際成本趨於零。預見這樣的未來，抓準最恰當的時機使出妙招，便能在商場上取得成果。

2005年，Youtube在披薩店和日本料理店2樓的小辦公室發跡。當時電腦的性

「直線的世界」和「指數成長的世界」

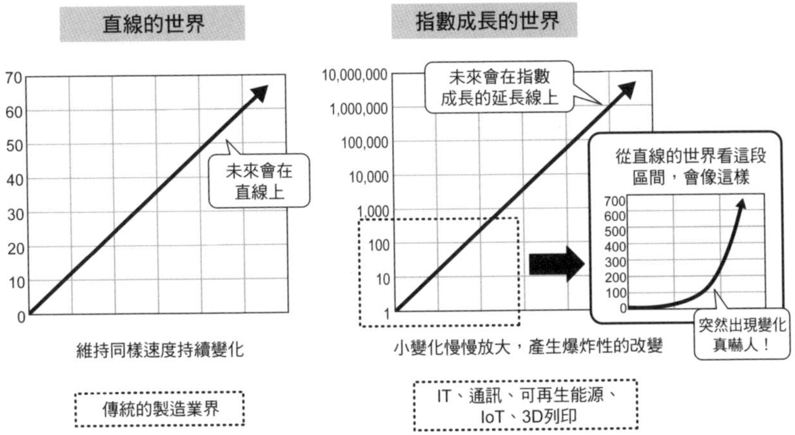

出處：作者參考《物聯網革命》製圖

能欠佳，網路速度極為緩慢，影片處理作業會造成極大的負擔，而且公開影片專用的伺服器和線路都所費不貲，根本無法預估回收利潤的時期。過了一年後，２００６年，Google出資超過十億美元買下Youtube。在那之後，伺服器和網路的性能都有了飛躍性的提升，影片處理不再是問題。如今，Youtube已經成了Google的主要收入來源。

就像在奧運賽事上，跟每年肌肉量都會翻倍的怪物級對手對戰一樣。看準指數成長世界，做好萬全準備，隨著時間經過，能力會翻倍成長——跟這樣的對手交手，絕對沒有勝算，因為雙方的實力差距已經超出能靠努力彌補的範圍。

能源的邊際成本也幾乎是零

也許你會想，「這個法則只適用於ＩＴ界吧？」

其實還有很多呈指數成長、邊際成本幾乎為零的領域。

其中1個例子是**可再生能源**。１９７７年，太陽能電池的價格是1瓦76美元，到了２０１５年，價格降到２００分之１，變成1瓦30美分。用於風力發電的風力渦輪的生產率，在過去25年間成長１００倍，性能提升10倍以上，成本大幅下降。

由於可再生能源的成本呈指數成長，逐年降低，因此自２０００年起，可再生能源佔整體能源的比例急速增加，到２０１９年時，已經超過５％。今後可再生能源將逐漸取代主要能源，能源的邊際成本也會愈來愈接近零。

在溝通的領域中，**物聯網**（ＩｏＴ，物件串聯起的網路）的普及度呈爆炸式擴散。２００７年，全世界的物聯網感測器已經超過1千萬個，預計２０３０年將上看1百兆個，等於13年增加1千萬倍。若替所有物件裝上感測器，生產率將會巨幅提升。

工廠導入內建感測器的自動機器人，能實現無人化，將人力的邊際成本減少到趨近於零。２００３年，全世界有1億６３００萬名工廠作業員，但到了２０４０年，可能會縮減到剩下數百萬人。亞馬遜公司（Amazon）將自家倉庫自動化，利用無人機送貨，朝著無人物流的方向發展。等自動駕駛普及後，再改用幾乎不需要花費運送邊際成本的無人車負責送貨。工廠、倉庫及無人車，都能使用可再生能源。像這樣實現無人化、效率化的輸送作業，邊際成本會愈來愈接近零。

在製造業界中，隨著**3D列印**技術進化，性價比呈指數下降。3D列印的原理是用材料層層堆疊出成品，材料成本是傳統製造法的10分之1，不會造成浪費，生產率也很高。自動運作的3D列印機連勞動成本都能省下，若使用可再生能源，邊際成本將趨近於零。今後30年，將能用更低廉的成本製造複雜的產品。

隨著此類世界壯大，未來私人財產將逐漸失去意義。

年輕人的新價值觀將會改變社會

汽車是私人財產的象徵，但有人指出，最近的年輕人出現不買車的傾向。比起汽車，現在的年輕人更重視網路。我也在10年前捨棄了汽車，但我完全沒有不便感。

多數現代人並不在意物品的所有權。雖然歐吉桑們總愛揶揄年輕人「沒有慾望」，但其實年輕人對他人更有同理心、重視共同作業、尊重各方觀點、對文化多樣性有深度理解、具備環境保護意識、明白用錢買不到幸福。新時代年輕人的特徵，是全世界共通的。這樣的價值觀，也可以稱為**脫離物質主義**、**最適合零邊際成本社會的價值觀**。

在新冠疫情影響之下，數位化的腳步加快了5～10年，零邊際成本社會不斷擴大。

受到新冠疫情影響，我自己本身也減少了很多支出。以前我每個月都需要長程出差，投宿當地的旅館，還需要在東京找場地舉辦公司講座，而且頻繁吃外食。現在透過網路就能舉辦多人講座或研習，還能開會討論。我在家都穿休閒服，也不會吃外食。

受到這樣的社會風氣影響，現在有愈來愈多年輕人產生「**想自立門戶**，**成為不受時間和地點拘束的自由業者**，**實現自我成長**」的想法。

前陣子剛好看到電視節目介紹一個自由業團體。在鎌倉近郊的一棟透天厝裡，住著5名男性跟3名女性，年齡從20歲到40歲不等，他們全是獨立接案的設計師或工程師，每個人都有自己的房間，能確保私人空間。這裡1個月的房租加水電費是6萬8千日圓。據說房東是為了方便大家轉職成自由業者，才設計了這樣的合租房。轉職初期找不到案主也不用擔心，住戶們會互相分享製作企業網站等案子。據說現在有

100人想申請入住（《世界經濟衛星》東京電視台，2020年8月31日播出）。

現在只要電腦在手，就能免費使用絕大多數的最新技術。穿GU或UNIQLO的衣服，到百元商店補足日常用品，生活就過得去了。具備一定工作能力的人，在團體裡也能過得很開心。本書將這種共享各種事物的模式命名為「**協同分享**」。分享（commons）指的是像公寓的管理委員會一樣，自主共同管理的空間。

年輕人感受不到大企業的魅力，不選擇到大企業上班的時代即將到來。

而且受到新冠疫情影響，市場需求劇烈變化。本書稱此狀態為「**10%效果**」，也就是**當數值降到大幅低於一般值的臨界值時**，**將造成毀滅性的衝擊**。舉例來說，消費者的消費量減少10%、與同伴的共享量增加10%。光是如此，傳統企業的收益就會受到巨大的衝擊。無法因應此變化的老企業，不再受到消費者青睞，也不再是年輕人想進入的職場，最終將從市場上消失。

現代企業面臨抉擇關頭，不是要推動改革，就是要做好遭到淘汰的覺悟。

本書作者在書中預測，「到了2050年，將進入萬物皆免費的零邊際成本社會」。新冠疫情為數位化浪潮推波助瀾，使我們有機會提早迎接零邊際成本社會。

如開頭所述，新冠疫情爆發後，GAFA的市值大漲50％。這是投資人預期心理產生的結果——預期在全球數位發展的浪潮中，領導企業會有更進一步的成長。

眼下的時代，毫無疑問地正朝著書中描述的零邊際成本社會進化。也因為身處這樣的時代，懂得順應變化的人將掌握更多的機會。

成為能改變自我的人吧！

POINT

理解指數成長的世界後，在新世界抓住機會

後記

在商場上活用名著的方法

閱讀名著後，將之活用於商場，是CP值相當高的自我投資。最後我想整理一些小技巧給大家。

建議讀者們在讀完本書、吸收到各種新知識後，找出收穫最大的學問，將其方法論原封不動套用到工作上。若能讀完原書會更理想。無論結果如何，都一定要回頭思考，失敗的原因是什麼，成功的關鍵又在哪裡，在反覆修正的過程中，為自己積蓄能量。這段蓄力時間愈長，能獲得愈強大的力量。

就像本文提到的，Book10《創意，從無到有》為我的人生帶來翻天覆地的變化。

當年快30歲的我，是個經常靈感枯竭的企劃負責人。這本書提倡的「優秀的點子是從固定作業中誕生」的觀點深深打動了我，於是我便將書中的方法論（①資料蒐集→②資料咀嚼→③交給潛意識→④創意誕生→⑤創意成形）原封不動套入日常工作中。久而久之，無論是通勤途中，還是泡澡放鬆時，我都能靈光一閃，想出解決難題的方法。從此以後，這本書成了我的寶典，我實際運用書中的方法論長達30年，培養出企劃能力及策略制定能力。

以俯瞰視角思考，採取前後一致的行銷策略，行銷將發揮出強大的力量。為此，我們必須拓寬自己的知識面，此時各大著作也會派上用場。

如果你是商品開發部的負責人，讀完Book3《定位》後，你會明白增加產品銷量的定位方法。

如果你是網路行銷負責人，讀完Book37《重建零售業》後，你會明白要如何連結實體店面與網路商店，才能掌握商機。

如果你想拓寬知識面、尋找靈感，建議你把本書放在隨手可得之處，養成隨時翻閱的習慣。

也許有讀者已經注意到，在本書介紹的50部作品中，有些作品的理論互相矛盾。例如：約翰·古德曼在Book22《顧客3.0》主張「留住顧客的關鍵是減少顧客紛爭」，但拜倫·夏普在Book5《品牌如何成長？行銷人不知道的事》卻主張「與其留住老顧客，更應該確保新顧客」。其他也有不少觀點對立的作品。

「所以到底誰才是對的？」大家難免會感到困惑。

事實上，在行銷的世界中，愈新的理論愈容易與舊理論發生衝突。這是有原因的。理論世界的進化模式，源自此方法論：立場對立的兩派人馬，基於事實展開討論，克服對立與矛盾，一步步攀上高峰。

雖然許多日本人仍對此方法論感到陌生，但在全球商業領域中，此方法論早已是相當普遍的討論方式。現階段兩派理論尚有矛盾，經過雙方討論後，久而久之將會取得平衡。利用網羅全球論文的「Google學術搜尋」，能找到最新的相關論文（多為英文），有興趣的朋友請務必親眼確認。

實際上，即使A理論跟B理論互相矛盾，在不同的前提條件之下，雙方很有可能都是正確理論——在a狀況之下A理論正確，在b狀況之下B理論正確。只要確實理解這些矛盾理論與其背景，自然能憑自身狀況進行判斷，找出最佳解答。

因此，為了幫助讀者們理解最新行銷理論，本書也不避諱地介紹了互相矛盾的理論。

商場上的勝者，是通曉銷售結構的人。

盼讀者們能善用本書，透過日常業務增進行銷能力。

2020年10月

永井孝尚

前著《全球MBA必讀50經典》介紹的書單

第1章 「策略」

Book1 **《競爭策略：產業環境及競爭者分析》**麥可．波特著，天下文化
美國企業經營者必讀的策略聖經。

Book2 **《競爭論》**麥可．波特著，天下文化
從「策略」的觀點說明「日本企業沒有策略」等現代經營課題的著作。

Book3 **《明茲伯格策略管理》**亨利．明茲伯格著，商周出版
站在「策略並非來自分析而是來自人類」的角度，將全球策略論分成10大學派，完整介紹。

Book4 **《瞬時競爭策略：快經濟時代的新常態》**莉塔．岡瑟．麥奎斯著，天下雜誌
介紹獲得「瞬時競爭優勢」後，持續成長的10間公司的共通點。

Book5 **《好策略．壞策略》**魯梅特著，天下文化
將策略分成「好策略」跟「壞策略」，明確指出兩者差異的著作。

Book6 **《競合策略：商業運作的真實力量》**亞當．布蘭登伯格著，雲夢千里
商場上不只有勝敗，還有「雙方皆勝」的賽局。

Book7 **《競爭大未來》**蓋瑞．哈默爾、C.K.普哈拉著，智庫
1995年，呼籲長期蕭條的美國企業「磨練自身優勢，開創未來」的著作。能為低迷中的日本企業帶來極大的啟發。

Book8 **《策略管理與競爭優勢》**傑．巴尼著，華泰文化
主張「公司業績取決於經營資源」，帶來巨大影響的著作。

Book9 **《Dynamic Capabilities and Strategic Management（暫譯：動態能力策略）》**大衛．提斯著，牛津大學出版
提倡動態結合經營資源，創造出「全新的優勢」。

Book10 **《知識創造企業》**野中郁次郎、竹

內弘高著，東洋經濟新報社
以日本企業為例，說明企業創造出組織型知識的架構。

第2章　「顧客」和「創新」

Book 11　**《The Loyalty Effect（暫譯：顧客忠誠度效力）》**弗雷德里克・瑞克赫爾德著，哈佛商業評論出版
提出守住老顧客比爭取新顧客更賺的觀點。是促使企業重視顧客維護的契機。

Book 12　**《The Ultimate Question 2.0（暫譯：終極問題2.0）》**弗雷德里克・瑞克赫爾德著，哈佛商學院
本作提倡能具體掌握顧客忠誠度的NPS方法論。

Book 13　**《跨越鴻溝》**傑佛瑞・墨爾著，臉譜出版
統整新商品普及方法的高科技行銷聖經。

Book 14　**《創新的兩難》**克雷頓・克里斯汀生著，商周出版
為什麼領導企業會被新興企業如玩具般的商品逼出市場？解開此謎團的著作。

Book 15　**《創新者的解答》**克雷頓・克里斯汀生著，天下雜誌
說明要如何利用破壞式技術打敗領導企業的著作。

Book 16　**《創新的用途理論》**克雷頓・克里斯汀生著，天下雜誌
提出不聽天由命、孕育出創新的成功模式。

第3章　「創業」與「新創事業」

Book 17　**《什麼是企業家？》**約瑟夫・熊彼得著，東洋經濟新報社
堪稱現代創新論及企業家論源頭的經典作品。

Book 18　**《The Four Steps to the Epiphany（暫譯：創業四步驟）》**史蒂夫・布蘭克著，K&S Ranch
提出顧客開發模式，主張「創造成功新產品的關鍵並非開發產品，而是開發顧客」。

Book 19　**《精實創業：用小實驗玩出大事業》**

艾瑞克．萊斯著，行人

介紹運用豐田生產模式帶領新創公司成功的方法。掀起一波大規模的風潮。

Book20 **《追求超脫規模的經營：大野耐一談豐田生產方式》**大野耐一著，中衛

將看板管理等「豐田生產方式」體系化的作者，找出製造業應有的樣貌。為全球創業者的觀念帶來深遠的影響。

Book21 **《迎變世代：臥底經濟學家，教你用失敗向成功對齊》**提姆．哈福特著，早安財經

基於生物學解說「從失敗中學習能孕育出進化」的作品。

Book22 **《從0到1》**彼得．提爾著，天下雜誌

在矽谷擁有強烈影響力的作者傳授從0孕育出1的方法。

Book23 **《藍海策略》**金偉燦、芮妮．莫伯尼著，天下文化

提倡脫離紅海（競爭激烈的市場），航向藍海（沒有競爭對手的新市場）的方法。席捲了整個業界的著作。

Book24 **《航向藍海》**金偉燦、芮妮．莫伯尼著，天下雜誌

介紹一般公司開拓藍海市場的實質方法。

Book25 **《IDEA物語》**湯姆．凱利著，大塊文化

提倡設計思考，主張人人都能成為創造者的著作。

Book26 **《自造者時代：啟動人人製造的第三次工業革命》**克里斯．安德森著，天下文化

提醒大家進入數位時代後，製造門檻大幅降低，現在人人都能生產製造。

第4章　「市場行銷」

Book27 **《Building Strong Brands（暫譯：品牌優勢策略）》**大衛．艾克著，Free Press

由世界級品牌策略權威所著，介紹打造知名大牌的策略方法。

Book28 **《精準訂價：在商戰中跳脫競爭的獲利策略》**赫曼．西蒙著，天下雜誌

由世界級價格策略巨擘親自說明獲利的價格策略。

Book 29 **《免費！揭開零定價的獲利祕密》** 克里斯．安德森著，天下文化

揭開Google搜尋和手機APP等免費商業模式的秘密

Book 30 **《Permission Marketing（暫譯：許可式行銷）》** 賽斯．高汀著，Simon&Schuster

提出「事先徵求顧客同意」的現代行銷本質。

Book 31 **《Strategic Selling（暫譯：策略販售）》** R．B．米勒著，William Morrow & Co.

傳授企業營業的策略性實踐方法。現代業務的基礎。

第5章　「領導能力」與「組織」

Book 32 **《追求卓越：探索成功企業的特質》** 畢德士、華特曼著，天下文化

說明卓越企業的最佳型態。改變美國企業經營的大作。

Book 33 **《基業長青》** 詹姆．柯林斯著，遠流出版

長年佔據業界領導地位的卓越企業的基本原則與共通型態。

Book 34 **《從A到A+》** 詹姆．柯林斯著，遠流出版

常見於突飛猛進平凡企業的經營者特質與策略。

Book 35 **《日本的優秀企業研究》** 新原浩朗著，日本經濟新聞社

產業政策專家提出日本優秀企業共通的條件。

Book 36 **《Reinventing Organizations（暫譯：重塑組織）》** 佛雷德利．拉盧著，Nelson Parker

提出「未經管理的組織能帶來爆炸性成果」的組織論。

Book 37 **《領導人的變革法則》** 約翰．科特著，天下文化

提出「傳統的變革方向錯誤，變革有應遵守的法則」。主張從管理至上主義轉為領導能力為重的著作。

Book 38 **《The Corporate Culture Survival Guide（暫譯：企業文化生存指南）》** 艾德．夏

恩著，Jossey Bass

確立企業文化理論的權威提出的組織變革方法。

Book 39 **《誰說大象不會跳舞？》**路．葛斯納著，時報出版

隻身進入瀕臨破產的超大型企業IBM執行變革，幫助IBM重生的故事。

Book 40 **《勇往直前：我如何拯救星巴克》**霍華．舒茲著，聯經出版

持續追求「星巴克風格」，從低潮到復活的故事。

Book 41 **《永不放棄：我如何打造麥當勞王國》**雷．克洛克著，經濟新潮社

能從書中感受到在52歲那年創辦麥當勞的作者的熱情與執著。

Book 42 **《幸之助論》**約翰．科特著，DIAMOND,Inc.

由世界級領導者論權威執筆的「經營之神」傳記。

第6章　「人」

Book 43 《Why We Do What We Do（暫譯：動機與行動）》愛德華．L．德西著，Penguin Books

翻轉「報酬能提升士氣」的認知，提出人能靠自律性與成就感成長的著作。

Book 44 《Finding Flow（暫譯：尋找心流）》米哈里．契克森米哈伊著，Basic Books

主張沉浸在喜歡的事情裡的「心流體驗」能幫助人成長。

Book 45 **《給予：華頓商學院最啟發人心的一堂課》**亞當．格蘭特著，平安文化

懂得站在他人立場思考的人找到了成功的構造。

Book 46 **《誰說人是理性的！消費高手與行銷達人都要懂的行為經濟學》**丹．艾瑞利著，天下文化

簡明扼要地說明能解開人類不合理行為模式的「行為經濟學」。

Book 47 **《誰在操縱你的選擇：為什麼我選的常常不是我要的？》**希娜．艾恩嘉著，漫遊

者文化

本作全面研究伴隨著不確定性與矛盾的「選擇」。

Book48 **《影響力：讓人乖乖聽話的說服術》**

羅伯特．席爾迪尼著，久石文化

解釋我們為何會在不知不覺間遭到他人操控，並介紹解決法。在全球都是長銷書籍。

Book49 **《StrengthsFinder 2.0（暫譯：優勢識別器2.0）》**湯姆．雷斯著，Gallup Press

幫助讀者找出有機會成為最強優勢的「原石」資質的著作。

Book50 **《Readings in Social Networks（暫譯：社交網路論）》**米爾格倫、科爾曼、格蘭諾維特著，勁草書房

整理了7篇在日本尚無人介紹、跟人與人聯繫有關的「社會網路理論」的主要論文。

作者介紹

永井孝尚

（Nagai Takahisa）

行銷策略顧問。從慶應義塾大學工學系（現為理工學系）畢業後，進入日本ＩＢＭ任職，擔任行銷經理，負責事業策略的立案與實施；同時兼任人才培育負責人，制定及實施人才培育計畫，支援該公司軟體事業的成長。

２０１３年辭去日本ＩＢＭ的工作，創立Wants and Value股份有限公司。在執筆寫作的同時，亦支援廣大企業及團體制定策略，每年為超過２０００人提供演講及訓練服務，持續將行銷及經營策略的有趣之處傳遞給大眾。定期開辦「永井經營塾」。２００２年取得多摩大學研究所ＭＢＡ學位。

主要著作有前著《全球ＭＢＡ必讀50經典》（三采），以及日本系列銷量突破60萬冊的《百圓可樂如何賣千圓：打敗市場行銷大師的秒殺行銷法》（天下雜誌）、《創造銷售藍海的8堂課：讓客戶從不認識你到離不開你的行銷策略》（台灣東販）等多本作品。

永井孝尚官方網站 takahisanagai.com

Twitter @takahisanagai

索引

【英數】

【一～五劃】

【六～十劃】

【十一～十五劃】

【十六劃以上】

國家圖書館出版品預行編目資料

全球菁英都在讀 MBA 行銷經典 必讀 50 部 1 冊濃縮精華 / 永井孝尚著；張翡臻譯 . -- 臺北市：三采文化股份有限公司 , 2022.11 面； 公分 . -- (TREND；77)
譯自：世界のエリートが学んでいる MBA マーケティング必読書 50 冊を 1 冊にまとめてみた
ISBN 978-957-658-943-0(平裝)

1.CST: 行銷
496 111014903

封面設計（Cover Design）：
井上新八（いのうえしんぱち）

◎封面圖片提供：
anek.soowannaphoom / Shutterstock.com
Corey O' Hara / istockphoto.com

suncolor 三采文化集團

Trend 77

全球菁英都在讀MBA行銷經典

必讀 50 部 1 冊濃縮精華

作者｜永井孝尚 譯者｜張翡臻

主編｜喬郁珊 協力編輯｜徐銘鍾 美術主編｜藍秀婷 美術編輯｜李蕙雲
內頁排版｜菩薩蠻數位文化有限公司

發行人｜張輝明 總編輯長｜曾雅青 發行所｜三采文化股份有限公司
地址｜台北市內湖區瑞光路 513 巷 33 號 8 樓
傳訊｜TEL:8797-1234 FAX:8797-1688 網址｜www.suncolor.com.tw
郵政劃撥｜帳號：14319060 戶名：三采文化股份有限公司
初版發行｜2022 年 11 月 4 日 定價｜NT$480
4 刷｜2024 年 6 月 25 日

SEKAI NO ERITO GA MANANDEIRU
MBA MARKETING HITSUDOKUSHO 50SATSU WO 1SATSU NI MATOMETEMITA